SDGsな
生活のヒント

あなたの物の使い方が地球を救う

How to Save your Planet
One Object at a Time

本書の内容に対するご意見およびご質問
は創元社大阪本社宛まで文書か FAX にて
お送りください。お受けできる質問は本書
で紹介した内容に限らせていただきます。
なお、お電話での質問にはお答えできま
せんのであらかじめご了承ください。

SDGs な生活のヒント
あなたの物の使い方が地球を救う

2021年11月10日第1版第1刷　発行
2022年 9 月30日第1版第2刷　発行

著　者　　タラ・シャイン
訳　者　　武井摩利
発行者　　矢部敬一
発行所　　株式会社 創元社
　　　　　https://www.sogensha.co.jp/
　　　　　本社 〒541-0047 大阪市中央区淡路町4-3-6
　　　　　Tel.06-6231-9010　Fax.06-6233-3111
　　　　　東京支店 〒101-0051　東京都千代田区神田神保町1-2 田辺ビル
　　　　　Tel.03-6811-0662
装丁・組版　寺村隆史

© 2021 Mari Takei　ISBN978-4-422-40065-5　C0040

本書は、環境に優しい
植物由来のインクで
印刷されています。

本書の感想をお寄せください
投稿フォームはこちらから ▶ ▶ ▶ ▶

SDGsな 生活のヒント

あなたの物の使い方が地球を救う

How to Save your Planet
One Object at a Time

タラ・シャイン

武井摩利 訳

創元社

目 次 CONTENTS

序文

　タラ・シャイン博士は聡明で広い視野に立ってものごとを考える人です。そのうえ本書では、細かい内容に焦点を合わせて、明るく親しみやすい語り口で伝える才能も発揮しています。

　私が初めてタラに会ったのは、気候変動に関して、後のパリ協定採択につながる国際的な交渉に取り組んでいた時でした。私は国連気候変動枠組条約の事務局長で、彼女は公正と正義にのっとって法的拘束力のある合意を作るために精力的に活動していました。当時の彼女は今と同様に、自らの信念に導かれ、少数者ではなく多くの人にとってメリットを生むような現実的な気候変動問題解決策を見つけたいという信念と熱望を胸に、決然として働いていました。その頃は、新しい合意を目指すなど大それた夢だと多くの人が思っていましたし、その合意をフェアで包括的なものにしようとする考えは楽観的すぎるとみなされていました。幸いなことに、タラは公共の利益に関する私の不屈の楽観主義と同じものを持っていました。彼女は先住民女性から小規模農家までを含む仲間とともに、議論に正義を持ち込むために活動しました。タラはアイルランドのメアリー・ロビンソン元大統領と協力して、人類と地球の未来を守るためのグローバルな法的拘束力を持つ協定となるべきものを支持するために、女性たちの声とリーダーシップを活用するよう目指す努力の一端を担っていたのです。

　気候変動といったグローバルな問題について国際的な場で仕事をしている私たちのような者の多くは、よく「国や企業の行動が変わらなければどうしようもない状況下で、個人の行動にどれくらい意味があるのか」と尋ねられます。この問題で大事なのは、私たちには既に国際的枠組みがあり、いま必要なのは各国や地域レベルでの行動だということです。タラは、その行動が人々に——人々がどう取り組み、ポジティブな変化の一部を担う自分自身の力をどう自覚するかに——かかっていることを知っています。人々が知識に基づいて選択を行えるよう、必要な情報を提供することは、各国の国内議論や国としての取り組みの発展を促す重要なステップです。

　本書には、あなたが知識を身につけ、質問し、賢い選択をすることで、いち個人であるあなた自身がどれくらい力を持っているかに気付くためのヒントが詰まっています。人類が直面する問題に対する無力さを感じるかわりに、少しでも行動し議論に参加することで、あなたは力を得て、目の前の問題に対して何かをすることができます。

　タラは環境科学者・政策アドバイザーとしての知識と経験を生かし、日常生活で使う品物や作業

や習慣についてのしっかりとして洞察に満ちた情報を、読みやすい形で提供しています。彼女は科学的データと実際的なアドバイスを組み合わせて、どうやれば家庭や職場を含めた生活をサステイナブルな（持続可能な）形でいとなめるかに関する最新の情報をあなたにもたらしてくれます。また、祖父母の時代の堅実な知恵や良識を伝えると同時に、現代の最新の技術革新についても教えてくれます。サステイナビリティ（持続可能性）は複雑で決して達成できない目標だという神話に風穴を開け、サステイナビリティを文字通り私たちの手の届く場所に持ってきてくれます。私自身、世界中の個人や企業や地域社会が行動を起こし、温室効果ガスの排出量削減、廃棄物削減、レジリエンス（回復力）の高い社会づくりを目指して技術革新をしていることに力づけられ続けています。私たちの世界をよりサステイナブルにすることを目指すこのレースで、都市から学校までさまざまな場所で素晴らしいリーダーシップが示されています。

　本書は、環境のために何か活動したいと考える人々に、手本を示しつつ周囲を導く方法や、変化は望ましいものであり、これまでよりも地球にやさしく負荷をかけずに生活する方法があると伝えるすべを教えてくれます。正しいことをしたいけれどどこから始めればいいかわからないすべての人、既にサステイナブルな暮らしへの道に足を踏み入れているけれどもっと詳しく知って先へ進みたいすべての人に、この本をお勧めします。また、もっと深く活動にかかわりたい人には、タラがおこなっている社会事業 Change by Degrees（www.changebydegrees.com）を推奨します。

　私は筋金入りの気候楽観主義者です。そのおかげで、より良い世界のビジョンを粘り強く追求することができています。あなたも気候楽観主義者になり、この本で学んだ内容を、変化を起こすための武器にして下さい。あなたが消費者なら、有権者なら、ボランティアなら、勤労者なら、親なら、この本を読んで、これまでと少し違う生活のために今日から何ができるかを知って下さい。多くの人の行動が集まれば、変化へ向かうには不可欠な力強い集団的対話を後押しできます。何より、これは差し迫った問題なのです。

クリスティアナ・フィゲレス
国連気候変動枠組条約（UNFCCC）前事務局長
ミッション2020議長
グローバル・オプティミズム共同創設者

変化：それまでとは違う形にすること、違う形に
なること。これまでとは違う新しい経験や、さわ
やかな気持ちになる経験。

はじめに

　これは変化についての本、ものごとを今よりも良くする目的で書かれた本です。本書には前向き
な姿勢や未来への楽観主義、人間性への信頼、私たちが持つイノベーション（革新、刷新）の力へ
の大きな期待が詰まっています。本書は日常的に使う品々や、それらに関係した習慣、決まりごと、
行動様式などに焦点を合わせています。どれも、人類が環境に及ぼす影響を減らすために私たちの
力で変化させることができるものごとばかりです。おまけに、その変化は私たちの健康や生活の質
の向上にもつながるでしょう。本書はまた、私たちの生活様式や地球資源の使い方が原因で人類が
直面している存亡の危機について正直に書かれた本でもあります。危機や非常事態に直面して、政
府や実業界や一般の人々の決然たる行動が求められています。最も重要なのは、行動すること、何
かを始めることです。私たちが暮らすこの地球に人間が及ぼす悪影響を減らすために、毎日の生活
の中で私たちには何ができるのか？　──この本にはそれがたくさん書かれています。

さあ今、みんなで力を合わせて

　グローバルな問題の前には個人の行動なんて無に等しいと言う人たちがいます。けれどもそれは違い
ます。気候変動やプラごみによる汚染や生物多様性の喪失は、地球で暮らす77億人の行動が原因でも
たらされています。だから、解決策も私たちにかかっているのです。もちろん私は、みんなが食品ラップ
の使用をやめれば地球が救われるなんて言っているわけではありません。ただ、情報を得て知識を備え、
意見を持ち、それを共有し、買う品物や生活のしかたを変えることには、大きな意味があります。また、
そうした行動を支えるための国際的な取り決めや国内の政策・法令は人間が作るものであり、市民の支
持を得て議会で可決され、財源の手当てがなされ、現場で実行されなければなりません。問題は、トッ
プダウンとボトムアップのどちらの解決策が必要かという二者択一ではありません。両方が必要なのです。

私は20年にわたって国際的な場で仕事をし、各国がより持続可能な発展の道筋へ移行できるよう、政策や法的合意について複数の政府に助言を行ってきました。その過程では、残念な出来事（たとえば2009年のコペンハーゲンでの気候サミットの失敗）もあれば、2015年の気候変動に関するパリ協定の採択のような嬉しい出来事もありました。この世界をより公正で安全で健康なものにするためのアジェンダ（検討課題や行動計画）の作成において多国間での政策立案が持つ力を目にしましたし、そうして得られた合意が各国の国内政策や法律に反映された時の影響力も見てきました。一方で、環境にとって好ましい政策が国内レベルでは人々の支持を得られなかったり、政治家が不人気な政策で票を失うことを恐れたりしたために、失敗する場面も目にしました。ですからここ数年、私は世界の普通の人々により強く注目するようになりました。なぜなら、一般の人々の取り組みや関与がなければ、私たちが必要とする進歩的な政策変化は起きにくいからです。

　私はいま、人々が家庭や職場での日常を少しだけ変え、環境への負荷を減らしつつ生活の質を上げるためのお手伝いをしています。生活の中で変化を起こすことは大きなモチベーションになり、自分の力を自覚するのに役立ちます。私たちはただの個人ではなく、有権者、消費者、株主、ボランティア、活動家、利害関係者であり、共同体です。その影響力はかなりのものです。

　人類滅亡を避けるためにシステムを変化させるには、変化のあり方やどこがどう良くなるのかという議論に多くの人が関心を持つ必要があります。本書が目指すのはその議論の流れを変える一助となることと、必要不可欠な変化に向けて私たち自身が賛成し、参加する準備を整えることです。

　習慣を変えるだけで、おそらくあなたの生活の質の向上にもつながるはずです。最初は本書のアイディアからひとつかふたつ選んで始めるとよいでしょう。わりあい簡単に実行できたなら、次へ、またその次へと進みましょう。私が願うのは、あなたが自分の行動の力を実感し、他の人にも伝えて、地球という惑星でより良く生きたいと願う人たちの運動の一部になることに意義を見出して下さることです。難しい選択もあります。たとえば飛行機に乗る回数を減らすとか、家の屋根にソーラーパネルを設置するとか、マイカーを持たずに暮らすといったことです。けれども、最初の出発点として「使い捨て飲料カップをやめる」を選ぶなら、そこから始めればいいのです。

モノは少ない方がいい

　この本の中核にあるメッセージは、「最もサステイナブルな品物は、多くの場合あなたが既に持っているものだ」です。私はサステイナブルな暮らしのための選択肢をいろいろ並べていますが、今持っているものを捨ててよりエコな新品に買い替えましょうという意図はまったくありません！ 多くの人はあり余るほどモノを持っています。本書は究極的には、所有するモノを減らし、手元にある物をより賢く使ったり転用したりすることのすすめです。時々具体的なブランド名や製品名が出てきますが、宣伝ではなく、変化が可能だと示すストーリーの一部分です。

　本書では、世の習慣やその他の大きなテーマが扱われています。多くの習慣は打ち破るのが困難ですが、ここ数十年の間にできた習慣の一部は、深刻に人類の存続を脅かしています。私の父が若かった頃には使い捨てカップでの飲み物のテイクアウトはありませんでしたし、私が赤ん坊だった頃には使い捨てウエットティッシュはありませんでした。それらはまだ歴史が浅い習慣です。

　新しい習慣が驚くほど短期間に広まるのはどんな場合でしょう？　そうすべき理由がはっきりし

ている時、代替手段（レジ袋をもらわずにマイバッグを持参するなど）がある時、変化を推進する新しい社会規範が生まれた時（自動車のシートベルト着用や公共スペースでの禁煙など）です。

私はこれまでの幅広い経験を活用し、しっかりした情報を、みなさんが受け入れやすい方法で伝えようと努めました。私は気候変動や持続可能な開発に関する国際的な政策作りの交渉に参加し、ヨーロッパや発展途上国の研究をし、世界の指導者に助言する中で、大事な点を見抜く力を養ってきました。私は人類が直面している難題の規模の大きさを正直に示しています。それらの評価の土台にあるのは明確な科学だからです。あなたが本書を読んで、この難題に対して自分にできることがあると知り、変化を起こして下さることを願っています。本書が極めて実際的な内容で、日々の生活の中での行動を提案しているのはそのためです。母であり職業人であり奉仕活動もしている私は、実際の生活がどんなもので、どんな困難やどんなチャンスがあるかを知っています。ただ、科学は進歩し、技術革新は続いていますから、この本の情報は執筆時に得られる最善の情報であり、将来は一部に変更が生じるかもしれないことは承知しておいて下さい。

持続可能性とは、健全な惑星と繁栄する経済と幸せな社会を意味します。持続可能な社会は、人間が必要とするものと地球の生物多様性を尊重し、将来の世代のためにそれを維持していけるような形で資源を利用します。

2015年に世界のすべての国が国連に集まり、17項目の「ＳＤＧｓ（持続可能な開発目標）」を採択しました。SDGsは、2030年までに持続可能でよりよい世界の実現を目指すという意欲的で刺激的なアジェンダ（行動計画）を設定しました。SDGsは保健医療や教育から食品ロスや気候変動まであらゆる領域をカバーし、世界中の国がその達成へ向けた活動に取り組んでいます。

同じ2015年には、パリ協定が採択されました。パリ協定は、温室効果ガスの排出量を削減し、低炭素社会へ向けた投資を奨励し、気候変動の避けがたい影響への各国の適応を支援することを目

1.5℃を目指すべき理由

国連の「気候変動に関する政府間パネル（IPCC）」が2018年に発表した研究結果によれば、平均気温の上昇を2℃未満に抑えても温暖化レベルとして安全ではなく、1.5℃を目指すことが世界にとって必須であるとされています。

- 平均気温が1.5℃上昇すると、昆虫の6%、植物の8%、脊椎動物の4%が絶滅しますが、温度上昇が2℃の場合、この割合が昆虫の18%、植物の16%、脊椎動物の8%に上昇します。それほどに生物多様性が損なわれると、食用作物や、病気の治療に使える生物種が失われます。
- 平均気温が1.5℃上昇すると、夏に北極海の氷がすべて消える確率は100年に1度。2℃上昇だと、それが10年に1度になります。この事態はホッキョクグマなど北極圏の生物の存亡にかかわるだけでなく、北極圏の先住民の生活にも影響します。

1.5度未満の目標を達成するには、最低でも温室効果ガスの排出量を2050年にゼロにする必要があります。現状では私たちの温室効果ガス排出量は増え続けています。地球の気候を安定的に保つには、私たちが——すべての個人、家庭、学校、職場、町や国が——10年ごとに排出量を半分に減らさねばなりません。断熱性の向上、再生可能エネルギーの増加、公共交通の利用、植林、そして私たちが購入し廃棄する品物の量の劇的な削減が必要です。

的としています。また、平均気温の上昇抑止に関する重要な目標も設定しました。世界のすべての国は、産業革命（世界の工業化と化石燃料の使用が始まった時）の前と比較して地球の気温上昇を2℃未満に抑えることを約束し、より安全な限度として1.5℃未満を目指します。既に各国は協定内容の実現に向けて果たす役割を詳細に定めた計画を提出しており、計画は5年ごとに上方修正されます。すべての国がこの協定に署名し、目標達成へのグローバルな努力の一端を担っています。

正しい解決策を見つける

　科学は、2030年までに産業革命がもたらした規模を上回るゼロ・カーボン革命を起こして世界の二酸化炭素排出量を45%以上減らす必要があると告げています。けれども、気候正義（巻末用語集参照）を追求する私たちは、産業革命の時とは違い、住む場所や暮らし向きにかかわりなくすべての人にメリットがもたらされるような公正なやり方でそれを行わねばなりません。つまり、気候変動の原因にあまり責任のない（主に発展途上国の）人々が、気候変動の悪影響から守られつつ、低炭素で持続可能な未来の恩恵を受けられるよう支援されなければならないということです。

　必要な変革の大部分は、製品をどう設計するかに関係したものになるでしょう。何を作るにも原料とエネルギーは必要ですから、環境への負荷なしに生活することは不可能です。それでも、作る品物の数を減らし、再生可能エネルギーを使い、長持ちして製品寿命が尽きた後も別の用途に使えるようなものを設計すれば、地球への影響を減らせます。そのような方向性を持つのが、循環経済という概念です。この概念は「取って使って捨てる（take, use, dispose）」経済モデルの対極に位置し、あらゆるものを利用し、再利用し、修理し、再生させ、最後は地球に返して新たなものを育てる糧とすることを目指しています。そういう未来の見方はとてもエキサイティングでクリエイティブです。だからこそ、持続可能性とはイノベーション（技術革新）の問題であり、よりよい生き方やものごとのやり方を見つけることにつながっているのです。

本書の使い方

　最初から最後まで通して読んでも、ヒントや情報が欲しい時にところどころ拾い読みしてもかまいません。どの項目にも「あなたにできること」という部分があり、簡単にできる行動からかなり努力が必要な行動までが並んでいます。あなたが5つ行動を変えれば、変化を生み出せます。50の行動を変えれば、もうあなたはこの惑星のスターです！　既に持っているものを使うことや、なくても困らないものは使わないことが最もグリーンな（環境にやさしい）場合も多くあります。

　完璧を目指すのはやめましょう。完璧にグリーンなライフスタイル——田舎に住み、食料を自分で育て、エネルギーを自前で作り、靴下も自分で編むような生活——は、私たちの多くに「持続可能な生活は逆立ちしても手が届かない」と感じさせてしまいます。実際は、持続可能をめざす生活は誰にでもできます。都会の集合住宅でも、田園地帯の一戸建てでも、家にいても、夜10時にスーパーで買い物をしていても、週の半分を通勤に費やしていても。

　まず一歩を踏み出し、行動し、議論に加わることで、あなたは社会が必要としている変化に参加する力を手にします。さあ、より持続可能性の高い未来のためにあなたが最初に変えるのは、どんなことでしょう？

キッチン

THE KITCHEN

イギリスの家庭の97％に電気ケトルがあり、90％以上の人は毎日それを使っています。40％の人は1日に5回以上もケトルでお湯を沸かしています。

電気ケトル

多くの人は毎朝最初にケトルで湯を沸かし、紅茶かコーヒーを淹れます。休憩時間にも、ケトルでの湯沸かしはつきものです。イギリスで消費される紅茶1kgが地球温暖化に及ぼす影響に注目した研究が2015年に行われ、「ゆりかごから墓場まで」（茶の栽培から茶殻の廃棄まで）に排出されるCO_2は12kg以上だという結果が出ました。驚くべきことに、その85％は、お湯を沸かすために使われる電気が原因です。

昔は湯を沸かすにはポットを火にかけていました。電気ケトルは注ぎ口以外に開いた部分がないので、ポットより早く効率的に湯が沸きます。最初の電気ケトルは1890年代に登場しましたが、当時の製品は非常な高温になり、融けて穴が開いて火事になることがありました。沸騰したら自動的にスイッチが切れる機能が発明されたのはようやく1955年になってからです。

EU（ヨーロッパ連合）全域では毎年1億1700万～2億台のケトルが使用されていて、1年間の電力消費量は19～33テラワット時（1テラワット＝10億キロワット）と推定されます。2017年のイギリスの年間総消費電力が348テラワット時ですから、EUの電気ケトル関連の消費量13～20年分でイギリスの1年分の総電力がまかなえる計算です。ケトルは一般にステンレスかプラスチック製です。最近の製品はたいていコードレス（中身を注ぐためにプラグを抜かなくてよい）で、容量は1.5～2リットル、そして中国製です。

環境への負荷

ほとんどの人は実際に紅茶やコーヒーに使う量より多く水を入れて沸かします。これはカップ1杯分の飲み物のカーボンフットプリント（特定の製品のライフサイクルを通したCO_2総排出量）を押し上げます。実際、電気ケトルの環境フットプリントのうち最大の割合を占める

のは「使用」です。ですからケトルに必要以上の水を入れないこと、沸いたらすぐに使う（沸いた後で放置して何度も沸かし直したりしない）ことは、環境のために大きな意味を持つ行動です。たくさん湯を沸かすほど、気候変動が進んでしまいます。

電気ケトルは家電の中で特に消費電力が高いもののひとつで、スイッチを入れた時に最大の電流を必要とします。10年前のケトルはたいてい2.2キロワットでしたが、今ではより出力の大きい3キロワットの製品が広く出回り、早く沸騰するので人気ですが、早く沸くのはより多くの電力を使っていることを意味します。

2016年にイギリスの8万6000世帯を調査した省エネ機関エナジー・セービング・トラストは、英国の家庭の4分の3が湯を沸かす時に水を余分に入れ、全世帯合計で毎年6800万ポンド（99億6200万円）も余計に電気代を払っていることを発見しました。同じ調査では、86％の人が電気ケトルをエネルギー効率ではなく見た目で──キッチンのデザインや他の家電と調和するかで──選んでいることも明らかになりました。

あなたにできること

- 必要な量の水だけを沸かしましょう。紅茶をカップ1杯淹れるなら、カップ1杯分だけ沸かせばよいのです。
- 沸かす時はケトルに注意を払い、沸いたらすぐに使いましょう。でないと紅茶1杯のために何度も沸かし直すことになります。
- ケトルを買い替える時は、中の水の量が一目でわかる機種を選びましょう。また、予算の範囲内で最も効率の高いAランクのケトルを探しましょう。紅茶やコーヒー1杯のカーボンフットプリントを減らすと、長期的には電気代の節約になります。
- 電子レンジやコンロに乗せた鍋で湯を沸かすよりは、電気ケトルの方が省エネです。ケトルは消費電力の80％を熱エネルギーに変えて水を加熱しますが、電子レンジでは55％、ガスコンロと鍋では40％の効率しかありません。
- 電気の契約を再生可能エネルギーの供給業者に乗り換え、カップ1杯あたりのCO_2排出量を減らしましょう。

蛇口用瞬間湯沸かし器

蛇口から熱湯を出せる電気湯沸かし装置は、環境負荷の削減についての意見が分かれています。しょっちゅう電気ケトルの中身がぬるくなるまで置いてしまって何度も沸かし直す人は、蛇口から熱湯が出る給湯器を使う方がほんの少し節約になるかもしれません。とはいえ設置コストの元を取るには何年もかかります。

おまけの豆知識

- 大きな人気イベントのテレビ中継がある時は、ハーフタイムや中休みに湯を沸かす人が続出し、消費電力が跳ね上がります。イギリスではこれを「TVピックアップ」と呼びます。過去最大のピックアップは1990年7月4日のサッカー・ワールドカップ・イタリア大会準決勝のイングランド対西ドイツ戦でPK戦が終わった〔イングランドが敗退した〕直後でした。
- 電気ケトルの使用は、人々が家で過ごす時間が長いホリデーシーズンの7月、8月、12月、1月に急上昇します。

イギリスの「ガーディアン」紙の2018年1月の記事は、イギリスで1年間に飲まれるお茶の量から考えて、ティーバッグの封に使われるポリプロピレンは150英トン〔＝約152トン〕にのぼるのではないかと述べています。捨てられたティーバッグが堆肥化のため回収される食品廃棄物を汚染したり、埋め立てられたり、環境中に放出されたりするかもしれません。

ティーバッグ

　イギリスに暮らす人の68％は1日に2杯以上お茶を飲んでいるという調査結果があります。頭をしゃきっとさせたり心を落ち着かせたりする助けになるお茶は、イギリス人の生活には欠かせません。

　最初のお茶は紀元前2737年に中国で煎じ薬として飲まれたと言われています。中国は今でも最大のお茶生産国で、インドとケニアが続きます。一方、国民1人あたりが飲むお茶の量が最も多いのはアイルランドで、イギリスは2位です。

環境への負荷

　一般にティーバッグは紙で作られ、ポリプロピレン（プラスチックの一種）で接着されています。庭師や園芸家が、堆肥を作る際にティーバッグは非常に分解が遅いと言うのはそのためです。イギリスの消費者運動団体「*Which?*」が2010年に行った園芸関連の調査では、主要メーカーのティーバッグは70〜80％しか生分解性がないことがわかりました。一部のティーバッグは接着用だけでなくメッシュ部分にもプラスチックを含みます。ただ、プラごみ問題へ

の関心の高まりを受けて、多くのメーカーはプラスチックを使わないティーバッグ作りに取り組みはじめています。

　ティーバッグの環境フットプリントはプラスチック問題だけではありません。茶の栽培、加工、輸送にも資源が使われます。2012年のある研究では、ティーバッグ25袋ぶんの茶葉を育てるのに必要な水は300リットル以上で、水の少ない土地での栽培は地下水減少をもたらすことが示されました。

　2017年に「オックスフォード研究百科事典」に発表された研究は、茶の集中的単一栽培は環境への負荷が大きいと述べています。一般にそうした栽培法では環境に害を及ぼす農薬や化学肥料が使われ、水質汚染や生物多様性への脅威の原因になります。肥料や除草剤を繰り返し散布すると土壌が劣化し、新たな土地に茶畑を作

最初のティーバッグ

ティーバッグは1908年にニューヨークの茶商トマス・サリヴァンによって偶然発明されました。彼が小さな絹袋に茶葉のサンプルを入れて顧客に送ったら、顧客は金属製のインフューザーと同じ使い方で紅茶を淹れられると思い込んだのです。その後サリヴァンは絹の代わりにガーゼを使う方法に改良し、1920年代に商業生産を始めました。ただ、第2次大戦中は物資不足だったため、人気が出たのは1950年代に入ってからです。店頭に並ぶや、ティーバッグはその便利さで紅茶愛好者をとりこにしました。1960年代初めに英国市場でのシェアが3%にも満たなかったティーバッグは、2018年にはシェア96%になりました。

るとなると森林破壊や生物の生息地の喪失を招きます。また茶葉の加工（乾燥や発酵）と輸送には化石燃料が使われて気候変動の一因になります。ですから、1杯のお茶をゼロ・インパクト（環境への負荷がない）にすることは不可能です。それでも、自分と環境にとってより良い選択をすることはできます。

あなたにできること

- リーフティーでお茶を淹れましょう。多くの人が、この方法で淹れたお茶が最高においしいと言います。茶葉がポットのお湯全体に広がって成分が浸出し、フレッシュで芳醇な風味がいちばんよく楽しめるからです。
- 1杯だけお茶を淹れたい時は、金属製のインフューザー（茶葉を入れてカップの湯にひたすための穴開きやメッシュ状の道具）を使うか、プラスチックを含まず包装も最小限のティーバッグを買いましょう。堆肥化可能認

証付きのティーバッグを選び、生ごみと一緒に堆肥材料の回収容器に入れれば理想的です。ティーバッグは生ごみよりも分解が遅いので、自宅のコンポスターで堆肥にできるとは考えない方が無難です。
- 包装が過剰なものや1個ずつパックされた商品は避けましょう。
- 高い環境基準に従って生産された（環境への負荷が小さい）ことを示すレインフォレスト・アライアンス（森林・農業・自然環境保護団体）の認証やフェアトレード（公正な価格での生産物取引）認証の付いたお茶を探しましょう。
- フェアトレードやエシカル・ティー・パートナーシップ（紅茶のフェアトレード団体）の認証付き商品を選ぶことで、規範を守る活動を後押ししましょう。認証のある品物は、栽培農家や茶摘み作業者から紅茶工場従業員まで、供給経路にかかわるすべての人がより良い条件で働いて作っています。
- 化学肥料、殺虫剤、除草剤を使わずに栽培されたことが認証されているオーガニックティーを選びましょう。生物多様性の保全や、栽培農家と茶摘み作業者の健康を守ることにつながります。

最初のプラスチックフリー
（プラスチックを使わない）
ティーバッグ

　プラスチックフリーでエシカルな（環境保護や社会的倫理に配慮した）材料を使ったティーバッグを作ろうと努力している企業のひとつに、ティーピッグスがあります。ニック・キルビーとルイーズ・チードルが、紅茶を愛する人々に多様なホールリーフティーを提供するために作った会社です。風味と品質のあくなき追求は、自社製品の環境フットプリントや生産農家の幸福に気を配る姿勢にもつながっています。

　ティーピッグスは当初からホールリーフティーを重視していたので、一般的なティーバッグは使いませんでした。代わりに採用したのが、彼らが「ティーテンプル」と呼ぶ三角錐型のティーバッグです。ティーバッグも紐も生分解性のあるコーンスターチ製で、紐の先のラベルは紙に植物性インクで印刷してあります。バッグは熱圧着で、プラスチック製の接着剤は使われていません。

　同社は、自社の茶の生分解性について正直に公表し、分解に非常に時間がかかるので家庭のコンポスターで堆肥にすることは勧めないものの、生ごみと一緒に産業堆肥化資源回収に出すことはできると述べています。

　パッケージの面では、同社の紙箱はFSC認証〔正しく管理された森林の木材を原料としていることを示す認証〕付きの厚紙でできており、リサイクルが可能です。透明な内袋はネイチャーフレックスという素材です。一見プラスチックのようですがセルロース製で、家庭のコンポスターでも産業コンポスターでも堆肥にできます。また同社はアルミ缶入りのリーフティーも販売しており、缶はリサイクルや再利用ができます。

　最もすばらしいのは、同社が製品の環境への負荷や、会社と生産農家コミュニティとの協力の様子について、情報を正直に顧客に開示している点です。

　ティーピッグスは2018年に、ティーブランドとしては初めてプラスチックフリー・トラストマーク（製品も包装もプラスチック不使用だと認証するマーク）を獲得しました。この認証はロンドンに本部を置く非営利団体「ア・プラスチック・プラネット」が行っています。

コーヒーの本当の値段

　私はコーヒーが大好きで、毎日飲んでいます。あまりにも商品取引が頻繁に行われるので3分おきに価格が変わるコーヒーという商品の巨大市場の中に、私も組み込まれています。ところが、コーヒー豆生産者の61％は、豆を売っても儲かるどころか赤字になっているのです。

　フェアトレード（後述）によれば、世界のコーヒー売上高の約80％はたった3社の多国籍企業が扱っています。コーヒーポッドやカプセルを使うコーヒーメーカーの発明で巨大ブランドが以前より大きな利ざやを手にする一方、生産農家にはわずかな恩恵しかありません。

フェアな取引の必要性

　フェアトレードは、フェア（公正）な取引を掲げる世界で最も大きく知名度が高い団体で、多くの国に支部があります。生産者や労働者にとってフェアな取引が行われることを目指してビジネス界、消費者、活動家と協力し、持続可能な生活と生産のシステムを推進しています。作物の買取価格が安すぎて苦しむ農家は、経費を削らざるを得ません。児童を雇って働かせたり、自分たちや労働者の給料を下げたり、環境保護をおろそかにしたりしがちです。それがさらなる貧困化、土壌の劣化、私たちが飲むコーヒーの品質低下という悪循環を招きます。

　トゥループライス（品物にふさわしい代金を払うことで持続可能性を実現しようとする団体）とフェアトレード・インターナショナルが2017年に行った調査によると、ケニアのコーヒー生産者の100％、インドの生産者の25％、インドネシアとベトナムの生産者のおよそ35〜50％は、コーヒー豆の生産だけでは十分な生活費を稼げていません。

フェアな取引を機能させよう

　世界でコーヒー栽培関連の仕事をしている人はおよそ1億2500万人とされます。もしコーヒー農家が生産物を公正な価格で売ることができれば、この人たちの生活は大きく変わるでしょう。そしてそれは、私たちが大好きなコーヒーを公正な価格で買えばできることです。

　あなたがフェアトレードのコーヒーや茶、バナナ、砂糖、ココアを買うと、「農家が生産物に見合った適正な金額を受け取り、さらには農機具や農業用資材、研修、保健衛生、教育、環境保護に投資できる報奨金も手にする」という目標の達成を後押しできます。

　レインフォレスト・アライアンスも、茶、コーヒー、ココア、パーム油、切り花が環境や社会や経済の持続可能性に配慮しているかどうかの認証を行っており、認証取得製品にはアマガエルのシンボルマークが付いています。この団体は2018年にUTZ（茶、コーヒー、ココアの認証団体）と合併し、現在新しい認証プログラムを開発中です。今後、情報や新ロゴマークの発表に注目して下さい。

ミルク入りの薄いアメリカンからエスプレッソまで人の好みはさまざま。イギリスで1日に飲まれるコーヒーはおよそ9500万杯です。

コーヒーメーカー

1日のスタートを切るために1杯のコーヒーが欠かせない人はたくさんいます。コーヒーの淹れ方も、使う装置も、コーヒー1杯の環境への負荷を左右します。

人類はずいぶん昔からコーヒーを飲んでいました（最も古い記録では、575年にトルコ人がコーヒーを飲んでいます）。古いやり方のいくつかは今も残っています。エチオピアのコーヒーセレモニーでは、伝統的な素焼きのポットを炭火のコンロで熱する方法がまだ行われています。

最初のコーヒーパーコレーター（金属製ストーブトップ型、上のイラスト参照）は1865年にジェイムズ・ネイソンがアメリカで特許を取得し、吸い取り紙を使った最初のドリップ式コーヒーメーカーはドイツのメリタ・ベンツ夫人が1908年に発明しました。フレンチプレスと呼ばれるタイプのの誕生は1929年です。

今ではコーヒーの国際フェスティバルやバリスタ養成学校もあります。最も新しい発明品であるコーヒーポッド／カプセルを使うコーヒーメーカーまで、選び放題です。

環境への負荷

電動式コーヒーメーカーは電力を消費しますし、インスタントコーヒーやフレンチプレスに注ぐお湯を沸かす電気ケトルも同じです。淹れ方の違いによる環境への負荷はどうすれば比べられるでしょう？

コーヒーメーカーがスタンバイモードであれば、待機電力を使っています。これが電気代を押し上げます（89ページも参照）。エスプレッソマシンはドリップ式のマシンより1杯あたり少し余計に電力を使います。ボタンを押せばコーヒーが1杯分出てくる機械には熱湯タンクが内蔵されていて、湯を高温に保つためにエネルギーを使っている可能性があります。

装置の素材を見ると、電気式コーヒーメーカーは金属とプラスチックで作られていて、電気電子機器廃棄物（WEEE）として製品寿命終了後はリサイクルせねばなりません。部品の

多くは価値の高い素材でできているので、リサイクルセンターや廃家電回収を行っている小売店に持ち込めば、分別されてリユースやリサイクルされます。

コーヒー作りとコーヒーマシンに関連するもうひとつの廃棄物は、コーヒーをマシンに入れる方法に応じて生じます。多くのドリップ式コーヒーメーカーは使い捨てペーパーフィルターを使用しますが、これはコーヒーかすと一緒に堆肥化できます。けれども、カプセルやポッドは1杯分ずつプラスチックやアルミの容器に入っているため、ドリップ式やエスプレッソマシンよりも多くのごみが出ます。カプセルの生産にも天然資源や電力が必要です。従って、袋入りのコーヒー豆や挽いた粉よりも環境フットプリントが大きくなります。

ノーブランドのコーヒーポッドは、コーヒーの粉が中に残っていてきれいにしにくいことと、プラスチックとアルミを組み合わせて作られていることが原因で、リサイクルができません。ネスプレッソなどのブランドは、自社のポッドのみ回収してリサイクルするサービスを行っています。

生分解性素材をうたうポッドもありますが、それよりも堆肥化できるものを選びましょう（生分解性のポッドは埋め立て処分場での分解に長い時間がかかり、温暖化の原因になるメタンガスが発生します）。堆肥化可能と表示された製品を選び、家庭用コンポスターには入れずに必ず産業堆肥化用の回収に出すように気を配りましょう。

あなたにできること

- 紙のコーヒーフィルターとコーヒーかすは堆肥にしましょう。コーヒーかすはすぐに堆肥になり、そのまま植木鉢や庭の土に混ぜると土壌調整剤として働きます。プラスチック製あるいはプラスチックコーティングのフィルターは、ごみになります。ですから天然繊維でできていて何度も使えるフィルターを探しましょう。

- 自分のコーヒーメーカーの取扱説明書を読むかYouTube動画を見るなどして、電力消費の少ない"エコな"使い方を学びましょう。温度設定やスタンバイ時間の短縮、使わない時にコンセントからプラグを抜くといった方法で節電できます。

- 新しいコーヒーメーカーを買う際は、ポッドやカプセルではなく豆や粉を直接入れるタイプを選びましょう。ポッド用の装置を持っている場合は、再利用可能なコーヒーポッドを買いましょう。ネット上では、使い終わったポッドの中身をあけて詰め替えてまた使うアイディアも紹介されています。

- コーヒーメーカーの手入れを忘れずに。湯垢を定期的に落として熱効率を保つと消費電力を減らせます。

- 車でカフェにコーヒーを飲みに行ったり、使い捨てカップのコーヒー（カップが堆肥化可能だとしても）を買ってくるよりも、家でコーヒーを淹れる方がエコロジカルです。

サステイナブル（持続可能）な食品

　食べ物を買うのがこんなに面倒になるとは。糖分や塩分の量に注意し、遺伝子組み換え作物もパーム油も避け、地元産の旬の食品を、しかも手頃な値段で買うなんて、不可能にすら思えます。栄養素、動物福祉〔苦痛を与えない飼育・屠殺方法かどうか〕、合成添加物、フェアトレード、カーボンフットプリント、包材がプラかどうかなどすべてを気にかけるとなると、食料品売り場は地雷原です。

　国連によれば、世界の8億人以上が飢えと低栄養に苦しむ一方、生産された食料の3分の1は食べられずに廃棄され、その量は年間9400億ドルぶんにものぼります。それに対して、2018年にOECD（経済協力開発機構）加盟30ヵ国から発展途上国に与えられた公的援助（保健衛生・教育支援、食料援助、人道支援）は1530億ドルにすぎません。廃棄食品の金額の前では、世界の連帯や人類の発展を目指す取り組みはかすんでしまいます。

世界の食糧供給

　農業と食品生産は、気候変動の大きな要因のひとつです。世界の温室効果ガス排出量の4分の1を占めているのです。皮肉なことに、農業・食品生産は気候変動の影響を大きく受ける部門でもあります。2050年までに世界の人口は90億人まで増える一方、今より温暖化が進行して極端な気象現象（干ばつ、洪水、大嵐）が増え、食物の生産やサプライチェーン（供給までの流れ）が妨げられやすくなると予想されています。さらに、各地の季節のありかたが変わり、土壌の肥沃度や利用可能な水資源が減って、米やトウモロコシや小麦といった作物の収穫量が減ると見られています。

何にでも入っている成分——パーム油

　パーム油（ヤシ油）は、ピザ、チョコレート、ドーナツから石けん、シャンプー、口紅までいろいろなものに入っています〔日本の成分表示では「植物油脂」としか書かれていないことが多く、原料植物がなかなかわかりません〕。パーム油はアブラヤシの実を搾って得ます。アブラヤシはアフリカ原産ですが、今では主にマレーシアとインドネシアで栽培されており、熱帯雨林を伐採してヤシのプランテーションが作られています。この森林破壊は気候変動や生物多様性の喪失（オランウータンやスマトラサイの生息地の破壊）を招きます。アブラヤシのプランテーションは静かです。なぜなら、ネズミやヘビ以外の野生生物がほとんどいないからです。近くの熱帯雨林では、昆虫や鳥やテナガザルやその他の動物が騒がしく音をたてています。

　けれども、今とは違うやり方をすれば——小規模農家を支援し、熱帯雨林を手つかずのまま保全できるよう景観を管理しながら栽培すれば——、パーム油をもっと持続可能な形で生産し、産地の人々にきちんとした仕事を提供することが可能です。パーム油産業の改革を目指す国際的組織に、「持続可能なパーム油のための円卓会議（RSPO）」があります。彼らは早くも2005年から持続可能な農法の試験的プランを実際に行い、数年間のテストで得た教訓に基づいて、小規模農家がRSPO認証を得るための原則と適合基準を定めました。現在の最新バージョンは2018年改訂版です。商品にRSPO認証の持続可能パーム油マークがあるかどうかを探しましょう。

毎日の食事をもっと持続可能な形に

　では、食糧問題にどんな解決策があるでしょう？

二酸化炭素排出量を減らし、食物の生産と取引をコントロールするには、各国の政策や国際的なレベルでの変化も必要ですが、私たちひとりひとりにできることもたくさんあります。以下は、私が食品を買う時のルールの一部です。

- 加工食品を買う量をできるだけ少なくする。食品添加物、パーム油、過剰な糖分・塩分、余計な包装を避けることができます。
- できるだけ地元で買う。地域の青果店、精肉店、鮮魚店、農産物直売所（または産地からの直接配送）があれば、できる限りそこから買うようにしましょう。主にスーパーで買い物をする人は選択肢が少ないでしょうが、それでも地元産を見つけることはできますし、そういう品を増やすようスーパーに働きかけることもできます。
- 何でも少なめにし、多すぎるのはダメ。毎日肉を食べるのは多すぎです。特に、工業化された農場で大量生産された鶏肉、豚肉、牛肉にそれが言えます。かわりに、手に入るなかで最も健全な肉（放し飼い、地元産、オーガニック）を買い、食べる

のは週に1〜2回程度にしましょう。
- 野菜や果物は、旬のものを食べる。1年中いつでもラズベリーやサヤエンドウが食べられる必要はありません。それぞれの時期に採れるものを食べることで、遠くからの輸送によるカーボンフットプリントを減らせます。
- その食べ物がどこから来たかを尋ねる。食品トレーサビリティはどんどん改良されていますから、質問をためらわないこと。
- 自分で料理する。より健康になり、食費が節約でき、地球にやさしい方法です。
- 余り物や残り物も大切に！　残り物は翌日の昼や夜に回せます。余った果汁や果物は、冷凍すればいつでもスムージーにできます。
- 賢く買ってごみを減らす。買い物リストを作り、それだけを買います。まとめ買いパックは、全部使いきる自信がある時以外は買わないようにしましょう。ヨーグルトは食べきりサイズのカップ入りではなく大きな容器のものを買い、学校や職場へ持っていく時は小分け容器に入れましょう。

食品のカーボンフットプリント

　以下の数字は、食品タイプ別の環境への負荷をわかりやすく伝えるため、カーボンフットプリント（gCO$_2$e＝排出二酸化炭素をグラムで表示する単位）で比較したものです。多くの食品は、地元で旬のものを買うことがカーボンフットプリント削減の鍵です。肉は野菜に比べてカーボンフットプリントが高く、地元産がつねに最良です。

　各地のスーパーを回った私たちの調査では、野菜・果物売り場にあるリンゴのカーボンフットプリントの平均が80なのに対し、地元産リンゴは10でした。イチゴ1パックは旬の時期なら150ですが、季節外れに空輸されたものは1800に跳ね上がります！

同様に、旬の時期のアスパラガス1束は125で、旬でない時期に空路イギリスに輸入された品は3500です。トマトも似たようなもので、地元産有機栽培の旬のトマト1kgは400ですが、同じ有機栽培でも季節外れのトマト（英国内産）は5万です。家庭の常備品といえる牛乳1パイント（473ml）は723、パン1斤は800。魚売り場に目をやれば、サバ1kgは500で小エビ1kgは1万です。ハンバーガーは、ベジーバーガー（肉を含まないパティを使ったバーガー）は1000ですが、レギュラーサイズのチーズバーガーだと2500になります。

イギリスでは2018年に10万トン〔1トン＝1000 kg〕
以上のアルミパッケージがリサイクルされました。
イギリスで回収されたアルミパッケージの95％は
ヨーロッパ内でリサイクルされています。

アルミホイルと
アルミトレー

アルミホイル（アルミ箔）はチューインガムやバターからテイクアウト食品までさまざまなパッケージに使われています。調理でも、クリスマスの七面鳥ローストや魚のホイル焼きなど幅広く使われます。アルミニウムは100％リサイクル可能で、リサイクルのアルミは新たに原料鉱石から作る場合と比べて90％以上エネルギーを節約できます。

アルミホイルは1950年代から60年代にかけ、TVディナー（そのまま食べられるよう調理済み食品1食分を仕切り付きトレーに入れて冷凍した製品）が食品市場を大きく変えたことに伴って急速に普及しました。今ではアルミはホイルやトレーだけでなく、飲料缶や食品の個包装、レトルトパウチ、蓋、包装材、錠剤のブリスター包装やストリップ包装（1錠ずつ取り出せるような包装）にも使用されています。

アルミは軽量で耐久性の高い素材です。最初にアルミホイルを食品包装用に商品化したのはスイスのロベルト・ヴィクトル・ネアで、1910年のことでした。1911年にはトブラローネ・チョコレートがアルミホイルで包装され、1912年には食品会社「マギー」がブイヨンのキューブの包装にアルミを採用します。

アルミニウムは地殻に存在する元素のなかで3番目に豊富で、主にボーキサイト〔酸化アルミニウムを多く含む鉱石〕から精錬されます。アルミの最大の生産国は中国で（世界の生産量の約半分）、ロシア、カナダ、インドがそれに続きます。中国はアルミ消費量もトップで、世界の販売額の40％以上を占めています。

アルミパッケージの大部分（75％）は食品と飲料用で、医薬品が7％、化粧品は8％です。アルミは遮蔽性が高く、光、酸素、湿気、細菌をまったく通さないので、コーヒー、茶、スパイスその他の香りが大切な製品の包装に好んで使われますし、食品保存や薬の衛生管理でも重要な役割を果たしています。使い捨ての調理トレーや焼き型にもよく使われます。

環境への負荷

アルミホイルやトレーの生産には、掘り出し

た天然資源を原料にしてアルミを精錬する必要がありますが、それには膨大なエネルギーが使われます（鉄鋼生産の約9倍）。また、副産物として「赤泥」などのスラッジ（汚泥）を含む廃液が出て、処理のために貯留池で保管されます。2010年にハンガリーで赤泥廃液を溜めていたダムが決壊し、有毒な廃液が高さ1〜2 mの波となってコロンタール村とデベツェル町に流れ込んで、死者10名、負傷者120名という大惨事になりました。

アルミニウムなどの金属がアルツハイマー病の発症に関係しているのではないかとする説もありますが、これについてはまだ研究の途中です。

あなたにできること

- アルミホイルの代わりになる食品カバーを見つけましょう。ミツロウラップ（27ページ）を試す、食品を入れたボウルに皿をかぶせる、皿に盛った食品の上にボウルをかぶせる、などの工夫ができます。洗って何度でも使えるシリコーン製のカバーを買うことも可能です。

- アルミホイルで包む代わりに、ランチボックスや、後で堆肥にできる耐油紙（28ページ）や、再生紙のペーパータオルを使いましょう。どうしてもホイルを使う時は何度か使い回し、最後はきれいに拭いてリサイクルに出します。

- 料理の際には、錫製の焼き型やベーキングシートを使ってゴミを減らしましょう。洗う手間はかかりますが、それほど面倒ではないはず。クリスマスの七面鳥が乗ってきたアルミトレー

は、洗ってリサイクルに出します。オーブン調理時に焦げないようアルミホイルをかぶせる代わりに、クッキングシートやオーブンに入れても大丈夫な蓋付き鍋などを使いましょう。

- 洗ってリサイクル。完全にきれいなホイルだけをリサイクルしましょう（バターの包み紙やローストミートに使ったアルミホイルはきれいにできないので、ごみとして出します）。きれいにしたホイルは丸めて、アルミ缶などと一緒にリサイクルします〔日本では、自治体のごみ分別・資源回収ルールに従って下さい〕。アルミと紙やプラスチックを貼り合わせてあるものはリサイクルできません。

- よく考えて買い物をする。プラスチックまたは紙とアルミが貼り合わさった素材は、アルミとしてのリサイクルができません。底がアルミの円筒形ポテトチップ容器も同じです。異なる素材が混ざっていると、一般的なリサイクル回収には出せません。テラサイクルという企業が行っている特別なリサイクルプログラムを探してみましょう。

おまけの豆知識

- 欧州アルミホイル協会は、2018年にヨーロッパで生産されたアルミホイルだけでも94万2500トンにのぼると報告しています。

- アメリカ国内だけで、1分間に平均11万3000個のアルミ缶がリサイクルされています。

- アルミ缶は、リサイクル会社にとって最も価値のある品物です。2018年のアルミ缶1トンあたりの価格は1400ポンド（約20万円）で、PET（ペットボトル材料）はトンあたり188ポンド（約2万7000円）でした。

イギリスの全家庭を合計すると、毎年12億メートル以上の食品ラップフィルムが使われています。地球30周以上の長さです。

食品ラップフィルム

　ラップフィルムは革命的製品でした。機能が優れていて、安くて、便利です。けれども、いざ使おうとしたらラップの端が見つからず、やっと見つけてもうまく剥がせなくてイライラした経験はありませんか？　ラップは器に密着するように作られているため、ラップ同士もくっつきやすく、ロールからはがしにくくなるのです。ラップの代わりになる便利な製品で、人にも地球にもやさしいものがあります。

　世界中の家庭やホテルやレストランで、器を覆うためにラップが使われています。ラップは酸素を通しにくいため食品が傷みにくく、近くの他の食品のにおいがうつって風味が落ちるのも防いでくれて、食品の衛生や保存の面で重要な役割を果たしています。キッチン以外でも利用され、ケガややけどの傷を覆ったり、負傷したアスリートのアイシングを固定したり、飛行機の預け入れ荷物を業務用の梱包ラップで巻いたりします。

環境への負荷

　ラップフィルムは軟質プラスチックで、世界のほとんどの地域ではリサイクル不能です。ごみとして埋め立てや焼却処分されます（46-49

ページ）。自然分解には何百年もかかり、環境中ではマイクロプラスチックになって、野生生物が食べて食物連鎖に入り込む可能性があります。

　ラップには、プラスチックに柔軟性を与えて器の表面に密着しやすくするため、化学物質であるフタル酸エステル類が添加されています。一部の研究は、このフタル酸エステル類がぜんそくや肥満などの健康リスクに関係していると述べています。2012年にイギリスで行われた調査ではパン製品の75％に1種類以上のフタル酸エステルが含まれていることが判明し、包装材に由来すると考えられていま

飛行機からお皿へ

ラップはもともとポリ塩化ビニリデン（PVDC）製で、1933年にダウ・ケミカル社が偶然発見し、開発を進めました。PVDCは当初は飛行機の表面や自動車のシートの保護スプレーに使われ、その後軍用ジャングルブーツのインソールにもなりました。1949年にアメリカで、薄くてくっつきやすいフィルムが「サランラップ」の名前で食品包装用として売り出されます。ただ現在は〔欧米では〕、より安く、生産が容易で、安全性も高いポリエチレン製になっています。

す。パンから発見されたフタル酸エステルはごく低レベルなので、EUの規制ではまだこの物質の包材への使用は制限されていません。

ラップは、ナードルと呼ばれるプラスチックペレット（サイズはレンズ豆〔直径3〜9 mm程度〕より小さい）から作られます。工場や輸送コンテナからこぼれ出たナードルは、やがて川や海に流れ込み、海岸にも漂着します。2017年にスコットランドでとある海岸の清掃とナードル回収作業を行ったところ、1日で54万個以上のペレットが集まりました。

念のため言うと、ラップから食品に化学物質が移ることはありませんが、電子レンジにかける時は食品にラップが直接触れないようにするのがベストです。

あなたにできること

- 家庭では、残った料理の器に皿をかぶせたり、皿にボウルをかぶせたりしましょう。ラップを使う必要はありません。
- 残り物は蓋付き容器（プラスチック、ガラス、金属製）に移しましょう。ラップをかぶせた器と違って重ねやすく、冷蔵庫内のスペースを無駄なく使えます。空いたガラスの広口びんを利用するのも良いでしょう。ガラスは食品の味に影響しないため、プラスチックの代わりとして適しています。また、食品の保存や冷凍にアイスクリームの大きな空き容器などを再利用する手もあります。
- 耐油紙（28ページ参照）を使いましょう。サンドイッチや焼き菓子を包むのにぴったりです。シリコーンなどでコーティングされたクッキングペーパーよりも、無漂白・堆肥化可能な耐油紙を選びましょう。
- サンドイッチとフルーツとビスケットを一緒に持って行ける仕切り付きのランチボックス（弁当箱）を使いましょう。
- ミツロウラップを買って使いましょう。ミツロウラップは布にミツロウをしみ込ませて作られており、手で温めれば柔らかくなって包むものの形になじみ、冷めると器にぴったり付きます。洗って乾かして繰り返し使えます。
- 木綿布（古いシャツやブラウス）とミツロウでミツロウラップを自作しましょう。手持ちの食器に合わせて、好みのサイズで作れます。
- 残念ながら、ホテルやレストランや学食・社員食堂といった商業環境では、保健衛生上の理由でラップの代わりにミツロウラップを使うことができません。堆肥化可能な植物・木材由来のフィルムの開発が進められていますが、まだ市販には至っていません。

クッキングシートは、使い捨てで手間なしですといって売られていますが、きれいに拭いて何度か使うことができます。

ベーキングペーパー
(パンや焼き菓子用の敷紙)

　お菓子を手作りする時には、ケーキの焼き型の内側やクッキー生地を並べる天板にベーキングペーパーを敷きます。グラシン紙、硫酸紙、くっつかないクッキングシートのどれも、一度使ったら捨てるものとして売られています。ところで、ベーキングペーパーとパラフィン紙(表面がつるつるで、食品包装や冷凍時の仕切りに使う紙)を混同してはいけません。パラフィン紙はオーブンに入れると燃えてしまいます。

　昔のパン職人や菓子職人は、紙の繊維を徹底的に叩いて細かくし、繊維同士をしっかりくっつけて丈夫にした耐油紙(グラシン紙や硫酸紙)しか利用できませんでした。このタイプの紙は高密度で吸収性が低く、油に強いのです。ですから、バターや油っぽい食品の包装や調理に適しています。ただ、焼いたものが紙にくっつきにくくするには、耐油紙の表面にさらにバターや油を塗る必要があるという難点があります。

　その後に新しく登場したのが、くっつかないクッキングシートです。耐油紙より値段が高めで、本質的には耐油紙にくっつきにくいコーティングを施したものです。こうした紙は高温でも使え、(料理人やパン職人にもあまり知られていませんが)同じ紙を何度か繰り返し使えます。とても便利で、ロール状や、一般的なサイズの天板や焼き型に合わせてカットした形で売られています。くっつき防止のコーティングはシリコーンです(シリコーンはケイ素と酸素を主体とする合成高分子化合物で、コンピューターチップのシリコン〔純粋なケイ素〕とは違います)。

環境への負荷

　ベーキングペーパーは紙製で、世界中で人々の所得が上がってベーキングペーパーの需要が増すにつれ、紙を作るためにより多くの木が必

要になっています。世界の商業伐採の50%以上は製紙業向けで、紙の生産は、持続可能な森林管理が確保されていない場所での森林破壊の一因となっています。さらに、製紙は最終製品1kgあたりの水の使用量が最大ですし、エネルギーも大量に必要とするので、製造業の中で温室効果ガス排出量が最も多い業界のひとつです。

ベーキングペーパーは漂白紙と無漂白紙（194ページ参照）のどちらからも作ることができます。製紙廃液に含まれる化学物質の環境への負荷が懸念されていることから、現在は無漂白紙の使用が増えています。

耐油紙は単に繊維をよく叩いて作られた紙ですから、使った後は堆肥にできます。けれどもシリコーンコーティングのクッキングシートの場合は、どのようなタイプのシリコーンが使われているかによって、堆肥にできるかできないかが分かれます。

ケイ素と酸素を主体とする一部のシリコーンはプラスチックというよりは有機物です。このタイプのシリコーンを使ったベーキングペーパーは「compostable（堆肥化可能）」と表示され、堆肥化基準適合テストに合格しています。つまり、産業堆肥化基準（EN 13432）に適合しており、24週間で充分に細かく分解されるということです。

一部のベーキングペーパーや耐油紙——たとえば電子レンジ用ポップコーンの袋など——には、水も油脂もはじくPFAS（パーフルオロアルキル化合物およびポリフルオロアルキル化合物）が使われています。PFASの中には環境にいつまでも残り、人体にも蓄積するものがあることがわかっています。自主的に使用をやめた企業もありますが、問題の物質自体は今も製造され、一部の製品に使われています。また、PFASの代わりに使われる代替物質については規制が不十分で、それらも環境や人体に有害である可能性があります。

あなたにできること

- 「ゼロ・ウェイスト（ごみゼロ）」のため、焼き型や天板にバターを塗って粉をはたきましょう。昔おばあちゃんがやっていたように。
- 無漂白の耐油紙を探しましょう。これもバターや油を薄く塗る必要がありますが、堆肥にできますから廃棄物ルートには乗らず、埋め立て処分場で徐々に分解される際にメタンガスを発生させることを防げます。
- 堆肥化可能な、FSC（森林管理協議会）認証付きの無漂白紙や再生紙で作られたベーキングペーパーを選びましょう。汚れを拭きとれば何回か繰り返し使えます。最後は堆肥材料回収用の箱に投入します。
- 次にベーキングペーパーを買う時にはパッケージの説明をよく見ましょう。手に取った商品が耐油紙なのか（それがベスト）、くっつかないクッキングシートなのか（コーティング剤は何？）を確かめましょう。
- 古くなった耐油紙は、焚き付けに使えます。焼き型をシリコーン製に変える手もあります。全体がシリコーン製の型やトレーは洗って何千回でも使えますから、ベーキングペーパーを使う必要がなくなります。

いろいろな用途に使えてとても便利なジッパー付き保存袋。アメリカの平均的な家庭では1年に500枚使われています。

プラスチック製
食品保存袋

　子供が学校にランチを持っていくところを考えてみましょう。学校でのランチは年間およそ200回、生徒の半数だけがサンドイッチを持参するとして、1年に8億枚以上の使い捨て食品包装が使われる計算です。これが世界中の職場のランチとなったら、その数はさらに膨大です。

　かつて、サンドイッチを学校や職場やピクニックに持って行く時はランチボックスに詰めたり、紙で包んだり、紙袋に入れたりしたものでした。その後プラスチックが発明され、おなじみのプラスチック製食品保存袋が生まれました。

　食品保存袋には、刻み野菜やフルーツ用、サンドイッチ用、残り物の保存用や食品の冷凍用など、およそ考えうる限りの多様なサイズがあります。あまりに万能なので、食品以外のいろいろなものの収納にも使われます——旅行の際の化粧品や薬、スーツケースの中身の整理、手芸材料、子供のクレヨンまで。「ヴォーグ」誌は、「素晴らしきジップロック・バッグの使いみちは限りない」と書いています。

環境への負荷

　あらゆるタイプのプラスチック製食品保存袋は、使い捨てアイテムとして作られています（134-138ページ、46-49ページも参照）。素材は主に低密度ポリエチレン（LDPE）と直鎖状低密度ポリエチレン（LLDPE）です。

　LDPEとLLDPEはとても耐久性があり、分解されるのに何百年もかかります。食品保存袋のような軟質プラスチックは、家庭対象の資源回収では受け付けてくれません〔日本では回収している自治体も一部にあります〕。ただ、一部のスーパーマーケットやリサイクルセンターにはプラスチックバッグ用の特別な回収拠点があり、きれいに洗って乾かしたバッグはそこに持ち込むことも可能です。

あなたにできること

- ランチやサンドイッチは、ランチボックス（弁当箱）に入れましょう。ランチボックスは何度でも使えます。仕切りのあるランチボックスなら、ロールパンと果物を分けて入れられます。洗って何度も使える布製サンドイッチバッグもあります。

- 冷蔵庫での食品の保存には、ステンレスやガラスの保存容器を使いましょう。ステンレス容器は冷凍でも活躍します。

- 使い捨てを選ばなければならない時は、紙袋にしましょう。店舗でもオンラインでも簡単に買えます。堆肥化可能なサンドイッチバッグは必ず産業堆肥化用として分別しましょう。普通のごみに入れると、埋め立て処分場に送られてしまいます。

- プラスチックの食品保存袋は再利用できます。特に、再使用可能として売られているものはプラスチックが厚めにできています。洗って、口を下にして吊るして乾かし、繰り返し使いましょう。

- 食品のパッケージもできるだけ再利用しましょう。シリアルなど一部の食品はジッパー付きの丈夫な袋に入れて売られています。空になったら、中をゆすいで袋を利用できます。パンやベーグルの袋も、食品の冷蔵・冷凍保存やランチのサンドイッチを入れるといった用途に使えます。

ジップロックのはじまり

　最初の本格的なプラスチック製食品保存袋は、1950年代末に紙袋に代わる便利で漏れない使い捨て袋として登場し、1960年代にはあたりまえの存在になりました。1960年代には、ジッパー付きプラスチックバッグも現れます。食品を煮るために使うジップロックもそのひとつでした。野菜を袋に入れ、鍋で沸かした湯の中で調理するのです。1970年代になると、スティーヴン・オースニットが作った食品保存用ジップロック・バッグが発売されました。最初のジップロックはジッパーを指ではさんで押して閉じる方式でしたが、やがて二重ジッパーになり、さらにスライド式開閉タイプになりました。

研究によれば、キッチンのスポンジにはトイレ以
上に雑菌が繁殖しており、スポンジの細菌の密度
は人間の腸内に匹敵することがわかっています。

食器洗いブラシと
スポンジ

　サバイバルのスペシャリストなら砂と水で鍋やフライパンをきれいにできるかもし
れませんが、私たちの大部分は流しでスポンジやブラシや布を使って食器を洗います。
ヨーロッパでは中世から海綿（海に棲む海綿動物の骨格）を使っていましたが、現代
の食器洗いスポンジも別の形で海と関係しています——しばしばプラごみとして海に
流れ込んでいるのです。

　近頃の食器洗いスポンジはポリウレタン
フォーム（発泡ポリウレタン）製です。この素
材は第2次大戦の初め頃に発明され、当初は木
材や金属を保護するゴム製緩衝材の代用品として
使われました。1950年代後半に柔軟性のある
ポリウレタンフォームが開発されると、用途
は家具や自動車の断熱・緩衝材から食器洗いス
ポンジまで大きく広がりました。

環境への負荷

　ポリウレタンフォームはかつて、オゾン層破
壊との関連で注目されました。フロンガスがオ
ゾンホールの原因であることがわかって1987
年のモントリオール議定書で生産と使用が制限
されるまでは、ポリウレタンを泡状に膨らませ

るための発泡剤としてクロロフルオロカーボン
（CFC、フロンの1種）が利用されていたから
です。モントリオール議定書は、実効性があっ
た点では国際的な環境法の成功例です。とはい
え、CFCを代替フロンのハイドロフルオロカー
ボン（HFC）に転換させただけでした。HFC
は塩素を含まないのでオゾン層は壊しません
が、温室効果ガスです。そのためHFCも段階
的に廃止されつつあります。ところが、2018
年にアメリカの「環境調査エージェンシー」が
行った調査で、生産も使用も禁止されたCFC-
11を中国のポリウレタンフォーム断熱材製造
業界が2012年以降も広く違法使用していたこ
とが明らかになりました。

　プラスチック製のスポンジやブラシは、プラス

チック汚染の原因としても注目されています。スポンジもブラシもリサイクル不能で、長期間にわたって環境の中に残ります。スポンジのような発泡プラスチック素材は、ヨーロッパの海岸で見つかるプラごみのトップ10に入っています。

こうした状況を見た上で、なぜ私たちはいまだに皿洗いにプラスチックのスポンジを使い続けているのでしょう？ 「食器洗浄能力が優れているからだ」と言いたくなる気持ちはよくわかります。けれども事実は違います。スポンジの細菌数に関する事実はショッキングです。2017年に発表されたある研究では、使用中の台所スポンジには362種類の細菌がいて、菌の密度は1平方センチあたり450億個だと報告されています。細菌の温床のスポンジを使うことでキッチンに菌が広がったり、手や食物が汚染されて食中毒につながる可能性があります。

あなたにできること

- 食器洗い機を使いましょう。この方がサステイナブルでスポンジも不要です。2013年に実施されたライフサイクルアセスメントで手洗いと食洗機を比較したところ、手洗いの方が水を多く使うことがわかりました。家族の人数にもよりますが、手洗いだと1回に平均して最大50リットルの水と〔水を温水にするための〕2.60キロワット時のエネルギーと約60分の時間がかかるそうです。新しい高効率の食洗機なら水は6.5リットル、電気は0.67キロワット時、作業時間は食器を食洗機に入れるのと出すので15分以下で済みます。ウィン－ウィンです。
- プラスチックスポンジをやめ、木綿の食器洗い布やヘチマたわしといったサステイナブルなものを使いましょう。問題なく食器がきれいになり、洗って何度でも使え、スポンジのような衛生上のリスクもありません。ポリエステルやアクリルなど合成素材の食器洗い布は、細かい繊維が抜け落ちてマイクロプラスチックになるので避けましょう。ヘチマたわしは私も使っていますが、スポンジの代わりにもなるし、こびりつきを落とす研磨用にも使えてとても役に立ちます。
- プラスチックの食器洗いブラシをやめ、木製のものを使いましょう。ヘッドを取り換えられる製品もあり、木製の部分は堆肥化が可能です。ブラシは使わない時には乾いていることが多いうえ、細菌の隠れ場所が少ないので、スポンジよりは衛生的です。
- プラスチック製ではないブラシやたわしを買いましょう。木の土台に硬い毛を植えたブラシ、スチールや銅（リサイクルできる素材）のたわし、少しソフトなヘチマたわしなどを試しましょう。日本の人たちはヤシの繊維でできた「亀の子束子」を根菜の泥落としや鍋・フライパン洗いに使っています。
- スポンジを買うなら、再生プラスチック製のものにしましょう。バージンプラスチック〔再生ではなく新たに石油から作られたプラスチック〕製よりは環境に配慮したことになります。ただ、スポンジはリサイクル不能で、捨てる際の問題はあります。
- 汚れた台所用スポンジは、掃除や靴磨きなどに再利用しましょう。捨てる前にできるかぎり使い倒しましょう。

おまけの豆知識

- 興味深いことに、2001年のある研究では、抗菌効果を謳う台所用洗剤を使ってもスポンジの細菌を減らす効果は全然ないという結果が出ています。

廃水中のリンの25％は、台所用を含む洗剤に由来します。

台所用洗剤

2014年にヨーロッパの人々は平均して週に4.3回食洗機を使いました。イギリスとアイルランドでは人口の58％が食洗機を所有し、一般的には週に5.2回──つまりほとんど毎日──稼働させ、1年に約270個の食洗機用洗剤タブレットを使っています。

台所用洗剤は石けんの仲間ですが（124-125ページ参照）、合成洗剤と呼ばれるカテゴリーに入ります。第1次大戦と第2次大戦の時、石けんの原料である動物性・植物性の油脂が不足しました。化学者たちは、別の原料を使って石けんと似た性質を持つ化学物質を「合成」する必要に迫られました。こうして出来たのが合成洗剤です。

合成洗剤の分子は石油から作られた炭化水素鎖で、片方の端が水となじみやすく、もう片方の端は油に付きます。多数の分子の"油をつかまえる方の端"が皿の汚れにくっつき、反対の端は水中にあるため、汚れが剥がされて小さな粒子となって水中に分散し、洗い流せるようになります。

環境への負荷

陸地から川や海に流れ込む水には、洗剤や肥料に由来するリンや窒素といった栄養素がたくさん混じってしまう場合があります。そうした成分が湖や川や海にたまると水中の栄養が過度に増え（富栄養化）、「水の華」と呼ばれる藻類の大量発生が起きて他の水中生物が激減することがあります。

2015年に発表されたある研究は、家庭で使われる化学物質がどのくらい水質汚染に影響するかに注目しています。それによれば、食器用洗剤を含む合成洗剤中のリン（リン酸塩という形をとっています）は生活排水による富栄養化の原因のひとつだとされています。

こうしたデータを踏まえて、EUでは2017年に合成洗剤へのリン酸塩の使用が禁止されま

した。かつてはエコベールなどのブランドが他に先駆けて洗剤無リン化に取り組みましたが、今では多くの企業が追随し、洗剤中のリン酸塩を減らしたりゼロにしたりしています。ユニリーバのような多国籍企業は、2018年末までに世界で販売するすべての食器洗い洗剤からリン酸塩を排除し、粉末洗濯洗剤ではリン酸塩の使用を95％以上削減したと報告しています。

　台所用洗剤のもうひとつの環境への悪影響は使い捨てのプラボトルで、たいていはバージンプラスチックで作られています。プラボトルは汚染の原因になりやすく、マイクロプラスチックやさらに微小なナノプラスチックになると食物連鎖に入り込みます（134-135ページも参照）。プラスチックはリサイクルできますが、実際のところ、ボトルは繰り返し使えます。使い捨てにする必要はないのです。

　エコベールの食器洗い洗剤の容器は100％再生プラスチック製で、本書を書いている時点では詰め替えステーションを設置している唯一の大手ブランドです。

　2017年にはフェアリーというブランドが世界的リサイクル企業テラサイクルと共同で「フェアリー・オーシャンプラスチック・ボトル」を発売しました。このボトルの原料は100％再生プラスチック（うち10％は海から回収されたプラスチック）で、使用後のボトルもリサイクル可能です。けれども、すべての台所用洗剤にこうしたボトルが使われているわけでは

ありません。

あなたにできること

- 定評のあるエコブランドの、環境にやさしい台所用洗剤を買いましょう。エコロジーに配慮した次のような特性があるかどうかを確認しましょう。（石油系ではなく）植物系の界面活性剤、水生生物への毒性が最小限（OECDテスト201および202）、28日以内に完全に生分解（OECDテスト301F）、容器の詰め替えまたはリサイクルについての明確な情報、そして、全成分の表示があなたの理解できる言語で書かれていること。

- 中身の詰め替えをしましょう。レフィルショップ（詰め替え専門店）や地元の市場の詰め替え店や宅配サービスで、環境にやさしい洗剤の詰め替えが提供されており、同じ容器を何年も使えます。

- 固形の食器洗い石けんを使うとプラスチックボトルも不要になります。固形の食器用石けんは専門店や通販で入手できます。〔液体の食器洗い用石けんもあります。〕

- 近くに詰め替え店がない場合は、一番大容量の洗剤を買って、普段使う容器に必要なだけ移して使いましょう。洗剤の量に比べて容器を減らすことができます。

- 空になったボトルで再利用しないものは、すべてリサイクルしましょう。中をきれいに洗って乾かし、資源回収に出します。

世界の家庭で1年間に使われるキッチンペーパーは650万トン。どれほどの木が使われていることか！

キッチンペーパーと
ペーパーナプキン

　昔、人々は何かをこぼしたら布で拭いて、それを洗い、次に拭く時も同じ布を使いました。そんなに大変な労力ではありません。にもかかわらず、布より手軽で衛生的だとしてキッチンペーパーの販売は世界中で伸びています。ペーパーナプキンの場合、実際は手軽さと時間の節約だけが理由です。布製ナプキンの方が機能は高く、また、おそらく1枚でペーパーナプキン5枚分くらいの仕事をしますが、忙しい家庭やレストランでは使い捨ての方が手間がかかりません。

　キッチンペーパーやペーパータオルやティッシュの類は1880年代にアメリカのスコット・ペーパー社が初めて製造しました。当初は医療用でしたが、その後、フィラデルフィアのある小学校が風邪の感染防止のため生徒にこれで手を拭かせました。1931年、同社はアメリカでキッチン用ペーパータオルの販売を始めます。今では世界のキッチン用ペーパータオル供給量の半分近くがアメリカで使われています。

　ロール状のキッチンペーパーの需要は毎年増え続け、今や市場規模は数十億ドルです。2017年に平均的なアメリカ人1人がキッチンペーパーに費やした金額は、2位のノルウェー人の3倍でした。キッチンペーパー、手拭き用ペーパータオル、ペーパーナプキンは、それぞれ吸水性や耐久性や柔らかさを変えて作られており、それがまた市場成長の一因になっています。

環境への負荷

　キッチンペーパーや使い捨てナプキンは紙製ですから、製紙による環境への負荷（193-195ページ）がすべてあてはまります。森林破壊や水の消費からパルプ化と漂白による汚染まで、ペーパータオル類の生産による影響は、環境と人の健康の両面に及びます。

　ごみ問題の面では、使い捨てのキッチンペー

パーやナプキンは必ずごみになります。これらは1回使ったら捨てる前提で作られています。米国環境保護庁の2015年のある報告書によれば、アメリカで1年間に出るペーパータオルやティッシュやトイレットペーパーなどのごみの総計は33億キログラムだといいます。一方イギリスでは、34%の人が「汚れたキッチンペーパーもリサイクルできる」と誤解して、ペーパータオルをリサイクル用の回収箱に入れ、他の再生資源を汚染しています。

あなたにできること

- 何かがこぼれたら、木綿のふきんで拭きましょう。ふきんを衛生的に保つには洗濯して乾かせばよいだけです。
- 昼食に持っていくサンドイッチやお菓子をランチボックスに入れれば、包むためのキッチンペーパーが不要になります。
- 夕食後に子供の顔や手を拭くには、おしぼりタオルを使いましょう。
- 布のキッチンタオルを買いましょう。パッケージフリーショップ〔包装ゼロの店〕などで買えて、高品質なので繰り返し使えます。木綿とFSC認証セルロースでできたスウェーデンの食器拭き布は、メーカーによれば布の20倍の液体を吸収でき、9ヵ月間（洗濯200回）もち、1枚でキッチンペーパー17ロール分の代わりになるとされています。
- 古いタオルや柔らかい古シーツで、繰り返し使えるキッチンタオルを自作しましょう。
- 木綿のナプキンに切り替えましょう。オーガ

ニックコットンの製品を買う、自分で作る、リサイクルショップで中古品を買う、など選択肢はいろいろあります。ペーパーナプキンよりずっと良くて地球にもやさしい方法です。

- それでもキッチンペーパーを買う場合は、100%再生紙かFSC認証付きの製品を選び、使い終わった後に残る厚紙の芯は忘れずにリサイクルしましょう。
- キッチンペーパーの代わりに、最大85回まで洗って使えるバンブータオル（竹繊維を織ったタオル）もあります。1ロール20シートですから、1ロールで少なくともペーパータオル1700枚の廃棄を防げます。
- 節約。1枚で済む用途には、1枚だけ使いましょう。

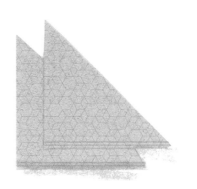

おまけの豆知識

- コロラド大学環境センターの報告によると、再生紙1トンはバージンパルプから1トンの紙を製造する場合と比べて9万849リットルの水を節約できるそうです。使用するエネルギーは64%少なく、水使用は50%少なくて済み、大気汚染物質を74%減らせ、17本の木が伐採を免れ、5倍の雇用を生み出せるとのことです。

こびりつかないフライパンにも使われているパーフルオロオクタン酸（PFOA）という化学物質は、2020年以降禁止されます。例外は、消火器などの安全用品を含むごくわずかな品目だけです。

鍋とフライパン

鍋やフライパンは、人類が土器という最初の調理器具を発明した時からずっと、煮物・焼き物・炒め物といった新しい調理技術の開発を助けながら進化してきました。

最初の金属鍋は銅でできていて、エジプト人、ギリシャ人、ローマ人はそれでお湯を沸かしたり料理をしたりしました。鋳鉄の鍋は、銅鍋より安い道具として15世紀に登場します。当時の鍋は、焚火の上に置けるよう3本の足がついたデザインでした。薪をくべるかまどが広まり、その後電気やガスのコンロも現れると、鍋やフライパンの形や素材も変化して、ステンレス、セラミック、アルミ、ガラス、そしてこびりつかないコーティング加工へと種類が広がりました。

環境への負荷

ステンレス、鉄、銅、アルミで鍋を作るには、鉱石を採掘して精錬しなければなりません。採掘は明らかに環境に影響しますし、大きなエネルギーを使う精錬も同じです。アルミの生産はスチール（鋼鉄）や銅よりもずっと多くのエネルギーを使い、カーボンフットプリントが高く

なります。また、アルミ鍋は長持ちしないことがあります。

アルミ鍋に酸性のものを入れるとアルミが溶け出して食物に混じり、アルツハイマー病の原因になるという説もありました。ただ、アルミとアルツハイマー病に関係があるかどうかはまだはっきりした結論が出ていません。

ステンレス鍋はただのスチール鍋よりも若干カーボンフットプリントが高くなります。製造する時のエネルギーがいくらか多く必要だからです。ただ、ステンレス鍋は長持ちするので、価値ある買い物にもなりえます。ステンレスは熱伝導性がそれほどよくないため、ステンレス鍋の底には銅かアルミがサンドイッチされていることがよくあります。銅鍋は熱伝導がとても良く、長持ちもしますが、値段も高い傾向があります。セラミックやガラスといった金属以外の素材の場合、原料は砂か粘土です。セラミッ

ク鍋は一般にリサイクルされていませんし、調理器具のガラスはガラスびんのガラスとは違うため、これもリサイクルに出せません。

あなたにできること

- 新しく鍋を買う時は、鋳鉄かステンレスのものを選びましょう。カーボンフットプリントが低めで、長く使えます。持ち手がすぐ取れてしまうような安物や、こびりつかないコーティング（すぐ剥げる）のものは、あまりお勧めしません。

- 調理法ごとに何種類もの鍋を持つより、汎用性の高い鍋を買いましょう。プラスチックの持ち手が付いていない鍋にすれば、コンロとオーブンのどちらでも使えます。

- 料理の際は鍋に蓋をしましょう。蓋をしないでジャガイモをゆでると、蓋をした時に比べてエネルギーをおよそ60％も余分に使い、2倍くらい時間がかかります。

- できるなら、環境に最も良いのは、PTFE（ポリテトラフルオロエチレン、いわゆるテフロン）加工のフライパンを避けることです。製造時に使われるPFOAのような化学物質の使用を減らすことができます。

- こびりつかない鍋やフライパンが欲しい時は、エコ・フレンドリーなセラミック製コーティングの製品を探しましょう。

- 中古の鋳鉄鍋やフライパンを友人や親戚から譲り受けましょう。ガレージセールやフリーマーケットで探すのもよいでしょう。

- 家庭から出せる資源回収の対象になっていない古い鍋やフライパンは、他の人に譲りましょう。金属製のものは金属スクラップ買い取り業者が引き取ってくれる場合があります。チャリティーショップに寄贈することもできます。

こびりつかないフライパンに使われる化学物質の規制

こびりつかないフライパンはパンケーキがきれいに焼けますが、コーティングに使われている物質は環境にかなりの影響を与える可能性を持っています。この種のコーティングが発明されたのは1938年で、鍋に料理がくっつかず、洗うのが楽になります。

こびりつかないフライパンに使われているPTFEはPFAS（パーおよびポリフルオロアルキル物質）でできています。一部のPFASは環境中や人間の体内に蓄積することが知られており、PFASにさらされると健康に悪いという報告があります。PFASの1種であるPFOAは環境に有害で、健康にも悪影響があります。国連の「残留性有機汚染物質に関するストックホルム条約」は2019年5月にPFOAの使用を段階的にやめることを決定し、多くの国で2020年までに発効しています。

- 古いテフロンの鍋やフライパンの廃棄には注意が必要です。有毒物質を含んでいる可能性があるからです。表面のテフロンをサンドブラストで削り取るサービスをしている会社がありますが、一般的ではありません。

2016年に世界で販売されたペットボトルは4800億本以上。10年前のおよそ3000億本と比べ、ずいぶん増えています。販売量は今後も増えると予想され、2021年には5700億本以上になるとされています。

飲料水ペットボトル

　ペットボトルは最も身近な使い捨てプラスチックのひとつです。都会の街中から難民キャンプまで、海辺のバーから学校の食堂まで、ペットボトルはどこにでもあります。2018年にイングランドで使われたすべてのプラスチックボトルのうち、およそ半分は飲料水用でした。

　ビン入りのミネラルウォーターが初めてヨーロッパ市場に登場したのは1700年代のことでしたが、コカ・コーラやペプシといった企業がプラスチックボトルに水を詰めてソフトドリンクと並べて売るようになったのは1970年代になってからです。1980年代には、ボトル入りの水を売ることに対して、「蛇口をひねれば水が出るのに、わざわざボトル入りの水を買う人がいるのか？」という疑問の声がありました。マーケティングプランの第一段階は、ボトル入り飲料水という概念を人々に受け入れてもらうことでした。そして、第二段階が需要の創出です。

　世界には未処理の水や汚染された水しか供給されない地域も多く、そうした場所ではきれいな飲み水を買う必要があります。ただ、問題は空になったボトルの始末です。困ったことに、2016年に販売された飲料水ボトルのうちリサイクルのために回収されたのは半分以下で、再びボトルに加工されたのは回収された量のわずか7％でした。

　プラスチック製の飲料ボトルは、ポリエステルの一種のポリエチレンテレフタレート（PET）で作られています。原油と天然ガスを原料に、さまざまな添加剤を加えて柔軟性と透明性を持つPETが作られます。PETはリサイクルが可能で、洗浄し細断してペレットにし、再使用されます。ペットボトル・リサイクルでTシャツやセーター、フリースジャケット（108-109ページ）、寝袋やジャケットの中綿、カーペットなどが作られています。

ボトル入りの水を飲んでいるのはどんな人たち？

　イギリスでは1日に3850万本の飲料ペットボトルが使われています。そのうち半分とちょっとはリサイクルされますが、1600万本以上が埋め立てや焼却に回されたり、環境中に放出されたりします。〔日本ではペットボトルの回収率は90％以上、リサイクル率は80％以上です（PETボトルリサイクル推進協議会のデータによる）。〕

　2015年に中国の消費者は684億本のボトルウォーターを購入しました。翌年にはその数が54億本増加しました。

世界のボトル入り飲料水の消費量

　どこの国民が最もボトル入り飲料水を飲んでいるかを下のグラフで見て下さい。1人あたりの消費量を見ると、国ごとに大きな違いがあり、その差は驚くほどです。

ボトル入り飲料水の年間消費量（リットル／人）

ドイツ	184
アメリカ	171
インドネシア	97
フランス	77.7
ニュージーランド	60.9
アイルランド	57
イギリス	44.7
オーストラリア	29.2
カナダ	27.6
インド	17.2
スウェーデン	9.3
南アフリカ共和国	1.4

　環境保護団体グリーンピースの2017年の研究では、飲料メーカー大手のうちコカ・コーラを除く6社を合わせても、リサイクルされたプラスチックの使用量は世界平均で6.6％だという結果が出ました。同じ研究は、飲料メーカーはリサイクルやリユースよりもペットボトルの軽量化（目的はコスト削減と生産・輸送の効率化）を優先しているように見えると述べていま

す。ペットボトルの重さを減らしても、ごみや環境汚染の問題は解決しません。

　100％リサイクルPETで新しいボトルを作ることは可能なのですが、ボトルの透明度が下がってしまうため、まだ一般的ではありません。とはいえ、飲料水ボトルのPETの一部は、リサイクルされて新しいボトルになっています。2018年から2019年にかけて、100％リサイク

ル原料のボトルがヨーロッパの店舗に現れはじめました。

環境への負荷

ペットボトルは、たばこの吸い殻、食品包装材と並んで海で見つかるプラごみのトップ3のひとつです。米国のNGO「オーシャン・コンサーバンシー」が2017年9月に世界100ヵ国で「国際海岸清掃デー」を行った時には、1日で150万本以上が回収されました。

ごみを減らしプラスチックボトル資源を回収・再利用するため、リサイクルへの動機付けとなる「デポジット・システム」の導入が進められ、40ヵ国とアメリカの21州で実施されています。ボトル飲料の値段に少額の保証金が上乗せされ、空ボトルを返却すると保証金のぶんが返金されます。

このシステムはイギリスとアメリカの一部のスーパーマーケットで試験導入されています。ノルウェー、ドイツ、リトアニア、オーストラリアのニューサウスウェールズ州では、回収機に投入すれば現金が出てくるところもあります。

ボトル入り飲料水の製造と輸送にはたくさんのエネルギーが使われます。2009年に発表されたある論文では、今よりもプラボトル飲料が少な

なんという水の無駄！

ペットボトル入りの水を1リットル作るために、およそ3リットルの水が使われています。主にパッケージ作りでの使用です。ボトル入り飲料水生産のために年間1000億リットル以上が使われる計算です。世界では飲み水の不足している地域もたくさんあります（たとえばサハラ砂漠以南のアフリカでは安全な飲み水を得られる場所が24％しかありません）。また気候変動による水不足も増えています。こうした状況下でのボトル入り飲料水の生産は、持続可能からはほど遠いものです。

かったその当時でさえ、長距離の輸送にはボトルの生産と同じかそれ以上のエネルギーが必要だということがわかっています。論文著者たちは、ボトル入り飲料水の製造には水道水の2000倍のエネルギーが必要で、そのエネルギーの大部分は化石燃料でまかなわれていて、気候変動の一因になっているという見解を述べています。

WHO（世界保健機関）が2018年に行ったボトル入り飲料水中のマイクロプラスチックによるリスクを調査では、90％以上の製品にマイクロプラスチックが含まれていることが判明しました。この研究は9ヵ国の19ヵ所で入手した11種類のブランドのボトル259本を分析し、平均すると1リットルあたり325個のプラスチック微粒子を発見しました。マイクロプラスチックを含まない水は17本だけでした。それ以前の研究で水道水に高いレベルのマイクロプラスチックが含まれていることもわかっていましたが、ボトルの水のプラスチックのレベルは水道水の2倍でした。

2019年8月に発表されたWHOの別の報告は、今のところ飲み水に含まれるマイクロプラ

スチックが人体に有害だという証拠はないが、確実な結論を出すにはまだ情報が不十分で、さらなる調査が必要だと述べています。

プラスチックボトルについてもうひとつ健康への影響が懸念されているのはBPA（ビスフェノールA）です。BPAは樹脂や一部のプラスチックの構成要素のひとつです。BPAは内分泌かく乱物質（まるでホルモンのように作用したり、ホルモンの正常な機能を妨げたりする物質）として知られます。調査では、BPAがプラスチックボトルや食品容器から溶け出して飲み物や食べ物に混ざることがあると判明しています（特に、熱せられた時）。米国のCDC（疾病対策予防センター）の2003－2004年の全国健康栄養調査は、調査対象者2517人のうち93％の尿から検出可能なレベルのBPAが見つかったと述べています。近年「BPAフリー（BPA不使用）」と表示したボトルが増えているのはこのためです。

あなたにできること

- 水道水がきれいで飲用できる土地に住んでいる人は、水道水を飲みましょう。
- 外出先でも水が飲めるよう、水筒を持ち運びましょう。ステンレスの水筒は保温性があり、味も変わりません。BPAやその他の有毒物質を含まないプラスチックの水筒でもかまいません。古くなったり壊れたりした自社製品を引き取ってリサイクルしているブランドを探しましょう。
- オフィスや街や空港や駅には、水飲み場や無料の給水スポットが設置されていることが

あります。外出先で水筒が空になっても、そうした場所で水を入れることができます。
- 自宅で炭酸水が作れる装置を買えば、ペットボトル入りの炭酸水を買わずに済みます。
- ボトル入りの水を買う場合には、リサイクルが容易なガラス瓶入りの製品の方がより良い選択です。また、ペットボトルは洗って何度も使えます。ペットボトルはかなり耐久性があるので、ボトルが手元にある人はリサイクルの前に再使用しましょう。
- ペットボトルはリサイクルしましょう。外出先ではペットボトル用の回収箱に入れるか、家に持ち帰って資源回収に出しましょう。キャップもリサイクルできます。
- 空のボトルを別の用途――植木鉢代わり、小鳥の餌やり器、筆立てなど――に利用しましょう。
- 水道水が安全でない土地に行く場合は、大容量のもの（8リットルボトルなど）を買い、小さめの容器に詰め替えて使いましょう。プラごみを減らすことができます。
- 安全な水がない環境では、浄水タブレットを使う方法もあります。

おまけの豆知識

- 2014年の平均的なペットボトル（容量480ｇ）の重量は、2000年と比べて48％軽く、28億キログラムのPET樹脂が節約されました。イギリスのペットボトルリサイクル率はわずか57％ですが、ペットボトルのデポジット制を導入しているノルウェーでは95％がリサイクルされています。

世界では1年間に5兆枚のプラスチック袋（ポリ袋）が使われていると推定されています。1人あたり700枚で、そのうち大きな割合を占めるのがごみ袋です。

ごみ袋

　ごみ袋は、ごみ箱の内側に入れて汚れやにおいがつくのを防ぎ、またごみ捨ての時に散らかさず簡単に取り出せるように作られています。使い捨てとして作られていますから、ごみ収集までの1時間、1日、あるいは1週間が過ぎれば、中身もろとも袋もごみになります。

　プラスチックのごみ袋（ポリ袋）が広まりはじめたのは1950年代からで、今ではオフィスや家庭やレストラン、イベントや道端のごみボックスで広く使われています。ここ数十年は、オフィスのくずかご用の小ぶりで透明な袋から、ガーデニングのごみ用の黒や緑の厚い袋まで、多種多様な袋が生産されています。2017年の世界のごみ袋市場は140億ドル規模だったとされ、2024年までに230億ドルに伸びるだろうと考えられています。その主要因はインドと中国という新興経済国家の経済成長です。

　世界の多くの場所では、家庭やオフィスやホテルのあらゆるごみ箱の内側にプラスチックのごみ袋を入れています。ごみを捨てる人にとっては便利ですが、たくさんのごみ袋が使われることで環境に与える影響は巨大です。特に、いくつもの小サイズのごみ袋を大きなごみ袋に入

れて収集に出す場合は。

　ごみ袋のパラドックスは、中身の漏れを防ぐための強度という点ではプラスチックが極めて適しているものの、中にごみがたまったらすぐ捨ててしまためプラスチックの耐久性と長寿命はミスマッチだという点です。ごみ袋はリサイクルできるようには作られていません。用途からして、捨てられる前提で作られています。また、今のところこの種の軟質プラスチックをリサイクルできる施設はごくわずかです。

環境への負荷

　プラスチック製ごみ袋には、環境への大きな影響がいくつかあります。大部分のごみ袋は、有限な天然資源である石油から作られたバージンプラスチックを原料にしています。また、長く（場合によっては1000年も）分解されずに

残ります。ほとんどの埋め立て処分場は嫌気性（表面以外には空気がない）です〔日本の処分場は多くが準好気性〕。酸素も微生物もないと、生ごみなどの有機ごみは非常にゆっくりとしか分解せず、分解過程でメタンガスや有害な浸出水が発生します（埋め立て処分場で何が起きているかは46-47ページを参照）。

　環境中に紛れ込んだごみ用ポリ袋は野生生物にとって脅威です。海中にただようポリ袋をクラゲと間違えて、ウミガメやクジラや海鳥が食べてしまいます。2018年にインドネシアで見つかったマッコウクジラを解剖したところ、使い捨てコップ115個、ポリ袋25枚、複数のペットボトル、ビーチサンダル2つ、1000本以上の紐が入った袋1個がおなかから出てきました。

　海洋生物がプラスチックを飲みこむと、それが消化管に詰まって餌を食べられなくなり、飢え死にすることがあります。海鳥は胃にたまったプラごみの重みで飛べなくなったりします。また、プラスチックが環境中で壊れると、どんどん小さく割れてマイクロプラスチックになり、魚その他の海の生き物に飲みこまれて、最終的には私たちの食卓に戻ってきます。

あなたにできること

- 自分が1週間に使うごみ袋の数を数えましょう。52倍すると1年分になります。使う枚数を減らせばどれだけ環境への悪影響を減らせてお金も節約できるかを実感できます。
- ごみ箱に袋を入れずに、毎回ごみ捨ての後でごみ箱を洗いましょう。キッチンのごみ箱に袋を入れないと臭いがつくと思うかもしれませんが、生ごみをすべて堆肥化用容器に入れ、ガラスやプラスチックや空き缶をリサイクルすれば、キッチンのごみ箱に残るのは軟質プラスチック（ポリ袋や食品包装材やラップ）だけです。これを1週間試して、どんな具合

かを見てみましょう。

- 家庭やオフィスのごみ箱を見て、汚れのひどくない乾いたごみ（紙や包材など）しか入れないもの——ポリ袋がなくてもよいよいもの——はどれかを見極めましょう。バスルームのごみ箱は紙おむつやナプキンを入れるので袋が必要です〔欧米ではトイレが浴室にあることが多い〕。ただし、バスルームで出るリサイクル可能な品物（シャンプーの空き容器やトイレットペーパーの芯など）は分別してリサイクルに出しましょう。ごみの量が減れば袋がすぐには一杯にならないので、使う袋の数が少なくて済みます。
- リサイクルボックスに袋ごと投入してはいけません。ほとんどの地方自治体はリサイクル用分別回収ボックスを提供していて、リサイクル可能な品物を直接入れられます。ここにプラスチック袋が混じるとリサイクルセンターのコンベヤーにからまってしまうため、袋は嫌がられます。袋に入れて投入してよいという自治体は、リサイクルセンターで袋を除去する工程を入れているのです。
- 堆肥材料回収用の容器には、プラスチックの袋は必要ありません。生ごみやガーデニングのごみをそのまま入れます。生ごみは、台所の生ごみ専用容器に入れた袋に投入してもよいでしょう。中身がにおってきたら、重曹を混ぜます（69ページ参照）。自治体が配布あるいは推奨する生分解性の袋を使うのがベストです。〔欧米では三角コーナーや水切り袋は使われていません。〕
- プラスチックのレジ袋や紙の買い物袋をごみ箱の中に入れましょう。ごみ袋を新しく買うよりはベターです。
- どうしてもごみ袋が必要な時には、再生プラスチックで作られた製品を探しましょう。バージンプラスチック製よりは良い選択です。

ごみを考える

　私たちの生活では毎日ごみが出ますが、捨てる場所がなかったりごみ収集がストップしたりしない限り、ほとんど気にも留めません。大多数の人は、収集が1〜2週間止まってはじめて、自分が出すごみがどれほどの量かに気付きはじめます。平均的なイギリス人1人が2016/17年に出したごみの量は412 kg（成人の平均体重の5〜6倍）で、2015年の406 kgよりも多くなっています。リサイクルが増えているのに、毎年ごみの量は増えています。なぜなら、私たちがより多くの物を買い、より多くを消費し、メーカーや小売店は商品を過剰に包装するからです。

　2016/17年にイギリスの家庭ごみの45%はリサイクルされ、EUが設定した「2020年までに50%」という目標の達成へ向けた歩みは順調です。ガラス、プラスチック、紙、アルミニウムが埋め立てや焼却に行かないのは一歩前進ですし、資源が再利用されてエネルギーと天然資源が節約されていることを意味します。けれども、それ以外のごみは焼却または埋め立てられています。

　イギリスでは2016/17年に1020万トンのごみが焼却され、410万トンが埋め立て処分場に運ばれました。近年ではごみとして出さずにリサイクルされる量が増えていますが、まだ改善の余地があります。イギリスには2016年時点で604ヵ所の埋め立て処分場（稼働中のものと、閉鎖後に管理されているものを合わせた数）と78の焼却場があります。

埋め立て処分場とはどんなところ？

　埋め立て処分場は文字通り地面に穴を掘り、そこにごみを埋めます。現代の処分場は、地質や地下水やアクセス経路などを考慮して慎重に候補地を探し、地元の承認を得て作られています。掘った穴は粘土で内張りして遮水シートを敷き、浸出水が漏れ出さないようにします。排水管を敷設し、浸出水をポンプで汲み上げて処分場の隣に造られた調整池に

ため、そこから浸出水処理施設に送って処理し、放出します。もしも浸出水が漏れ出した場合には地下水モニタリングシステムが検知し、環境汚染を防ぐ方策が取られます。

　埋め立て処分場ではにおいやほこりを防ぐために毎日ごみが平らにならされ、粘土で覆われます。ごみから発生するメタンガスは、回収して燃やしたり、バイオガスとして暖房、燃料、発電に利用したりします（174ページも参照）。〔日本の埋め立て処分場の多くは、メタンガスの発生が少ない「準好気性埋め立て構造」を採用しています。〕

　穴が一杯になったら、遮水シートで覆って土をかぶせます。その後は、公園のような憩いの場にすることもできます。地下水のモニタリングは継続され、メタンガスは生分解が終わってガスが出なくなるまでずっと回収されます。

　現在のような規制が定められる前に造られた古い埋め立て処分場には遮水シートがなく、浸出水が地下水を汚染する場合がありますし、メタンガスの放出はこの先も長い間続きます。

リサイクルの状況

かつて、リサイクル用として回収されたプラスチックなどの素材は処理のため中国に送られ、しばしば焼却されたり廃棄されたりしていました。ところが2018年に中国は、もはやこれ以上他国からごみを受け入れるのはやめると宣言しました。この発表は世界中のリサイクルシステムに衝撃を与えました。

イギリスで出たプラスチックは、現在はマレーシア、トルコ、ポーランド、インドネシア、オランダでリサイクルされています。マレーシアはイギリスからのプラスチック輸入が最も大幅に伸び、受け入れたプラスチックのすべてを処理する能力があるのかどうかや、不法投棄の恐れが指摘されています。

ガラス、紙、アルミニウムその他の金属はイギリス国内でリサイクルされており、量が多い場合はリサイクルのためにEU域内に輸出されることもあります。最終的にはすべての国が自国のごみのリサイクルに責任を持ち、国内での再使用、別用途での再利用、リサイクルのシステムを作り上げることを目指さなければなりません。

埋め立て処分場では何が起こっている？

埋め立て処分場は、「嫌気的な」（酸素がない）場所です。ごみは積み重なって押し潰され、内部にはほとんど空気がありません。酸素がないと、ごみの分解を助ける好気性の微生物もいないので、分解は非常にゆっくりになります。金属やガラスは分解されず、そのまま残ります。プラスチックも同じです（134ページも参照）。生ごみや紙や庭の草・枝なども、コンポスターで堆肥化したりそのまま土の上に置いておいたりすればすぐに生分解されますが、酸素のない埋め立て処分場では分解が極度に遅くなり、その過程でメタンガスが発生します。

メタンは強力な温室効果ガスです。大気中に留まる期間は12年ほどで、二酸化炭素の100〜300年に対して比較的短いとはいえ、メタンの温室効果は二酸化炭素の28倍です。現代の処分場は発生したメタンガスを回収して燃やしていますが、その熱を発電や暖房に利用している処分場はわずかです。

食品廃棄と気候変動

食品廃棄物だけで、地球温暖化の原因の8〜11％を占めているといわれます。実際、もし食品廃棄物をひとつの国だと仮定すると、中国とアメリカに次ぐ世界第3位の温室効果ガス排出国になります（22ページも参照）。

食べ物を埋め立て処分場に送るのは最悪の処分方法です。気候変動を逆転する100の解決法を提案している「プロジェクト・ドローダウン」のリストのなかで、食品の廃棄を避けることは3番目にランクされています。家庭の食品廃棄物を堆肥材料用に回収する自治体も増えてきており、これなら有機ごみが埋め立て処分場でメタンを発生させるのを防ぎ、価値のある堆肥を作れます。食品廃棄物をより迅速に分解するために、アメリカミズアブというハエの一種の幼虫も利用されています。このアブは人間には害を及ぼさず、生ごみから肥料ができ、幼虫は養殖魚のエサとして利用できます。

埋め立て処分場を作る場所も不足しつつありま

す。単純に用地がない場合もありますが、誰もごみ処分場のそばに住みたいとは思わないからです。ごみを埋め立てずに焼却すれば、ごみが燃料になり、発生する熱を暖房や発電に利用できることから、次第に焼却処分が増えてきています。

3R——リデュース、リユース、リサイクル

私たちはごみ問題をどう解決すればいいでしょう？　埋め立てと焼却のどちらがましかを考えて二者択一で選ぶのは何の解決にもなりません。私たちのごみ問題の答は、まず第一にごみを減らす（リデュース）、ごみにせず再利用したりできる限り修理して使う（リユース）、再利用ができないもの——プラスチックからガラス、紙、金属まですべて——はリサイクルすること、そして食品廃棄物はすべて堆肥化することです。そこまでやった後ではじめて、焼却や埋め立てという手段を使います。焼却も埋め立ても理想的ではありません。ともに環境への負荷がありますし、私たち個人は自分の出したごみがどちらの処理施設に行くかを選べません（決めるのは居住地の自治体です）。

理想を言えば、再利用もリサイクルも堆肥化もできないものは一切作らない状態に到達すべきで、そうすれば、ごみゼロ（ゼロ・ウェイスト）を達成できます。

食料品や洗剤類や化粧品を包装なしで買うことのできるゼロ・ウェイスト・ショップも増えてきて、家庭ごみの削減に貢献しています。テイクアウトの昼食を買う時に自分で持参した器に入れてもらえば、イギリスで1年間に出る推計110億個のテイクアウトパッケージごみを減らすのに役立ちます。

堆肥化は未来？

汚れた紙皿や使い捨てコーヒーカップなどリサイクル不能な品があまりに多いという状況を変えようと、近年は使い捨て容器が堆肥化可能な形で作られることも増えています。堆肥化可能とは、素材が産業用コンポスターで9〜12週間以内に生分解するという意味です。産業用よりもずっと温度が低い家庭のコンポスターに入れるには適していません。

ごみは燃やすべき？

焼却処分場では、巨大な焼却炉にごみを入れて高温で燃やし、固体物を充分燃焼させて焼却灰にし、体積を95%減らします。燃焼時に生じるガスは集塵フィルターや排ガス処理装置を通して有害物質を除去してから大気中に放出します。特に、プラスチックの焼却で発生する有害物質は危険性が高く、焼却灰やフィルターに高濃度で残留するので、特別な処分が必要です。焼却による汚染を減らすための努力がなされていますが、環境にも人体にも有害なダイオキシンなどの有害物質への懸念は消えていません。

効率が特に高い焼却施設は、発生する熱を利用して地域暖房を提供したり、蒸気タービンを回して発電を行ったり（廃棄物発電）しています。エチオピアのアジスアベバにある新しい廃棄物発電プラントは、以前ごみ拾いをしていた人々を雇用し、無害化した灰でレンガを作っています。こうしたプラントは、安定した電力を供給することで、発電量が変動する再生可能エネルギーを補完しています。

ラベルはまぎらわしい

　私たちは包装材やごみを扱う際に表示ラベルを参考にしますが、多様なラベルやシンボルマークがあってわかりにくいことがよくあります。たとえば、丸の中に矢印が2つ描かれた「グリューネ・プンクト」は、メーカーが包装材リサイクルのコストを負担していることを示していますが、しばしば誤解されています。イギリスの消費者運動団体「Which?」の2018年の調査では、半分の人が「包材がリサイクル可能だというマーク」だと思っていました。技術やリサイクルサービスの発展とともに、状況はつねに変化しています。ですから、最新の情報に目を配りましょう。おおまかな指針は次の通りです。
- 食品廃棄物は堆肥化する。
- 汚れていない乾いた紙、厚紙、ブリキ缶、飲料缶、ガラスは、リサイクルする。
- 硬質プラスチック（果物、野菜、肉が入っていたカゴなど）はリサイクルする（ただし、黒いトレーはリサイクルセンターのコンベアベルトの色と同じで識別できないのでダメ）。
- 軟質プラスチック（パン、パスタ、米の袋など）、汚れが付いたものすべて（使用済み紙おむつ、油がしみたピザの紙箱など）、そして、どこに分別していいか確信が持てないものは、ごみとして出す。

〔日本では、自分の住む自治体のごみルールを守りましょう。〕

- 産業堆肥化：産業用コンポスターの内部温度は50〜60℃になります（家庭のコンポスターは一般に20〜40℃）。産業用コンポスターは大きな倉庫で、ごみを巨大な山に積み上げ、定期的にかき混ぜて空気を含ませます。空気を下から送り込むこともあります。温度と酸素濃度と水分量は微生物がごみを分解して栄養分に富んだ堆肥に変えるのに最適な状態に管理されます。できた堆肥は園芸・造園用に販売されます。家庭で出た生ごみなどを堆肥化材料用の容器に入れて回収に出すと、産業用コンポスターに送られます。
- 家庭での堆肥化——庭に置くコンポスターは野菜くずや果物の皮の堆肥化に適しており、生ごみの分解とともに二酸化炭素と水が発生し、園芸に使える堆肥ができます。けれども、紙コップ・紙皿や包装材には適しません。紙コップや包材は堆肥化可能と書かれていても家庭用コンポスターには入れないようにしましょう。

「生分解性」と表示された品物は多くありますが、それは時間が経てば分解されるという意味で、その「時間」は数ヵ月から1000年までいろいろです。ですから、生分解性と表示されていても、必ずしも堆肥化可能とは限りません。堆肥化可能な品物には、明白にそれがわかる表示がなされていなければなりません。堆肥化可能なものは堆肥にするよう心がけましょう。そうしないと、堆肥化材料回収容器の提供や回収作業に費やされるコストや労力が文字通り無駄になってしまいます。

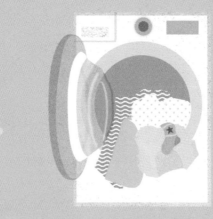

掃除・洗濯

THE UTILITY ROOM

世界では8億4000万台以上の洗濯機が使われています。設定温度40℃で1回洗濯する時に1台が排出するCO_2eは平均0.7kg。標準的なガソリン車で2.7km走行した時と同じくらいです。週に4回洗濯すると、約11kmのドライブに相当します。

洗濯機

　ほんの数世代前まで、洗濯はすべて手洗いでした。祖父母の家にあった木の洗濯板や、初めて家に来た洗濯機を（時々、目を離すと水があふれたことも）覚えている人もいるでしょう。洗濯機は比較的新しい発明品です。そして、特に女性の生活に革命的な変化をもたらした製品のひとつです。

　スウェーデンの統計学者ハンス・ロスリングは洗濯機を「産業革命の最も偉大な発明」と呼び、ケンブリッジ大学の経済学者ハジュン・チャンは「洗濯機はインターネット以上に世界を変えた」と述べています。

　まずは、この革命的な機械の歴史を辿ってみましょう。かつて服の洗濯は屋外で行われました。古代ローマでは、ウールや亜麻の白いトーガを洗う"洗い張り屋"を「フロー（*fullō*）」といいました。石けんがなかった当時、衣服の洗濯には動物や人間の大量の尿（アルカリが布から汚れを落とすのを助ける）と水が使われました。桶の中でフローの男性や少年が足で踏んで洗い、乾かして、ハリネズミの毛皮でブラシがけをし、時には硫黄でいぶして漂白していたのです。

　中世には石けんが登場しますが、富裕層しか使えませんでした。18世紀頃になると石けんは一般にも広まりますが、まだ貴重品だったので、染み落としや「とっておきの」服の洗濯のために取っておかれました。

　最初の洗濯機はかごを木の棒とハンドルで回転させる方式で、1782年にイギリスのヘンリー・シジアーが作ったとされています。この基本設計を発展させて、1851年に回転ドラムが発明されます。最初の電気洗濯機はアメリカで1900年代初めに売り出されました。1970年代になるとイギリスの家庭の65％が洗濯機を所有し、その割合は1990年代に90％、2016年には97％へと伸びました。

　とはいえ、世界的に見れば洗濯機は今でもぜ

いたく品です。世界人口77億人のうち、洗濯機を使えるのは20億人だけです。残りの50億人以上は、川や井戸水で手洗いしています。洗濯は主に女性が無償労働で行い、それによって子供と過ごす時間や、働きに出て稼いだり新しいスキルを磨いたりするための時間が削られています。ペルーのスラムで3万人の住人を対象に行われた調査では、1回6時間、週に3回以上が洗濯に費やされていました。一方イギリスでは、平均的な人が洗濯して外に干すために使う時間は週に102分です（2017年のデータ）。

環境への負荷

洗濯はエネルギーを消費します。洗濯のカーボンフットプリントで最も大きな部分を占めるのは洗濯機のランニングコストで、加えて合成洗剤による環境への影響もあります（56ページ参照）。洗濯機の所有にかかる経費を調べた研究によれば、出費の60％以上は使用時の電気代と洗剤などの消耗品代で、洗濯機購入費は23％だということです。「Which?」の調査では、平均的な洗濯サイクルの場合に洗濯機が使う電気代は年間140〜250ポンド（約2万〜3万7000円）とされています。「Which?」は、効率が最も低いモデルを買った場合、年間80ポンド（約1万2000円）余計に電気代がかかりうると推定しています。ですから、少し価格が高くても省エネモデルを買う方が長期的には得です。特に、大多数の人は同じ洗濯機を6年から8年使うことを考えれば。

アメリカ人は他のどの国民よりも洗濯回数が多く、1世帯あたり年間289回です。けれども1回あたりのエネルギー使用量は、アメリカやオーストラリアよりもヨーロッパの方が多くなっています。おそらく、ヨーロッパの方が洗濯機の水温設定を高くして使うからでしょう〔欧米では全自動洗濯機に温水機能が付いてい

ます〕。一方、洗濯で使う水の量が最も多いのは日本とアメリカで、最も水使用量が少ないのはヨーロッパの洗濯機です。これは洗濯機の設計によるものでしょう。EUのドラム式洗濯機はアメリカで人気のある縦型よりも1回あたりの水の量がずっと少なく、一方で縦型は冷水のみで使われることも多いので電気代は少なくて済みます。

近年、海のマイクロプラスチック汚染に対する人々の関心が高まっています。プリマス大学の2016年の調査は、家庭の洗濯機から出るマイクロプラスチック（合成繊維のくず）に注目し、6kgの洗濯物から下水に放出される合成繊維くずは13万7951本（綿ポリエステル混紡）から72万8789本（アクリル）の間であることを明らかにしました。こうした繊維はとても細いので、下水処理場のスクリーンをすり抜けて水域環境に流出し、堆積物に混じったり生物に飲みこまれたりして蓄積されていきます。ベルリンくらいの規模の都市の場合、毎日洗濯機から海へ流れていくマイクロプラスチック繊維の量はレジ袋54万枚に相当します。

現在の洗濯機は、1年に250回洗濯して10年もつように設計されています。もっと耐用年数の長い洗濯機を作ればカーボンフットプリントは減ります。たとえば、2000回洗濯できる洗濯機5台を1万回洗濯できる洗濯機1台に換えると、鉄鋼を180kg近く節約でき、CO_2eは2.5トン以上減らせます。

未来の洗濯のかたち

　未来の洗濯機は既に存在しています。現在はホテルなどで業務用として試用されている段階ですが、大きな成果をあげています。

　ゼロス（Xeros）社の洗濯機はエグゾーブ（XOrb）と呼ぶビーズが汚れを吸着し、1回の洗濯で使う水を80％も削減します。水を使って汚れや染みを機械的に落とすのではなく、洗濯機の中で多数のビーズが少量の水で洗濯物をきれいにし、洗濯物への影響も小さく抑えます。そのため、生地の色や肌ざわりが長もちします。

　従来型の洗濯機2台をゼロスの洗濯機に替えたイギリスのあるスパ付きホテルでは、年間に250万リットルも水が節約できています。オリンピックサイズのプールを一杯にしてもまだ余る水量です！

　ゼロスの洗濯機は普通の洗濯機の半分しか電気を使いませんから、ランニングコストも温室効果ガス排出量も少なくなります。アメリカのあるホテルは、ゼロスの洗濯機を買ってから1年経たないうちに、水道代と電気代の節約によって洗濯機購入代金のもとが取れました。

　さらに嬉しいことに、開発中の家庭用洗濯機のプロトタイプには、合成繊維を洗う時に出るマイクロプラスチック繊維くずを捉えるフィルターが装備されています。マイクロプラスチック繊維が川や海に流出するのを防ぐことができ、フィルター掃除は数ヵ月に1回で大丈夫です。

　何ヵ月か何年か先にこうした新しい洗濯機が発売されたら、探してみましょう。

私たちはいずれ、より耐用年数が長い洗濯機をリースで利用するようになり、修理や調整がしやすく、洗濯のカーボンフットプリントを減らし、消費者の負担も少なくできることでしょう（買うよりもリースの方が26〜38％安くなります）。

あなたにできること

- 洗濯の回数を減らしましょう。洗濯かごに服を放り込む前に、本当に汚れているかをチェックしましょう。染みなどは、その部分だけ洗えば済みます。においがしみつかないよう服を風にあてましょう（特に、煙や調理時のにおいなどは、外に吊るしておくだけで簡単に飛びます）。洗濯回数を減らすことで服の傷みが減って長持ちし、服のカーボンフットプリントも減ります（112-113ページも参照）。

- 洗濯物は、容量一杯ぶんたまってから洗いましょう。ただし、容量以上に詰め込んではいけません。詰めすぎると汚れ落ちが悪くなり、何枚かは洗い直さなければならなくなります。

- 温水にせず、するとしてもせいぜい30℃で洗いましょう。近頃のたいていの液体合成洗剤は低い温度でも汚れを落とします。設定温度を下げることは電気代の大幅な節約になります。60℃から40℃に変えると、洗濯のコストが約3分の1になります。30℃や加温なしでもほとんどの洗濯物はきれいになります。

- 洗濯機を効率よく使う方法を調べましょう。それくらい当然知っていると思うかもしれませんが、多くの人は説明書を読まず、どのモードが最も高効率かを知りません。最新型の洗濯機は洗濯物の量に応じて最適な洗剤と水の量を自動で計算し、一層効率を上げて

くれます。

- 洗濯機を買う時は、予算の範囲内で最もエネルギーと水を節約できるモデルを買いましょう。洗濯機が多少高くても、ランニングコストが低ければ長期的には得になります。高性能で高効率の洗濯機は1回の洗濯コストがおよそ10ペンス（15円）ですが、性能の低いモデルだと21ペンス（30円強）かかります。家電レーティングがA+++の洗濯機を探しましょう。

- 古い洗濯機は必ずリサイクルしましょう。30〜40 kgの鉄鋼に加えてエレクトロニクス部品とプラスチックが含まれる洗濯機は、埋め立ててはいけません。リサイクルセンターには家電専門のエリアがありますし、多くの販売店は新しい洗濯機を買うと古いものを引き取ってくれます。

- 電気の契約を100％再生可能エネルギーの業者に切り替え、洗濯機を動かす電力のカーボンフットプリントを下げましょう。

- 夜間電力が安い契約プランにしている人は、洗濯機を夜に使いましょう。自分の家の電気料金体系について、電力会社に尋ねてみましょう。

合成洗剤は100万分の2の濃度（2ppm）でも魚類の化学物質吸収に干渉し、有害物質（たとえば水中に流れ込んだ殺虫剤）への抵抗力を下げてしまいます。合成洗剤の濃度が15ppmに近づくと大部分の魚が死に、魚の卵は5ppmでも死んでしまいます。

洗濯用合成洗剤

　石けんが登場するまで、衣類の洗濯には水と尿が使われていました。初期の石けんは獣脂と焚き火の灰を混ぜて煮て作られていました（52ページ、124ページも参照）。

　合成洗剤は人工的に作られた水溶性洗浄剤です。石けんは硬水中のミネラル塩と反応して石けんカスができますが、合成洗剤ではそれがありません。合成洗剤には、多様な成分が含まれています。界面活性剤（水の表面張力を小さくして油汚れとなじませ、泡立て、汚れを浮かせ、乳化させる）、リン酸塩（硬水を軟化させて泥汚れを水中に分散させる）、蛍光増白剤（洗濯物を白く見せる）、酵素（食べ物などのシミを分解して落とす）、香料などです。リン酸塩については後述します。

環境への負荷

　あらゆる合成洗剤は環境に負荷を与えます。生分解性の洗剤であっても濃度が一定以上なら影響があります。洗剤は、洗濯機の中の水と自然界の水を区別したりできませんから、どこでも同じようにふるまいます。洗剤のさまざまな成分は魚の粘膜に含まれる天然の油分を壊し、エラの正常な働きを阻害して、細菌や寄生虫や殺虫剤に冒されやすくします。合成界面活性剤は「環境ホルモン」と呼ばれる物質を作り出し、それが生物のホルモンバランスをかく乱して生殖能力を衰えさせます。また、合成洗剤には有毒な成分や環境にずっと残る成分も含まれています。

　1960年代から70年代にかけて、科学者はリン酸塩が水質に影響して富栄養化（湖、川、海などで水中の窒素やリンなどの栄養分が増えること）をもたらす仕組みを理解しはじめました。水中のリン酸塩が過度に多くなると「水の華」（微小な藻類の大量発生）や「赤潮」（プランクトンの異常増殖）が発生し、毒素を放出したり水中酸素濃度を低下させたりして、魚をはじめとする水生生物を死滅させます。この問題への

対応として、1980年代にエコベール社がリン酸塩の代わりに微小多孔性鉱物のゼオライトを配合した無リン洗剤の生産を開始しました。その後大手の洗剤メーカーも追随し、アメリカでは1990年代にリン酸塩が段階的に廃止され、ヨーロッパでも2013年に規制が定められたことでリン酸塩はなくなりました。世界のその他の地域でも、洗剤の無リン化が進んでいます。

あなたにできること

- リン酸塩を含まず、植物由来の界面活性剤（水中での毒性が最小限ですばやく生分解される）を成分とする洗剤を使いましょう（62-63ページに商品説明の見方があります）。手にした商品ブランドの信頼性に確信が持てなかったら、よく知られたエコブランドを選ぶか、ネットで調べましょう。
- 洗剤の正しい使用量を守りましょう。
- お湯でなく水で洗う時は、粉末洗剤よりも液体洗剤を選びましょう。液体洗剤は水分が含まれるので重く、買って持ち帰るにはやや不便ですから、濃度の高いものを買うとよいでしょう。粉末洗剤が厚紙の箱に入っているのに対して、液体洗剤はプラスチックボトルが多いので、詰め替えて使い、最後はボトルもリサイクルしましょう。できれば、再生プラスチックで作られたボトルに入った洗剤を探しましょう。
- 粉末洗剤の厚紙製の箱はリサイクルしましょう〔日本では、洗剤の香りが付いた紙箱は資源回収ではなく燃えるごみにするルールの場所が多いので注意〕。中身を空にし、持ち手などのプラスチック部品をすべて取り除くのを忘れずに。粉末洗剤の成分は液体より安定性が高いため保存可能期間が長く、保存料を添加する必要性は低めです。
- タブレット状、カプセル状、ジェルボールタイプなどの合成洗剤は避けましょう。水に溶ける包材に着色料やその他の不必要な成分が使われています。
- 詰め替えましょう。洗剤の詰め替えステーションを設置する店舗やスーパーが増えています。同じ洗剤容器を何年も使えます。
- 「エコエッグ」を使ってみましょう。洗剤が不要になります。卵型の容器に入った2種類のミネラルペレットが洗剤の代わりに洗濯物をきれいにします。最大720回洗濯できます。
- 柔軟仕上げ剤の使用は避けましょう。不必要な化学物質が洗濯物に残り、肌に触れ、水域環境に流れ込みます。
- 洗剤が効率よく汚れを落とすよう、洗濯機の中をきれいに保ちましょう。専用の洗濯槽クリーナー商品を買わなくても、重曹と酢〔やクエン酸〕を使う方法がネット上で紹介されています（69ページと247ページも参照）。

地球という惑星のために

ストックホルム・レジリエンス・センターは、生物圏（世界の生態系すべてを合わせたもの）の持続可能性を調査研究しています。リンと窒素は、地球という惑星の生態系を支えている9つの重要なサイクルのひとつにすぎません。人類の活動は生物圏内の化学物質のレベルをゆがめ、自然環境に広範な影響を及ぼしています。洗剤中のリンを減らすことで、地球がさらされているリスクを小さくでききます。私たちの小さな貢献が、地球上の生物すべての未来を守る助けになります。

2018年にはイギリスの家庭の58％に衣類のタンブル乾燥機がありました。数字で言うと、なんと1570万台です。

タンブル乾燥機

多雨・多湿気候や、外に洗濯物を干す場所がない場合、タンブル乾燥機は命綱ですが、乾燥機はエネルギー消費が膨大です。そろそろ使い方を考え直しませんか。

タンブル乾燥機は比較的新しい発明ですが、起源は200年ほどもさかのぼれます。最初の乾燥機は、金属製の穴開きドラムを火の上で回転させるというものでした。1799年にM・ポションというフランス人が発明したその装置では、たしかに洗濯物は乾きましたが煙のにおいがつきました。そうした欠点はあったものの、穴の開いた金属製ドラムを使って風を送るというシステムは今のタンブル乾燥機の土台になっています。

最初の家庭用タンブル乾燥機が売り出されたのは1900年代の初めでしたが、途方もなく高価でした。ガスや電気を使うタンブル乾燥機がどうにか手の届く価格になったのは1930年代末で、やがてメーカー間の競争によって値段は下がりはじめました。

家庭用タンブル乾燥機は、先進国の住宅用エネルギー全体の10％程度を使っています。そのため、ヨーロッパではより効率の良い設計を目指す機運が高まっています。たとえば、ヒートポンプ・タンブル乾燥機は洗濯物にあたって循環してきた温風を除湿し、加温して再びドラムに送り込むことで、従来型のタンブル乾燥機と比べてエネルギー使用量を最大60％削減しています。

環境への負荷

タンブル乾燥機はたくさんのエネルギーを使います。もしもそのエネルギーが化石燃料で作られていたら、気候変動の原因になる温室効果ガスが排出されています。レーティングがA（エネルギー効率が良い）とされているタンブル乾燥機を週に3回使うと、1年間のCO_2排出量は160kg。これは大画面液晶テレビを40日間つけっぱなしにした

時と同じ量です。そのうえ、タンブル乾燥機は効率も良くありません。使う熱のうち最大で60％は無駄になっています。つまり、タンブル乾燥はとてもお金がかかる方法です。

　また、タンブル乾燥機で乾かすと化繊の布からマイクロプラスチック繊維が余計に剥がれ落ちます。乾燥機のフィルターは繊維くずと一緒にマイクロプラスチック繊維も捕捉しますが、もしそれらが環境中に出てしまうと、プラスチック汚染の一因となり、食物連鎖に入り込むこともありえます。

あなたにできること

- 理想を言えば、洗濯物はできるだけ外に干しましょう。イギリスでタンブル乾燥機を所有するすべての家庭が週に1回は乾燥機を使わずに外干しにすれば、1年間で100万トンもCO_2排出を減らせます。洗濯の2回に1回を外干しする、あるいは全部外干しにしたら、どれだけ排出量を削減できることか！
- タンブル乾燥機の使用はできるだけ減らし、衣類乾燥棚〔セントラルヒーティングや給湯用の温水タンクのそばに造られた棚や小部屋〕を活用しましょう。衣類乾燥棚がない家は、屋内に洗濯物を干せるスペースを設けましょう。
- 持ち運べる物干しラックを使いましょう。物干しロープを張れる庭がなかったり、バルコニーが狭かったりする場合は、ラックに干して昼は外、夜や雨の日は屋内に置きましょう。
- 洗濯の回数を減らしましょう！　洗濯機とタンブル乾燥機は便利なので、まだ洗う必要のないものまで洗濯してしまいがちです。ちょっとしたにおいは干すだけでとばし、食べこぼしや染みはその部分だけ洗って、洗濯物の量を減らしましょう。
- どうしても乾燥機を使う時は、高速脱水して水分をできるだけ減らしてから乾燥機に入れましょう。
- 乾燥機には価値の高い金属が使われているので、用済みになったらWEEE（電気電子機器廃棄物）の回収拠点に持ち込んでリサイクルします。そして、新しい乾燥機は買わないか、買う場合には効率の良いヒートポンプ式を選びましょう。ヒートポンプ式はいくらか高価ですが、ランニングコストが低く、いずれもとが取れます。
- 乾燥機のフィルターにたまった繊維くずは決して下水に流さず、ごみ箱に捨てます。マイクロプラスチック繊維が水系に流れ込まないようにするためです。乾燥機用のシートタイプ柔軟剤は使い捨てで、プラスチックを含み、ごみが増えますから使わないようにしましょう。代わりにウールのフェルトでできたドライヤーボールを試して下さい。静電気防止効果があり、ウールに含まれるラノリンが洗濯物を柔軟にします。

洗濯ばさみの話

　洗濯物を外の物干しロープに干す時には、洗濯ばさみが必要です。プラスチック製の洗濯ばさみは屋外に放置するとすぐに劣化して、細かい破片が落ちはじめます。土に混ざったら食物連鎖に入り込むかもしれません。洗濯物と一緒に洗濯ばさみも室内に取りこめば、長持ちします。洗濯ばさみは金属とプラスチックを分離しないとリサイクルできません。木製（持続可能な森林資源から作られていれば理想的）かステンレス製（一生使えるとされています）の洗濯ばさみの方が良いでしょう。

フットプリントと商品ラベルについて

　地球を救うことは私たち自身を救うことに他なりません。地球はホモ・サピエンスがいなくても何も困りません。でも、私たちが地球を人類に敵対的な環境にしてしまったら、私たちは滅びます。私がこんなことを言うのは、ひとえに、私たちの未来のために地球を安全な場所にすることが人類の重要な課題だと知っていただきたいからです。

　人類が繁栄するためには、一定の必要条件があります。それは、気温が暑すぎも寒すぎもしない範囲内に保たれる安定した気候、呼吸するための酸素、食物から摂取する栄養、飲み水となる真水です。地球は、「ゴルディロックス惑星」（居住に適したちょうどよい条件の惑星）と呼ばれます。ホモ・サピエンスだけでなく膨大な種類の生物種が栄えるのにちょうどよい環境だからです。

　ヒトが地球に害をなしていることに気付いた現在、私たちは、自分たちの行動や購入する商品・サービスが地球に与える負荷を、カーボンフットプリントや環境フットプリントという概念であらわそうとしています。それらの概念は何を意味し、なぜ使われるのでしょうか。

カーボンフットプリントとは？

　カーボンフットプリントは、ある品物や行動が気候変動にどれくらい影響するかの計算をあらわす簡潔な指標です。二酸化炭素だけでなくあらゆる種類の温室効果ガスの排出量が計算された、その時点で利用できる情報に基づいた最も信頼できる推測値です。カーボンフットプリントには二酸化炭素以外にもさまざまな気体が関係していることから、他の気体の温室効果を二酸化炭素の温室効果に換算して、CO_2 equivalent（CO_2換算）と呼ぶ単位（略してCO_2e）を用います。

　たとえば、「短距離飛行のカーボンフットプリント」と言う時は、その距離を飛ぶ飛行機が排出したすべての温室効果ガスをあらわします。計算のやりかたは炭素計算式ごとに異なるので、カーボンフットプリントの数値は相対的な物差し、ひとつの指針として用いるべきものです。

カーボンフットプリントの比較

　イギリスに暮らす人の平均的なカーボンフットプリント（CO_2e）は1人あたり**5.56トン**で、アメリカに住む人は**14.95トン**です。アメリカの方が消費が多く、広い家に住み、大型車を乗り回すからです。発展途上国の1人あたりの排出量ははるかに少なく、インドでは**1.57トン**、マラウィではたった**0.1トン**です。1人あたりの排出量が特に多い国はサウジアラビアとオーストラリアとアメリカです。

オンラインで自分のカーボンフットプリントを計算することもできます（251ページ参照）。

環境フットプリントとは？

　環境フットプリント、あるいはエコロジカル・フットプリントという言葉も目にしたことがあるでしょう。こちらは、ある生活様式について、二酸化炭素排出量や水消費量、生活に関連した土地、資源、ごみの問題をすべてひっくるめて環境への負荷を計算する方法です。計算結果は、その生活様式を持続させるには地球が何個必要かといった形で示されます。仮にあなたのスコアが「地球2個」だったら、住む場所や移動手段や消費のしかたを変えて、フットプリントを半分にしなければならないということです。けれども、環境フットプリントの捉え方はいろいろで、広く受け入れられた算出方法はありません。国全体のもたらす負荷に注目する環境フットプリントもあります。たとえば「イギリスの環境フットプリントは1人あたり4.4グローバルヘクタール（gha）だ」と言う場合は、イギリスに住む人の生活に伴って生じる資源・エネルギー消費と汚染を考えています。地球が人類に提供できるのは1人あたり1.63ヘクタールとされるため、誰もがイギリス在住者と同じ生活をすると、世界の人口を維持するには地球が2.7個必要

になります。インドの環境フットプリントは1.2ghaで、地球の能力の範囲内に収まっています。

ゆりかごから墓場まで

　環境への負荷を測る別の指標に、ライフサイクルアセスメント（LCA）があります。これは、ある品物の「ゆりかごから墓場まで」——原料の採掘から製造、使用、リサイクルあるいは廃棄まで——の環境への負荷すべてを考慮しようと努めます。企業は自社製品の影響を評価するためにLCAを用います。カーボンフットプリントと同様、LCAは相対的な物差しです。LCAを使うと、企業は製品のライフサイクルのどの部分が最も環境に大きく影響するか、従ってどの部分で最も影響を低減できるかを比較検討できます。LCAの計算に厳密な科学的裏付けはありませんが、方法論は改良され続けています。私は本書でも、情報を利用できる時には「品物のLCA」について言及しています。また、環境フットプリントよりはカーボンフットプリントを使っていますが、それは取り上げる品物のカーボンフットプリントの情報が最も入手しやすいからです。

原料

製造

包装・梱包

廃棄　リサイクル

使用　再利用

配送

商品の認証マークやラベルのいろいろ

商品に記載されているエコ関連の認証は、その商品が一定の基準に合格していて、従来品よりも環境にやさしいということをメーカーやその他の団体が消費者に伝えるために付けられています。パッケージに書かれている「オーガニック」「有機」「エコフレンドリー」「天然」「植物由来」「生分解性」といった一般的な表現は、その製品がしかるべき基準に合格しているかどうかを保証しませんし、本当に書かれているとおりかどうかの裏付けや検証がないこともよくあります。ですから、ここに挙げるような独立性を持ち評価も定まっている基準やマークが商品に付いているかどうかを見ましょう。

B corp： B corp認証は、従業員、消費者、地域社会、環境への負荷を最小限に抑えるという基準をクリアし、透明性を保つためにオンラインレポートを提出している企業に与えられます。2019年の時点で、世界の2900社以上がこの認証を取得しています。

ベター・コットン・イニシアティブ（BCI）： BCIラベルが付いている商品は、綿花生産者が水を効率的に使い、農薬や化学肥料の使用を抑え、土壌や生物多様性に配慮し、適切な報酬を得られるよう支援しています。このマークの付いたブランドは、最初は使用する綿花の5％以上をそうした生産者から仕入れ、5年後には50％にしなければなりません。シーツやタオルやTシャツやジーンズを買う時にはBCIのマークを探しましょう。

カーボンニュートラル認証： カーボンフットプリントを計算し、排出量削減プロジェクトの支援で得られたカーボンオフセットと自社の操業の効率化を組み合わせてフットプリントをゼロにしている企業に対して認められます。

エシカル・ティー・パートナーシップ： 茶の生産の持続可能性向上、茶関連業の従事者の生活向上、生産地の環境保護に配慮している団体です（16-18ページも参照）。

EUエコラベル： 製品のライフサイクルを通じて高い環境基準をクリアし、温室効果ガス排出量と廃棄物を削減し、再利用・修理・リサイクルが可能な設計で作られた製品やサービスに与えられます。

EUエネルギーラベル： EUで販売される家電製品のエネルギー効率を段階別に分けて表示しています。最も効率の高い製品にはA+++ が表示されています〔2017年のEU規則改正により、2021年3月以降はAからGまでの7段階表示になります〕。

フェアトレード： 食品とファッション業界で使われ、適切な報酬、労働条件、環境保護に配慮して作られた製品であることを示します。このラベルはコーヒー、チョコレート、バナナ、茶、木綿製品に付いています（19ページも参照）。

森林管理協議会（FSC）： FSC認証がある製品は、持続可能な形で管理され、地域社会に利益をもたらす森林資源を使っています。コピー用紙、グリーティングカード、包装、本、トイレットペーパーなどの紙製品でFSC認証を探しましょう。〔日本でもこの認証マークが付いた製品はよく見られます。〕

オーガニックテキスタイル世界基準（GOTS）： GOTSラベルは、70％以上オーガニックな繊維で作られている繊維製品の認証です。布おむつ、寝具、ナプキン、テーブルクロス、衣類などに付いています。

リーピングバニー：動物実験をしていない化粧品を認証するプログラムです。動物にやさしい化粧品かどうか知るために、跳ねるウサギのシンボルマークを探しましょう。

動物の倫理的扱いを求める人々の会（PETA）：動物の権利運動団体。動物に苦痛を与えていない企業やヴィーガン企業のデータベースを運営しています。データベースに登録されているのは、動物実験をしていないことがPETAによって確認された企業や、自ら動物実験をしていないと確約する宣言をした企業です。

レインフォレスト・アライアンス：厳しい環境基準・社会規範に適合した農場や森林やビジネスに認証を与えています。コーヒー、茶、バナナにアマガエルのシンボルマークがあるかどうかを探しましょう（19ページも参照）。

ソイル・アソシエーションのオーガニック認証：世界で最初に作られた、食品がオーガニックでかつ動物福祉、人間の健康、環境保護に関する格付け基準にも合格していることを認証する仕組みです。現在は食品だけでなく、化粧品や衣料品、森林と木材生産も対象としています。

カーボントラスト基準：自らの環境への負荷を測定・管理し、その負荷を前年よりも削減するとともに長期的に効率の改善をはかる取り組みを行っている組織に認証が与えられます。銀行やスーパーマーケットからスコットランド政府や食品会社まで幅広い組織がこの認証を取得しています。

グッド・ショッピング・ガイドの倫理的企業賞：グッド・ショッピング・ガイド（ガイドブック）は、動物福祉、人権、環境への配慮の面でイギリスの企業を格付けし、基準を満たした企業に「倫理的企業賞」を贈っています。

レスポンシブル・ウール・スタンダード（RWS）：羊の福祉と牧草地の健全さに関する自主的なグローバル基準です。RWS認証は、認証取得農場のウールは生産情報が追跡可能であることを保証します。ウールの衣類や毛布でRWSマークを探しましょう。

サステイナブル・ファイバー・アライアンス（SFA）：カシミア製品のグローバルな持続可能性基準で、牧草地の保全と回復、動物福祉、カシミアヤギ飼育者の生活の安定を推進している国際NGOです。世界のサステイナブルなカシミアの大部分はモンゴル産で、SFAはカシミアヤギに草を食べさせながら持続可能な形で資源を維持できるよう、飼育者を支援しています。

ヨーロッパでは毎年4500万台の掃除機が売れています。

掃除機を8年（平均耐用年数）使った場合のライフサイクルアセスメント（61ページ参照）によれば、環境への負荷の大部分は使用によって――言い換えれば、どういう種類のエネルギーをどれだけ使うかによって――もたらされます。

電気掃除機

　かつて、床のじゅうたんは屋外に干し、叩いてチリやホコリを落としていました。じゅうたんのない家の人々は床をほうきで掃いて掃除しました。今では電気掃除機があらゆるタイプの床のごみを吸い込み、専用のノズルを付ければどんな場所でもきれいにしてくれます。

　1860年代には、機械式じゅうたん掃除機（押すとローラーが回転してじゅうたんからほこりを掻き出す）が使われていました。最初の真空掃除機「パッフィング・ビリー」は1901年にイギリスでヒューバート・セシル・ブースが特許を取得しましたが、馬で引っ張って移動させなければならず、使い勝手がよくありませんでした。10年後、ビル管理人兼パートタイム発明家のジェイムズ・マリー・スパングラーが、ミシンから取りはずした電気モーターを使い、ほこりを吸いこむ装置を作ります。彼はそれをいとこのスーザン・フーヴァーに見せ、スーザンは夫のウィリアムにこのアイディアを伝え、ウィリアムが大量生産に乗り出しました。今では先進国のほとんどの家庭に電気掃除機があります。

　掃除機は時代とともにパワーが上がり、1960年代に500ワットだったモーター出力が2010年代には2500ワット以上になりました。消費者は、出力が大きいほど効率よく掃除できると刷り込まれました。ところが大出力は掃除の仕上がりとイコールではなく、むしろエネルギーの無駄が増えることがわかっています。新しいモデルほどエネルギー効率が悪くなるのに歯止めをかけるべく、EUは2017年以降すべての真空式電気掃除機の出力を900ワット以下にすべしというエコデザイン指令を採択しました（コードレスクリーナーは現在のところ除外）。

環境への負荷

　EU域内には2億台以上の家庭用掃除機があり、1年間に18.5テラワット時の電気を使っています。これはEU全体の電力総使用量の0.6%

にあたり、ガス発電所5つの年間発電量に相当します。ですから、掃除機を高効率にすることは本当に重要です。EUエコデザイン規則の導入により、2020年は2013年と比べて掃除機全体の環境負荷が20〜57％減少すると見られています。また、この規則によって年間480万トンのCO_2e（2012年のバハマの温室効果ガス年間排出量に相当）が削減され、地球温暖化に対する掃除機の影響の割合を2013年に比べて44％減らせると期待できます。掃除機の効率が向上し、電力に占める再生可能エネルギーの割合が増えるほど、掃除機のフットプリントは小さくなります。

掃除機はさまざまな素材で作られているためリサイクルが複雑で、それが製造に関連した環境負荷を大きくしています。掃除機の材料はアルミ、ステンレス鋼、真鍮（しんちゅう）、銅、多様なプラスチックです。そのため電気電子機器廃棄物に分類され、WEEE（電気電子機器廃棄物）指令により回収とリサイクルが義務付けられています。

紙パック式掃除機はパックを使わない掃除機よりも多くの廃棄物を出します。紙パックはリサイクルができず、全部が埋め立て〔または焼却〕処分場に行くからです。購入した掃除機が配送される時の梱包も問題です。ふつう、段ボール箱1箱、段ボールのトレー2枚、保護用の段ボール板1枚があり、付属品を保護するポリ袋（今のところリサイクル不能）が何枚か使われ

ています。

真空吸引は、健康にもよくありません。掃除機を使うことで室内の空気の汚染が起きます。最も低品質の掃除機は、最も高品質の製品と比べて排気中のダストが2倍だという調査結果があります。2012年のある研究は、掃除機の排気を室内の浮遊微粒子・細菌の発生源のひとつであると捉え、掃除機のタイプやモデルによって微粒子や細菌を吐き出す量は大きく異なると述べています。それゆえに、一部の掃除機は「超高性能フィルター使用で衛生的」と宣伝しているのです。

あなたにできること

- 掃除中にちょっと他の用をする時には、掃除機のスイッチを切りましょう。掃除機の環境への負荷の大部分は、使用電力です。
- カーペットを敷いていない床はほうきで掃けば、電気の使用量を減らせます。
- 新しい掃除機を買う時は、出力の大きさではなく効率で選びましょう。EUで販売される新品の掃除機（コードレスは除く）はすべて900ワット以下です。ごみを減らすために紙パックではないタイプにし、高性能フィルターが使われているかどうかをチェックしましょう。
- ごみで一杯になった紙パックは、リサイクルできないので、ごみとして出します。
- 紙パックではない掃除機を使い、カーペットやフローリングが100％天然素材で、吸い込んだごみがホコリ、髪の毛、食べこぼしだけであれば、ごみは堆肥化材料にできます。けれども、カーペットが合成繊維の場合は、ごみとして捨てる必要があります。
- 掃除機が使う電力を「CO_2排出量フリー」にするため、電力契約を再生可能エネルギー供給会社に変更しましょう。
- 不要になった古い掃除機は、リサイクルのためWEEE回収拠点に持ち込みましょう。

ハーヴァード大学とフランス国立保健医学研究所が
30年間にわたって看護師たちを調査した研究では、
週に1回除菌剤入り掃除用洗剤を使うと、肺気腫や
慢性気管支炎といった慢性閉塞性肺疾患の発病リス
クが32%上がることが判明しました。

掃除用品

　ほんの数十年前、掃除用品のバラエティーは今よりはるかに少なかったことを覚え
ている人も多いでしょう。一番よく使われていたのは漂白剤で、現在のような掃除す
る場所ごとに専用の製品はありませんでした。便利さの追求と、汚いイメージの作業
をやる気にさせるために、使い捨てのさまざまな清掃用品——フロアワイパーから使
い捨てのトイレ用洗剤付きスポンジブラシまで——が開発されました。

　私たちは現在、掃除用品が環境と健康に与え
る影響を知りつつあります。けれども、重曹と
酢〔またはクエン酸〕さえあればほとんどのも
のをきれいにできる（68ページ）ことはご存
じですか？

環境への負荷

　洗面台の下に収納されている掃除用品を手に
取ると、大部分の洗剤には、有毒、皮膚刺激性、
飲み込んだりガスを吸い込んだりすると危険、
腐食性、環境に有害——といった警告が書か
れています。「環境に有害」の警告マークには
枯木と死んだ魚が描かれていて、一目瞭然です。
いくつか例を見ていきましょう。

漂白剤

　次亜塩素酸ナトリウムの希釈液である塩素系
漂白剤は、細菌、ウイルス、真菌類に高い殺菌
効果を発揮します。刺激性が強いので皮膚につ
いたり目に入ったりしないよう注意し、蒸発した
気体を吸うと（特にぜんそくの人は）肺に良く
ないため換気の悪い場所で使ってはいけません。
　塩素系漂白剤は、アンモニアを含む物質（一
部のトイレ用洗剤）や酸性の洗剤（酢やクエン
酸も含む）と混ぜると有毒な塩素ガス——第
一次大戦で毒ガスとして使われたものと同じ
——が発生します。塩素系漂白剤は高濃度で
は水生生物に有害ですが、キッチンなどで使っ
て流すぶんには水で薄まるうえ、しだいに分解

されるので、ほとんどの場合川や湖に流れ込む頃には毒性がなくなっています。

クリームクレンザー

　クレンザーの主な成分は、炭酸カルシウムなどの研磨剤と、炭酸ナトリウム（洗濯ソーダ）や直鎖アルキルベンゼンスルホン酸ナトリウム（皮膚と肺への刺激性がある物質）などの洗浄成分です。クレンザーが環境中で分解されるには2週間以上かかります。

排水管洗浄剤

　苛性の排水管洗浄剤には、腐食性、可燃性、有害性の表示が付いています。こうした洗浄剤はアルカリ性で、苛性ソーダ（水酸化ナトリウム）などの成分は皮膚に触れると化学やけどを起こします。排水管に流し込むと、成分の化学物質が排水管に詰まっている油汚れを水に溶けやすい物質に変化させます。

　一部の排水管洗浄剤は漂白剤と過酸化物と硝酸塩でできています。どの成分も、飲んだり目に入ったり皮膚に付いたりすると危険ですし、発生するガスは吸い込んではいけません。実際、腐食性が強すぎて排水管を傷めることもあるくらいです。浄化槽を使っている家では、排水管洗浄剤を使うと浄化槽内で汚水を分解してくれる有用な微生物が死滅してしまい、浄化槽が機能しなくなります。それを考えれば、排水管洗浄剤が川や湖や海に流れ込んだ時に水生生物にどんな悪影響があるか、想像がつくでしょう。

スプレー缶のオーブンクリーナー〔日本ではほとんど見かけません〕

　これは怖い製品です。水酸化ナトリウム（油落とし成分）、イソブタン（噴霧のためのガスで、発がん性の有無が確定していません）、アクリル共重合体（粘性を出すためのプラスチックの一種）が含まれています。

　水酸化ナトリウムは排水管洗浄剤の項目でも書いたように腐食性です。オーブンクリーナーには、発がん性が疑われている塩化メチレンが溶剤として含まれることもあります。容器の注意書きは、地球にも私たちにもよくないものだと十分に警告すべきです。それでも、便利に使えてオーブン掃除が楽になるという誘惑に逆らえない消費者もいることでしょう。

家具用つや出し剤

　家具用つや出し剤のにおいが好きという人もいますが、有害な可能性のある成分も含まれています。メチルクロロイソチアゾリノンとメチルイソチアゾリノン（ともに水生生物に有害）、ジメチルポリシロキサン（分解されるまで環境中に長くとどまる）、ケロシン（飲みこむと有毒）などです。

窓ガラスクリーナー

　スプレー式のガラスクリーナーにはしばしば皮膚刺激性のある水酸化アンモニウムが含まれています。目に入ったら失明するおそれもあります。成分を吸い込むのもよくありません。刺激があってくしゃみが出ます。

トイレ用洗剤

　より一層腐食性の強い成分が含まれているのが、トイレ用洗剤です。水酸化カリウム（苛性カリ）は排水管洗浄にも使われる成分で、人体にも環境にもよくありません。便器の縁に引っ掛けて内側に吊るすタイプ〔日本ではほとんど見ません〕でも、便器の内側や縁に液体を吹き付けるタイプでも、水と一緒に化学物質を環境へ流していることになります。

あなたにできること

・掃除用商品を買う前、あるいは使う前に、注

意書きを読みましょう。毒性、有害、危険などの警告が記されていたら、私は避けます。

- さまざまな「○○専用」クリーナーの誘惑に打ち勝ちましょう。1〜2種類のクリーナーがあればほとんどの場所の掃除ができます。
- 信頼できるブランドの、環境に配慮した製品を買いましょう。価格は少し高めかもしれませんが、何種類も洗剤を揃える必要はありません。たとえばスプレーボトルの住居用洗剤ひとつでキッチンからバスルーム、床のモップかけ、車の中の拭き掃除までできます。
- 中身だけの詰め替えができる店で環境にやさしい洗剤をベストな価格で入手し、容器を繰り返し何度も使いましょう。
- 化学的薬剤に頼るかわりに、物理的方法を試しましょう。プランジャー（棒の先にゴムのカップが付いた詰まり解消道具）や、ドレーンスネーク（ワイヤーの先にコイルやトゲトゲが付いたパイプ掃除用具）などです。ドレーンスネークは値段も安く何度も使え、排水管の中に回転させながら入れて引き上げると髪の毛や汚れがごっそり取れて、大きな満足が得られます。
- 空になった洗剤容器は中をすすいでリサイクルしましょう。手で握ってスプレーするボトルもリサイクルできます。以前はスプレーに金属製のバネが使われているため分別するよう言われましたが、今は中が空できれいであればそのままリサイクルできます。
- シンプルな"生活の知恵"を試しましょう。レモンの切れ端を使ってケトルの水あかを取る、スチームクリーナーでオーブン掃除、水と酢を1:1で混ぜた液で窓ガラスを拭く、などです。じきに、それぞれの専用クリーナーなんて不要だということに気付くでしょう。こうした身近なものを使う掃除の知恵はネット上でたくさん紹介されています。

クリーナーの王様——酢と重曹

重曹と酢は、キッチンの常備品の中でも使いみちの多さとお役立ち度で双璧です。最新の専用クリーナーにもできないことを、この2つはやってのけます。

本書を書いている時、私のお気に入りのドネガルツイードのクッションカバーに"誰かさん"がスライムをべったり付けてしまいました。生地を傷めずにスライムを取り除く唯一の方法は、生地に酢をやさしくもみ込むことでした。

ここで言う「酢」はベーシックなホワイトビネガーで、魔法の力の源は酢酸です〔ホワイトビネガーはトウモロコシなどの穀物から作られた酢で、白のワインビネガーとは別物です。日本ではホワイトビネガーを置いている店はあまりないので、掃除にはクエン酸の水溶液がよく使われます〕。

重曹はほとんどのスーパーで買えます。トロナ（重炭酸ソーダ石）から炭酸ナトリウムを経て作る方法と、塩化ナトリウム（食塩）の水溶液にアンモニアを加え二酸化炭素を通す化学合成で作る方法が用いられています。

酢と重曹を混ぜると反応して二酸化炭素が発生し、泡が出ます。この泡の効果も加わって、強い洗浄力が得られます。びっくりするほどきれいになります！

次ページに、酢と重曹の用途をいくつか挙げてあります。その他の使い方も本書のあちこちで出てきます。

用途	酢	重曹
医療	清潔な布に少量を含ませて塗ると、皮膚の消毒に使える。	小さじ4分の1を水に溶かして飲むと胸やけや胃のむかつきを抑える。 大さじ2〜4杯をぬるめの風呂に入れると、水ぼうそうや日焼けのかゆみを抑える。
美容	マニキュアを塗る前に爪を酢に浸けると、マニキュアが長持ちする。 にきびに酢を塗ると早く乾く。	歯磨きペーストに少し足して歯磨すると、歯が白くなる。 大さじ2杯を水と混ぜて洗顔スクラブに。 小さじ1杯を水にとかしてうがいすると口臭が減る。
掃除	暖炉の掃除には、酢と水を1:1の割合で混ぜ、スプレーする。 酢1:亜麻仁油2をよく混ぜた液で革の家具を拭いてお手入れ。 酢と水を1:1で混ぜてスプレーし、クロムやステンレスを磨く。	カップ1杯ほどを冷蔵庫に入れると脱臭効果がある。 まな板に振りかけてこするとにおいも取れてきれいに。 重曹で磨くと茶渋が落ちる。食器は重曹水につけ置き洗いできれいに。
ペット	酢と水を1:1で混ぜて、犬や猫の寝床を掃除。 酢と水を1:1で混ぜてペットの毛にスプレーするとノミ・ダニ除けになる。 古布かティッシュに酢を付けてペットの耳を拭く。	ペットがハチに刺されたら重曹小さじ1杯に水を混ぜてペースト状にして塗る。 お風呂とお風呂の間にドライシャンプーとして重曹を少量ふりかけ、ブラッシングしてにおいを軽減。 大さじ1杯の重曹を水1リットルに溶かし、ペットのおもちゃを拭く。
ガーデニング	バケツのお湯に酢2カップとオリーブ油大さじ2を混ぜ、木の壁板や屋外の家具、塀などを拭き掃除。 原液を直接雑草にかけるかスプレーして除草。	真菌による植物の病気の治療やアブラムシの駆除には、水1リットルに重曹小さじ1と植物油数滴（油が重曹液の植物への展着を助ける）を混ぜてスプレーする。

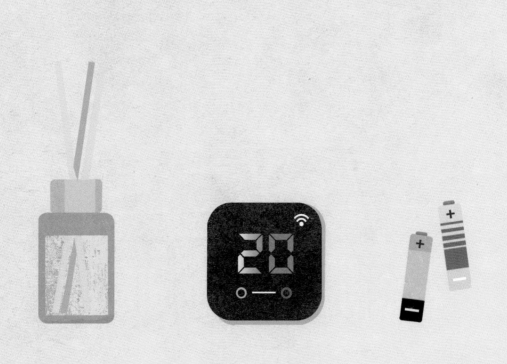

リビングルーム

THE LIVING ROOM

2016年の1年間に全世界で捨てられたテレビなどの電気電子機器は4900万トン。2021年にはそれが年間6000万トンに増えると見積もられています。

テレビ

　世界中の家庭にテレビがあります。100年前には発明すらされていなかったというのに。2018年に世界で使われていたテレビは76億台と言われます——世界の全世帯のうちおよそ84％がテレビを所有していることになります。

　機械式のテレビ（画像を1枚ずつ走査して受像機に送信する）は1800年代に発明されていましたが、最初の電子式テレビが開発されたのは1927年頃でした。これは飛躍的な前進でした。

　さまざまな国が、テレビを発明したのは自国の人間だと主張しています。イギリスでは、スコットランドの科学者・電気技術者・発明家のジョン・ロジー・ベアードが世界初のテレビの発明者とされています。彼は後に、世界初のカラーテレビシステムも公開しました。

　発明された正確な日付がいつであれ、テレビは私たちの余暇時間の過ごし方、ニュースや娯楽へのアクセスの形を大きく変えました。そのうえ、テレビは進化を続けています。今後10年くらいの間にスマートテレビになっていき、（電力とインターネット接続があれば）誰でも

見たい番組を見たい時に——しかもVRゴーグルによる仮想現実で——見られるようになる可能性もあります。

　時代とともにテレビ所有の相対的コストは劇的なほど小さくなりました。過去70年間に96％も安くなったのです。先進国ではほとんどの家庭にテレビがあります。途上国の所有率はそれよりも低く、特にアフリカでは、収入の問題や送電網の整備の問題があるため、テレビを持っている家庭は3分の1未満です。

　今のテレビの多くはディスプレイがプラズマか液晶で、どちらも蛍光体を使っています。プラズマスクリーンでは電極を配置した2枚のガラスの間にガスが封入され、片方のガラスに蛍光体が塗られています。液晶も2枚の電極付きガラスを使い、間に液晶がはさまれています。

いずれもガラスが主要な構成要素です（小型の
テレビではガラスの代わりにプラスチックを
使ったものもあります）。電気・電子部品やボ
ディの部分は、プラスチック、銅、スズ、亜鉛、
ケイ素、金、クロムといった多様な素材で作ら
れています。

環境への負荷

　液晶フラットスクリーンテレビは、製造時に
三フッ化窒素（NF_3）が使われます。NF_3は強
力な温室効果ガスで、二酸化炭素の1万7000
倍も温室効果が強く、大気中に最長で740年も
とどまります。テレビに使われるNF_3は少量
ですが、1990年以来NF_3の生産量も産業界での
使用量も急速に増えています。米国環境保護
庁によれば、アメリカでテレビ生産に伴って1
年間に排出されたNF_3の量は、1990年から
2015年までの間に1057％も増加しました。

　そのうえ、これまで考えられていたよりも多
くのNF_3が大気中に漏れ出しているのではな

いかという懸念もあります。

　テレビは、金属、重金属（水銀、鉛、カドミ
ウム）、ガラス、プラスチック、はんだ、シリコー
ン、蛍光体など多様な素材から作られています。
それらの素材の製造にはエネルギーと天然資源
が使われ、それがすべてテレビのフットプリン
トになります。加えて、完成した製品は梱包さ
れ、配送され、家庭のコンセントにつながれま
す。用済みになった後もテレビは環境に負荷を
かけます。廃家電はそのまま捨てると有害なの
で、慎重にリサイクルしなければなりません。

　2017年までは、世界の電気電子機器廃棄物
の70％を中国が受け入れていました。中国が
固形廃棄物輸入規制を導入した2018年以降
は、ベトナムとタイが主要受け入れ国になりま
したが、すぐに港が廃家電で一杯になって受け
入れを制限しはじめました。各国は自国で出た
電気電子機器廃棄物の責任を自ら負わねばなら
なくなってきています。そのためには、電気製
品を分解して構成要素ごとにリサイクルするシ

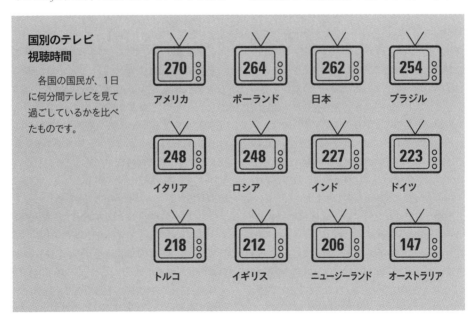

国別のテレビ
視聴時間

　各国の国民が、1日
に何分間テレビを見て
過ごしているかを比べ
たものです。

270	264	262	254
アメリカ	ポーランド	日本	ブラジル
248	248	227	223
イタリア	ロシア	インド	ドイツ
218	212	206	147
トルコ	イギリス	ニュージーランド	オーストラリア

ステムが必要です。実は、古いテレビから金属を回収する方が、新たに資源を採掘するよりも安いのです。中国の研究者たちは、銅、金、アルミニウムの鉱石を掘るところから始めると、廃家電という「都市鉱山」からの金属回収の13倍もコストがかかると発表しています。

世界では2018年までに56万9000トンの液晶テレビが廃棄され、その多くは埋め立て処分場に埋められたか、不法投棄されたか、燃やされた（不法投棄の家電を燃やしてプラスチックを融かし、高く売れる銅線を取り出すため）と見られています。その結果、人間の健康や野生生物の生態に悪影響を及ぼす汚染物質が地下水や土壌や大気中に放出されています。

テレビは、つけているときだけでなく画面を消してスタンバイモードにしている時も電力を消費し（89ページも参照）、家庭の電気代と（再生可能エネルギーによる電力を供給する会社と契約していない場合は）温室効果ガス排出量を増やします。

あなたにできること

- 大画面ではないテレビを買いましょう。テレビが小さければ使われる原材料も使用電力も少なくなります。テレビが大きいとそれだけ電気代がかかります。プラズマテレビの方が液晶より電気をたくさん使います。たとえば、一般的に言って、省エネ効率の高い32インチ液晶テレビの使用電力は42インチのプラズマテレビの半分です。
- 〔EU内で〕省エネ性能を比べるにはテレビのエネルギーラベルを見ましょう。2021年3月以降は、最も効率の良いAから一番下のGまでの7段階になっています。
- テレビが故障したら修理しましょう。地元の修理業者やリペアカフェ〔187ページ参照〕を利用してテレビを長く使いましょう。

テレビの未来は？

未来のテレビは平面ではなく曲面かもしれませんし、家具と一体化しているかもしれませんし、私たちに話しかけて番組選びを手伝ってくれるかもしれません。テレビ受像機自体がなくなって、ディスプレイを使わずに電子機器が壁や天井に映像を映し出している可能性だってあります。

「テレビで今何やってる？」という質問はもう過去のものです。多くの人は、オンデマンドで見たい番組を見たい時に見ています。2019年にはネットフリックスだけで1億3900万の契約者がいました。膨大なコンテンツを保管しているデータセンターの使用電力はどんどん増えています（88-89ページ、98-99ページも参照）。

- 古いテレビはリサイクルしましょう。先進国では、メーカーや販売店が下取りしてくれたり、ヨーロッパのWEEEのようなリサイクルのための回収システムが存在したりします（75ページと96ページも参照）。
- テレビを見ない時は、スタンバイモードにせず、主電源をオフにするかコンセントから抜きましょう（89ページも参照）。テレビとDVDプレーヤーなど周辺機器を同じテーブルタップに差しておくと一度に全部オフにできます。〔電源を切ると予約録画が実行されないなどの不都合もあるので、メリットとデメリットを調べて判断しましょう。〕
- テレビを買った時の梱包材はリサイクルしましょう。たいていの場合、段ボール箱、ポリ袋、発泡スチロールまたは段ボールの緩衝材などで梱包されて届きます。段ボールは資源回収に。発泡スチロールは回収していない国も多く、している場合も特別な場所に持ち込む必要があります。

小さな島国での
廃家電問題への取り組み

　埋め立て用地の少ない２つの小さな島で増え続ける電気電子機器廃棄物の問題に直面したアンティグア・バーブーダでは、2013年に複数の地域団体が結成したグループが解決への道を探しはじめました。

　廃家電が地域の環境に及ぼす悪影響を心配した彼らは、電気電子機器、特にコンピューターを再利用したり、修理・再生した後に再販売しようと考えました。こうして誕生したのがアンティグア・バーブーダ廃家電管理センターです。

　センターは、コンピューター・リセット社（新品・中古コンピューターの販売と使い方の研修を行っている小企業）、青少年訓練学校（国営の青少年リハビリ校）、グレイズファーム・バプテスト教会の協力で創設されました。

　センターは、通信機器、バッテリー、携帯電話、コンピューター、変圧器、コンピューター用ケーブル、コピー機、インクジェットカートリッジ、小型家電を個人や企業から受け入れています。製品は分類され、使えるものは修理されます。センターが提供するコンピューターと研修は、青少年訓練学校で若者が新しい技術と生活手段を身につけるために役立っています。修理・再生されたコンピューターはコンピューター・リセットの店舗を通じて販売もされ、センターの活動資金になります。

　再利用も修理もできない品物は分解されて部品や素材ごとに分別されリサイクルされます。この小さな島国にはリサイクル施設がないため、素材の大部分はカナダに売却されます。

　廃家電センターが社会活動と啓蒙キャンペーンを通じて廃家電問題についての人々の意識を高めたことで、地域住民や企業は古い機械を捨てる代わりにリサイクル用として寄贈するようになっています。

　これはあらゆる面で――環境にとっても、青少年にとっても、リサイクルサービスを利用できるすべての個人や企業にとっても――良いニュースです。

アイルランド人は1日のうち7.3時間を座って過ごします。そのうち約半分は職場や学校や大学の椅子の上です。残りは自宅で、たいていの場合ソファの上でしょう。

2012年にイングランドで行われた大規模な調査によれば、成人の30%は平日に少なくとも6時間座っており、週末になるとその割合が37%に上がるということです。

ソファ

　私たちがくつろぐ場所、ソファ。近年の家庭にはソファに加えて肘掛け椅子、ビーンバッグチェア〔ビーズクッション〕、ダイニングチェア、スツールなどがあります。昔は家具といえば金属と木材で作られていましたが、今ではフレーム（骨組み）だけでなくクッション部分にもプラスチックの発泡素材が増えています。

　紀元前2000年頃のエジプトでは、ソファは特別に裕福な人専用でした。「ソファ（sofa）」という言葉はアラビア語で低いベンチをあらわす*suffah*に由来すると言われます。ソファがあたりまえの家具になったのはそれから何千年も後のことです。1690年代にヨーロッパの家具職人たちが最初に作ったソファは巨大なアームチェアのような形で、エリート層だけのものでした。ソファが大衆の手の届く品になったのは1900年代初めからです。初期のソファはがっちりした木の骨組みに馬の毛や藁や乾燥コケを詰めてあって、お世辞にも座り心地がいいとは言えませんでした。今のソファの快適さは安い合成繊維の布と発泡素材の詰め物のおかげですが、そのために地球にどれくらい負荷がかかっ

ているのでしょう？

環境への負荷

　ソファは家庭の必需品ですから、使用をやめることは論点になりません。けれども、ソファが何で作られていて、どう使うのがいいか考えることには意味があります。面白いことに、私たちの家や職場にある家具は、その建物全体の二酸化炭素排出量の中でかなりの割合を占めています。2017年のある研究で、ゼロ・エミッションを目指している建物の温室効果ガス排出量のうち、10%程度が家具によることがわかりました。家具の排出量は、製造（たとえば木を伐り倒し、製材し、金属部品や油を作り、プラスチックの発泡素材と合成繊維のイス張り布を作

るためのエネルギー）に由来します。

　捨てられるソファの大部分は、クリーニングや張り替えや修理をすればまだ使えます。ところが、イギリスで何らかの形で再利用されているソファはたった17％です。残りは焼却や埋め立てに送られたり、パーツごとに分解されてリサイクルされたりしています。

　特に問題が大きいのは、ソファやイスの詰め物の発泡素材や、ビーンバッグの中身のビーズです。ビーンバッグのビーズはポリスチレンかポリプロピレンの発泡素材で、どちらも生分解されません。ポリスチレンはリサイクル可能ですが、受け入れてくれる施設が少ないので、多くは埋め立てか焼却に回ります。

　クッションやビーンバッグに詰める合成発泡素材作りには、かつてはオゾン層破壊の元凶のひとつであるフロンガスが発泡剤として使われていましたが、今では別の化学物質で代替されてオゾン層への悪影響は減りました。発泡素材のなかには燃やすとダイオキシンが発生するものがあり、ダイオキシンは人間のホルモンや免疫系に悪影響を及ぼすので、古い家具を勝手に燃やすのは健康へのリスクがあり、違法です。

　合成繊維の張り布やクッション部分の発泡素材は燃えやすいものが多いため、ほとんどのソファは、防火性能基準をクリアするために難燃加工が義務付けられています。難燃加工によってソファは燃えにくくなりますが、使われる化学薬品は火にあたると有毒ガスが発生すると述べている研究があります。こうしたことを考慮に入れると、サステイナブルなソファを買うのは大仕事です。

あなたにできること

- ソファやアームチェアをスチームクリーナーできれいによみがえらせ、買い替えせずに使い続けましょう。スチームクリーナーは1日だけや週末だけのレンタルができます。近所で持っている人に借りるのもよいでしょう。

- ソファの張り替えをしましょう。リペアカフェ（187ページ参照）でやり方を教わったり、アップサイクル（不用品に手を加えて新たな価値を与えること）したり、手助けしてくれそうな専門家を探したりする手があります。張り布にはウールやツイードや木綿や亜麻といった水に強い天然繊維を選びましょう。

- 使わないソファは人に譲りましょう。ネットを通じて売る、地域の慈善団体や家具リユースネットワークに寄贈するなどです。

- 買い替えるなら、新品よりも中古品を選びましょう。ネット上の売買サイトには、状態のいい中古ソファがよく出品されています。

- 新品を買うならサステイナブルな材料で作られた製品を。FSC認証付きの木材、再生素材、天然繊維（ウールや亜麻）の布を使っているメーカーや販売店を探し、輸送によるカーボンフットプリントを抑えるため、できるだけ地元産を買いましょう。

- ビーンバッグの場合は、中にポリスチレンではなくそば殻などの天然素材を詰めたものを探しましょう。ポリスチレンビーズの廃棄には注意が必要です。ポリスチレンリサイクルセンターが近くにあるかどうか調べましょう。

- 古い家具を勝手に燃やしてはいけません。放出される煙や微粒子やガスはあなた自身にも環境にもよくわりません。

おまけの豆知識

- 捨てずにネット取引で売ったり誰かに譲ったりすると、ソファ1点あたり約55kgのCO_2e（平均的なガソリン車が216km走るのに相当）を削減できます。

プラスチックごみから
家具を作る

　タンザニアのアルーシャに本拠を置くドゥニア・デザインズ社は、再利用または再生されたプラスチックを90%以上使って、ソファなどの家具を作っています。

　タンザニアではプラごみ問題が深刻で、ドゥニア・デザインズは地域住民を雇用してペットボトルとポリ袋を収集しています。ポリ袋は細く裁断してソファやクッションやビーンバッグの詰め物にし、ペットボトルは裁断して再生プラスチックにし、ソファやイスやテーブルのフレームに使っています。

　フルタイムのスタッフ10人が雇用され、家具以外にも再生プラスチック製の養蜂用巣箱、学校の机、持続型農業用プランターなどを作っています。

　同社は、再生プラスチックで家具を作ることで年間560トンの木材を使わずに済ませ、森林保護に貢献しています（CO$_2$eで言えば年間13万トン分）。また、ワールド・ランド・トラスト（生態環境保護団体）と協力して、売り上げの一部をタンザニアの15エーカーの原生林保護に投資しています。

　同社は事業開始からの4年間で560トンのプラごみを回収し、家具に作り変えるビジネスを営み、利益を上げています。

　2015年から2019年までの家具の売り上げ合計は40万ユーロ（約5000万円）で、彼らは循環経済アプローチを採用したビジネスに意味があることを実証してみせました。さらに、責任ある倫理的事業の最良の実践モデルとして、2019年の国連環境総会に招待されました。

意外かもしれませんが、いま家庭で使われているカーペットなどの敷物の92〜94％は、素材がウールではなくプラスチック系の合成繊維です。商業空間に至っては、カーペットのほぼ100％がプラスチックです。

カーペット
（および床材）

　私たちは、平均して、屋内にいる時間のうち85〜90％を敷物の上で過ごしています。敷物は快適さを増し、足下を温かく、または涼しく保ちます。カーペットを愛好する人たちは温かさと快適さがいいと言い、ダニなどのハウスダストを気にする人たちはカーペットを嫌います。敷物の選択は人によってまちまちです。

　もともとカーペットはウール製でしたが、今は合成繊維で作られることが増えています。床材としては木や石やセラミックのタイル、プラスチック積層板、ビニール、リノリウムなども使われます。どの素材にも、機能面や環境への影響についての長所と短所があります。

環境への負荷
　ウールのカーペットはナイロン製よりも環境フットプリントが低いのですが、プラスチック系合成繊維への転換は1950年代に始まって徐々に進んできました。今のウールカーペットは、実際はウールだけで作られているわけではなく、しばしばポリ塩化ビニル（PVC）も使われています（合成繊維カーペットに比べれば

ずっと少量ですが）。

　2018年に行われたナイロンカーペットとウールカーペットのライフサイクルアセスメントの比較では、ナイロンカーペットの製造にはウール製の80倍のエネルギーが使われ、49倍のCO_2eを排出していることが判明しました。ジュートやコットンなどの天然繊維は再生可能資源ですが、ナイロンカーペットは再生不可能な石油を使います。ただし、天然繊維も栽培には土地や肥料や水が必要ですし、染色、商品製造、輸送などの過程で汚染も起こしますから、環境への負荷がないわけではありません。

　木の床は良い選択ですが、その木材がリサイクル材か、または持続可能な森林で生産されFSC認証を得たものであることを確かめて下

さい。木材の処理や輸送でも二酸化炭素が排出されますから、新しい板を買うよりも古い板を再利用する方が環境への負荷は少なくなります。再生可能資源である竹材の床も利用できますが、竹の需要が伸びると栽培のための土地が求められ、食用作物の畑を転用する（増え続ける世界の人口を養うための食糧が不足する）ことになりかねないので注意が必要です。

リノリウムは比較的サステイナブルです。成分は亜麻仁油、コルク粉、天然樹脂、木粉、顔料、石灰石の粉などで、摩耗しにくく、25年から40年くらい持ちます（ただし、プラスチック製のビニール床材も「リノ」と呼ばれることがあります）。コルクも摩耗に強く温かい天然の床材で、コルクガシの樹皮から採る場合と、リサイクルコルクから作る場合があります。セラミックタイルは、製造時に温室効果ガスが排出されることと、釉薬に重金属を含む場合があることから、環境への負荷が大理石タイルの2倍とされています。大理石やその他の石のタイルは、材料の石の採掘場所と方法が重要なポイントです。採石が環境に悪影響を及ぼすことがあるからです。

天然石はサステイナブルな選択です。特に、家の近くに採石場があれば、長距離を運んでくる必要がありません。天然石は、タイル、寄木細工、PVC、リノリウム、カーペットのどれと比べてもカーボンフットプリントが低くなっています。

2019年に、ある研究がエコフレンドリーな床材ランキングを発表しました。1位は植物を原料とする再生可能な素材（木、コルク、リノリウムなど）でした。植物は成長する際に炭素を貯留しますし、床材への加工もエネルギーをそれほど多くは使いません。

2位は、リサイクルプラスチックから作られたビニール床材や、リサイクルガラスのタイルです。最下位の3位が、合成繊維やウールのカーペットでした。羊の飼育に関連したメタンとウール生産による温室効果ガスの排出は気候変動への影響が大きく、これがウールカーペットのカーボンフットプリントを増大させています。

古いカーペットや床材をどうやって環境への負荷なしに処分するかも難題です。ヨーロッパでは毎年160万トンという大量の古カーペットが廃棄され、埋め立てか焼却されています。イギリスでは年に60万トン近い床材（主にカー

サステイナブル・ラグ

もしも、捨てられた布や切れ端が美しいデザイナーズラグに変身したら？ スウェーデンのカタリーナ・ブリーディティスとカタリーナ・エヴァンスはそれに挑戦すべく「リ・ラグ・ラグ（Re Rag Rug）」プロジェクトを立ち上げ、1年のうちに12種類の技法で12枚のラグを作りました。彼女たちは、増え続ける織物廃棄物の問題に悩む国々で廃棄された布や用途のない余り布を入手し、多様な敷物作りの技法で織物作りを試しました。どの技法も大掛かりな機械を必要とせず、織物ごみが出た国々で小規模ビジネスとして実践できるやり方でした。12枚のラグは展覧会で展示され、デザインが環境と社会の両方の側面で持続可能な製品を生み出せることを示しました。ラグは床に敷いてもよいし、くるまってもよいし、壁に吊ってすき間風防止や防音に役立てることもできます。彼女たちの次のステップは、地域の工芸職人たちと協力してこうしたラグの生産規模を拡大し、小売業者と組んでそれを市場に送り出すことです。

ペット）が捨てられ、そのうちリサイクルされるのはわずか2％にすぎません。ごみと持続可能性の問題に取り組む英国のNGO「WRAP」によれば、焼却されるのは少量で、90％以上が埋め立てられているといいます。稼働する埋め立て処分場の数が減っているにもかかわらず、カーペットは処分場で場所をふさぎ、分解の際に温室効果ガスを放出します。カーペットが分解する際には有毒物質も浸出水中に溶け出すので、環境汚染を起こさないよう注意深い処理が必要です。

カーペットはまた、室内の空気の汚染の一因でもあります。新品のカーペットのにおいは、微量の4-フェニルクロルヘキサンという物質が原因です。幸いこの物質に毒性はありませんが、最初の数週間放出されます。また、カーペットにはアレルゲンとなるハウスダスト（ダニや菌類など）がもぐりこむこともわかっています。

あなたにできること

- 合成よりも自然素材の床材を選び、同じ自然素材でもウールより木、コルク、石を選びましょう。ウールカーペットの代替品として、持続可能な形で収穫されたサイザル麻やカヤツリグサ科の草で作られた敷物があります。また、技術革新により、3000本のペットボトルをリサイクルして敷物にすることが可能になりました。

- プラスチック積層板ではなく再生木材、ビニールの床材ではなくリノリウム、というふうに代替品の使用を考えましょう。
- 既存の木の床を張り替える代わりに、メンテナンスや磨き直しをしましょう。サンドペーパーで研磨すると、きれいな状態を取り戻せます。
- セラミックタイルではなく天然石のタイルを使うことを考えましょう。
- フェアトレードの古布ラグ（古布を細く切って織り込んだ敷物）を探しましょう
- 古いカーペットの廃棄には十分配慮しましょう。可能なら別の用途に——雑草防止や堆肥作りの保温などに——利用したり、地域の動物保護団体で役立ててもらったりしましょう。リユース・ネットワーク〔物資再利用促進団体〕に連絡をし、自分の家の近くに古いカーペットを欲しがっている人がいないか調べましょう。

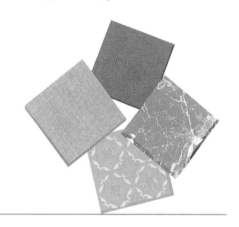

おまけの豆知識

- イギリスの床材業界は毎年2億9000万平方メートルの素材を生産しているとされています。1日あたりサッカーのピッチ85面ぶんです。
- 2017年にフランスで行われた研究で、100平方メートルのカーペットをリサイクルするとCO_2排出が445kg（乗用車で1593km走るのと同じ量）減り、埋め立てるごみの量の削減と新しい原料資源の消費抑制ができ、環境保護関連の雇用も創出できることが示されました。イギリスとアイルランドにはカーペットリサイクル施設がほとんどありませんが、カナダや日本やアメリカでは既に、古い合成繊維カーペットからのナイロンの回収が可能です（ただ、ウールのカーペットではまだ実現されていません）。

前面が開いた開放型暖炉は、効率の良い薪ストーブと比べて、気候変動の原因となる二酸化炭素を8倍排出します。そのうえ熱の大部分は煙突伝いに上に逃げてしまいます。

イギリスには150万台以上の薪ストーブがあります。薪ストーブ1台が1時間に排出する粒子状物質（PM）の量は、ディーゼル車18台分以上だと見られています。

暖炉

　暖炉や薪ストーブは寒い夜を暖かく過ごさせてくれますが、得られるのは暖気だけではありません。開放式の暖炉は独特のにおいやパチパチいう音があります。そして、開放式か閉鎖式かにはかかわりなく、火は眺めている人に催眠術のようにはたらきます。そうした効果が全部合わさって情緒にあふれた体験となり、私たちは火に魅了され、ノスタルジックな感情を抱くのです。

　人類は石器時代に火を発見して以来、身を守るため、暖を取るため、そして煮炊きのために火を大事にしてきました。屋内で火を焚くようになると、煙を外に出す通風の必要が生じて、煙突と暖炉が登場しました。

　現代のパッシブハウス〔冷暖房がほぼ不要なほど高い断熱性を持つ省エネ住宅〕や格付けAのエコハウスには暖炉はなく、ゼロ・エミッションの熱源を使いますが、（特にアイルランド、イギリス、ニュージーランドなど寒冷な国では）古い建物にはよく開放式の暖炉や薪ストーブがあります。ただ、イギリスの都市部では暖炉に火を入れるのがたいてい週末であることから、おそらく暖房用というより雰囲気を楽しむため

に火が焚かれていると考えられます。

環境への負荷

　開放式の暖炉も薪ストーブも、気候変動と大気汚染の一因です。気候変動の観点からみて特に悪いのは石炭や泥炭を燃やすことです。どちらも、燃焼時には太古の昔に取り込んだ炭素を放出するからです（88-89ページも参照）。気候変動の面でましなのは薪を燃やすこと（とりわけ、木を伐採した後に適切に植樹している場合）ですが、それでも大気汚染物質の主な発生源であることは変わりません。

　どんな燃料を燃やしても、ブラックカーボン（黒色炭素）と粒子状物質（PM）が出ます。

これらの微粒子は地球温暖化と大気汚染を悪化させます。大気中のブラックカーボン粒子はエネルギーを吸収して温暖化を進行させますし、雪とともに地上に落ちると、雪の太陽光吸収率が上がって温暖化がさらに進みます。

　燃料を燃やした時に出るPM2.5と呼ばれる極めて小さな粒子は、肺に入ると呼吸器系への悪影響（たとえばぜんそくなどとの関連）が指摘されています。ディーゼル車、火力発電所、森林火災もPM2.5の発生源です。

　大気汚染は健康に大きく影響します。イングランドの国民保健サービス（NHS）は、イングランドにおける予防可能な死の30%近くは大気汚染が主因の疾病によるものだと推定しています。イギリスでは年間の若年死亡者のうち2万8000〜3万6000人は大気汚染との関連があるとされ、アイルランドでは毎年1180人が大気汚染に関連して死亡しています。

　ですから、開放型の暖炉や薪ストーブや焚火はあなたの健康を害するかもしれません。発生する煙やガスには、肺に悪いホルムアルデヒドやベンゼンやススなどが含まれています。古い薪ストーブは、効率の高い今のモデルと比べて最大15倍の有害な煙と4倍のCO_2を放出します（燃料として何を燃やすかによって数字はいくらか変化します）。換気が悪いと一酸化炭素中毒も起きかねず、健康リスクはさらに増します。薪ストーブや開放型暖炉がある家には一酸化炭素警報器の設置が推奨されていることから

もわかるように、一酸化炭素の危険性に疑問の余地はありません。

あなたにできること

- 暖炉やマルチフューエルストーブ〔薪以外の燃料も使えるストーブ〕に石炭や泥炭をくべてはいけません。石炭・泥炭は環境と健康の両方の面で最も大きなリスクがあります。気候変動と熱効率で言えば、石炭や木や泥炭を燃やす開放型暖炉よりも高品質の薪ストーブの方がベターですが、それでも大気汚染物質は発生します。

- よく乾燥した薪だけを燃やしましょう。水分を含んだ木よりも乾いた木の方が大気汚染物質の発生量は少ないのです。

- 薪はできるだけ地元産を選べば輸送によるカーボンフットプリントが少なくなります。また、持続可能な形で管理された森林資源から作られた薪かどうかチェックしましょう。

- 定期的に煙突掃除をし、薪ストーブができるだけ効率的に燃えるようにしましょう。

- 暖を取るためではなく雰囲気を楽しむことが目的ならば、暖炉に火を入れる回数を減らしましょう。

- 補助金を申請して改築し、暖炉や薪ストーブの代わりにヒートポンプシステムを導入しましょう。ゼロエミッションに近づくことができます。

- 使っていない暖炉をふさぐと、煙突から暖気が逃げるのを防げます。

おまけの豆知識

- 2017年のある研究で、ロンドンとバーミンガムの両大都市圏におけるPM2.5の23〜31%は薪を燃やしたことが原因だと判明しました。
- WHO（世界保健機関）は、燃料の燃焼時や自動車、工場などから排出された大気汚染物質にさらされたことが原因で、毎年世界で700万人が死亡していると推定しています。
- ロンドンでは200万人が法定基準を超えるレベルの大気汚染の中で暮らしています。汚染源は車の排ガスが中心ですが、家庭の暖炉や薪ストーブも原因のひとつです。

2016年にアメリカで行われた全国的な標本調査の結果、人口の20.4%が芳香剤や消臭剤による健康上の問題を感じていることがわかりました。

一般に、芳香剤の成分のうち消費者に開示されているのは10%未満です。

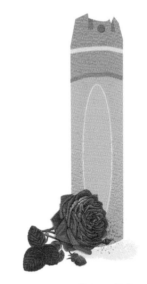

芳香剤

　このごろの芳香剤にはさまざまなタイプがあります。コンセントに差して使うと空気を"清浄に"すると謳う機器から、紙製で樹木の形をしていて森の香りがする製品、室内のいやなにおいを中和する消臭スプレーまで。

　空気をさわやかにするという発想は別に新しいものではありません。古代文明（たとえばエジプトや中国）の時代から、悪臭を誤魔化したり病気を退散させる目的で、お香や花や香木、香辛料、薬草、柑橘類の果実などが使われていました。

　最初に商品化された家庭用芳香剤は1943年にアメリカで発売された「エア・ウィック」で、たちまちヨーロッパ、カナダ、オーストラリアにも広まりました。1956年には初めてのスプレー缶タイプの芳香剤「グレード」が登場し、このブランドは今も健在です。

　ヨーロッパでは、人口の39%の家庭でスプレータイプの芳香剤が少なくとも週1回使われ、40%の人はコンセントに差すタイプを使い、30%は受動的芳香剤（液体が自然に揮発するタイプなど）を使っています。この数字だけでも高率ですが、週1回でなく「少なくとも月1回」という条件で質問すると、ヨーロッパの89〜94%の人が芳香剤を使用すると答えています。芳香剤を使わずに暮らしている人は極めて少数です。平均すると人々は90%の時間を屋内で過ごしているため、芳香剤の混じった空気を非常に長時間吸っていることになります。

環境への負荷

　芳香剤の製造と梱包には原料と多くのエネルギーが必要です。スプレー缶はアルミと噴射用ガスを使いますし、コンセントに差すタイプと液体タイプは容器がプラスチック製で、石油を原料とし、生分解されません。空になったスプレー缶は金属としてリサイクルできますが〔日

本ではスプレー缶の処分は自治体のルールに従って下さい〕、プラスチック容器はいろいろな種類のプラスチックが混ざっているうえ香料の残りかすが付着していてリサイクルできません。コンセント差し込みタイプは家電なので、WEEE指令にのっとって電気電子機器廃棄物回収に出してリサイクルする必要があります。香り付きキャンドルの容器（ガラスまたは金属製）はリサイクルが可能ですが、そのためにはロウを完全に取り除かなければいけません。

芳香剤は、パッケージの成分表示が義務付けられていないため、何が入っているのかを知ることは困難です〔日本では業界の自主基準があり、ある程度表示されています〕。一部の芳香剤からは、揮発性有機化合物（VOC、170ページも参照）や、さまざまな健康被害との関連が指摘されているフタル酸エステル類（26ページも参照）を含む100種類以上の化学物質が放出されます。発がん性があるとされる有害な大気汚染物質のアセトアルデヒドを含有している製品もあります。こうした化学物質が空気に混じっていると、屋内・屋外両方の大気汚染につながります。そしてWHOによれば毎年700万人が大気汚染のために若年死しているのです。

また、コンセントに差したままにするタイプの製品は1年間に18.4キロワット時の電力を使います。これは、台所用強力換気扇を1日40分、毎日使った場合の年間の消費電力よりも多いのです。

残念ながら、天然のオーガニック原料で作られた芳香剤を使えばいいという話でもありません。たとえばパチョリ油、リードディフューザー（精油のビンに葦の茎を何本か入れて自然に香りを発散させるもの）、お香、香り付きキャンドルは、どれもVOCを含みます。芳香剤は換気のいい部屋で使って、室内空気の汚染を避けるのが最も賢明です。

あなたにできること

• 窓を開けて新鮮な空気を入れましょう（外の空気が悪くない場合）。

• 芳香剤以外の方法を見つけましょう。悪臭の発生源を酢か重曹で中和する、ホワイトビネガーをしみ込ませた布を振り回して部屋のにおいを消す、重曹を容器に入れて冷蔵庫に入れる、重曹をごみ箱の中身に振りかける、などの方法があります。いい匂いのするお菓子や料理を作ったり、コーヒー豆を挽くのもいいでしょう。

• 芳香剤を自作しましょう。空になったバニラのさやを浸け込んだウォッカを布にしみこませると、香りが漂います。乾燥させた柑橘類の果皮もさわやかな香りです。ラベンダーの匂い袋を作ってタンスに入れるのもお勧めです。

おまけの豆知識

• 2016年にオーストラリアで行われた調査では、「グリーン」や「オーガニック」と書かれた芳香剤であっても有害な大気汚染物質を放出することがあるということを回答者の73.7%が知りませんでした。回答者の半数以上は、有害だと知ったらもうその芳香剤は使わないと答えました。

驚くべきことに、40％の人はプログラム設定による温度調節の仕組みをよく知らず、手動でオンとオフを切り替えるだけの温度調節スイッチと同じように使っています。つまり、暖房のオンとオフを自動的に切り換えてくれる便利な機能を使わず、冷暖房をより効率よく使って電気代を節約するチャンスを逃していることになります。

サーモスタット
（温度自動調節器）

　サーモスタットは、家族内や複数人の同居住宅でしょっちゅう喧嘩のもとになります。誰が設定温度をいじったの？　おかげで暑すぎる、寒すぎる、暖房費の請求書が来てまた揉める、という具合。本当は、サーモスタットは暮らしを楽にし、出費を抑え、二酸化炭素排出量も減らすのに役立つのです——正しく使えばの話ですが。〔欧米では家全体を一括で暖房し、設定温度を1ヵ所で管理する家が多くあります。〕

　冷暖房費は家計に占める割合が大きい出費で、イギリスの場合、平均で家計支出全体の4％が光熱費です（2016年）。低収入の家庭では暖房費が家計の8.4％（平均の2倍以上）になることもあります。原因は、光熱費が相対的に高いこと、住居が安普請だと断熱性が劣ること、低収入の家庭では可処分所得が少ないことなどです。

　アイルランドでは家庭の光熱費の61％が暖房、19％が温水器によるものです。ですから、暖房の効率を上げれば間違いなく光熱費を減らせます。

環境への負荷

　サーモスタットを持っていない、あるいは正しく使っていないと、支出もカーボンフットプリントも大きくなります。イギリスの3ベッドルームのセミデタッチトハウス〔1棟に左右対称に2軒の住宅が入っている家〕の場合、設定温度を1℃上げるごとにカーボンフットプリントは二酸化炭素320kgぶん増えます。イギリスの温室効果ガスの14％は住宅から出ており、家庭のエネルギー使用量の85％は暖房用ですから、ここは個人の行動で大きく結果を変えられる部分です。

　それでは、サーモスタットの使い方のどこが間違っているのでしょう？　多くの人は、設定温度を高くしすぎています。推奨される暖房設定温度は18℃から21℃です。また、サーモスタットはどこに設置されていますか？　キッチンや

日当たりのいい部屋など暖かい場所に設置されていると、家のその他の部分がまだ寒いうちにスイッチが切れてしまいます。逆に、すき間風が入る玄関ホールにサーモスタットがあると、他の部屋は熱帯並みに暑くなってしまいます。

家に誰もいない時には暖房は必要ありませんから、一日中暖房をつけっぱなしにするのは非効率的です。屋内が暑いと外へ逃げていく熱も多くなり、エネルギーの無駄です。重要なのは正しいタイミング、つまり必要な時に必要な場所を暖めることです。ラジエーター〔部屋の壁にある放熱器〕ごとにサーモスタットが付いているなら、一番多くの時間を過ごすスペースでは快適に感じる温度にセットして（ラジエーターバルブのダイヤルの真ん中へんになるのが適切）、それほど出入りしない部屋のラジエーターはもっと低い温度に設定しましょう。寝室は眠る場所ですから、低めにします。

サーモスタット　ことはじめ

　最初のサーモスタットタイプの温度制御装置は、1885年にアルバート・バッツが石炭炉内の温度をコントロールするために発明しました。彼の特許を1906年に買い取った発明家マーク・ハネウェルはプログラム可能な初めてのサーモスタット（朝の暖房ONと夜のOFFの時刻を設定できる）を作り、「ジュエル」と名付けました。1953年頃には、利用者がプログラムできる丸いダイヤル付きの近代的サーモスタットが家庭の暖房用に発売され、「ハネウェル」の名で呼ばれました。

あなたにできること

- サーモスタットの設定温度を下げ、18〜21℃にします。少し寒いと感じたら、設定温度を上げるのではなく、服を1枚余計に着ましょう。また、ソファのそばには毛布を置いておきましょう。設定温度を1℃下げるだけで支出もCO_2排出も減らせることを忘れずに。

- サーモスタットのプログラムのしかたを学びましょう。取扱説明書を見るか（説明書を失くしても、ネットからダウンロードできます）、YouTube動画を見るか（実は説明書を読むより楽です）、使い方を知っている人に尋ねるとよいでしょう。今のサーモスタットは家の中の場所ごとや時間帯ごとに異なる温度を設定できますし、平日と週末で設定を変えることも可能です。

- サーモスタットがない人は、取り付けましょう。ラジエーターに付けるタイプでも、壁に設置するタイプでも、自分に合ったものを選びましょう。予算の都合で手動オン／オフのものしか買えず、それで充分役立つなら、それも良いでしょう。可能ならばプログラムができるサーモスタットにすれば、必要な時だけ暖房を使えます。

- スマートフォンから暖房をリモート操作できるスマートサーモスタットも選択肢のひとつです。自己学習機能で持ち主の生活習慣やスケジュールを把握し、それに合わせて自動でプログラムを組む、あなたの代わりに全部考えてくれるシステムもあります。

おまけの豆知識

- イギリスの省エネ推進機関エナジー・セービング・トラストの推定では、一般的な3ベッドルームのセミデタッチトハウスで暖房設定温度を1℃下げると年間80ポンド（約1万2000円）節約でき、ラジエーター用または室内用のサーモスタットを新たに設置して正しく使った場合も同じくらいの額が安くなるとされます。夏の冷房も同様で、設定温度を1℃上げるだけで大きな違いが生まれます。

エネルギーと電気

電灯をつけるたび、電気ケトルをコンセントに差すたび、携帯電話を充電するたびに、私たちは電気を使います。停電になった時、携帯電話のバッテリーが切れた時、はじめて自分たちがどれだけ電気に依存しているかを実感します。

生活の中でインターネットを使う場面がどんどん増えているということは、デジタル通信やデータに関連した電力需要も急増しているということです。デジタルライフの範囲は広がる一途です。音楽を聴く、連絡を取り合う、テレビ番組を見る、本を読む、写真の保管、銀行取引、買い物、調査研究、仕事——さまざまな場面でインターネットが使われます。

2015年にデータセンターは世界で使われるエネルギーのおよそ3%を消費し、温室効果ガス排出量の2%を占めました。2025年にはそれが3倍になると予想されています。そのうえ、電力にアクセスできる人が世界中でどんどん増えていますし（彼らにとって電気は必需品です）、ゼロ・カーボンの未来へ移行するに従って熱源や運輸も石油から電気に切り替わっていくと考えられます。電力需要が今後も伸び続けることは明白です。

再生可能エネルギーとは？

再生可能エネルギーは、使っても次々に補充される天然資源——太陽光、風力、潮力、波力、水力、地熱——から作られるエネルギーのことです。これらは、少なくとも発電する際にはCO_2も大気汚染物質も出しません。バイオエネルギーは植物や農業廃棄物を使ってエネルギーを作り、その過程でCO_2を排出しますから、カーボンニュートラル〔排出されるCO_2の量と吸収される量を同じにすること〕を達成するには、排出されたCO_2を吸収するために新たに植物を植える必要があります。

現在は電力のかなりの部分が化石燃料（石炭、石油、天然ガス、泥炭）を燃やして生産されています。どの燃料も、気候変動の原因となるCO_2を排出します。2018年にはまだ、世界全体で最も多いのは石炭火力発電でした。次いで天然ガスと石油で、再生可能エネルギーは電力総生産の25%でした。

ソーラーパネル、風力タービン、地熱のどれで再生可能エネルギーを作っているかにかかわらず、もっと再生可能エネルギーを増やす必要があります。国際エネルギー機関（IEA）によれば、2040年までに世界で使われる電力の3分の2を再生可能エネルギーでまかなうべきであり、並行して、特に石炭と石油を急速に減らさなければならないとされています。同時にエネルギー効率を向上させて、全体の使用量とエネルギーの無駄づかいの両方を減らさなければなりません。

化石燃料からの脱却

あなたが電気供給業者として再生可能エネルギーの会社を選ぶと、化石燃料からゼロ・エミッション・エネルギーへと投資先を変更したことになります。この行動は市場へ向けた「顧客はクリーンなエネルギーを望んでいる」というメッセージになり、化石燃料を使う企業への資金供給はそのぶん減ります。同様に、あなたの資金や（年金基金などへの）投資が化石燃料産業を支えるためには一銭も使われないようにすることも、化石燃料からの脱却に貢献します。社会的責任を自覚したエシカルな（環境保護や社会的倫理に配慮する）年金を求めましょう。投資をする際には、グリーン投資（環境に配慮した投資）を探し、安全な未来のために資金が使われるようにしましょう。

エネルギー効率を上げる

　イギリスでは温室効果ガス排出量の40%が家庭由来です。ですから、家庭でのエネルギーの使い方を変えることが大切です。

- 待機電力を減らしましょう。電気機器はスタンバイモードの時も電気を使っています。世界のCO_2排出量の1%が待機電力によるもので、ヨーロッパの国々に関して言うと待機電力が家庭での年間電力消費のおよそ11%を占めています。待機をやめればそのぶん電気代を安くできます。
- 家の断熱性を良くして、逃げる熱を減らしましょう。壁・屋根裏の断熱や二重窓の取付といった省エネ工事費用の助成制度もあります。そうした工事が無理な場合は、ドアをきちんと閉め、夜間はカーテンを引いて、すき間風や暖気の逃げを減らしましょう。使っていない暖炉はふさぎましょう。
- 暖房や給湯の設定温度を下げましょう。暖房の設定をわずか1℃下げるだけで、暖房費を10%減らせます。蛇口から出るお湯が熱すぎると、結局は水をたくさん足すことになりますから、ボイラーも適切な温度に設定しましょう。
- 家電製品の取扱説明書をよく読みましょう。説明書を探し出すかダウンロードするなどして、エコモードの設定方法を調べましょう。食器洗い機や洗濯機は洗うものが1回分たまってから運転するように心がけ、設定温度を低くしてエコモードで使いましょう。
- 冷蔵庫を冷やしすぎないよう気を付けましょう。2〜3℃にセットすると食品を凍らせずに保存できます。冷凍庫は−15℃にするのがお勧めです。〔日本のJIS規格が定める設定温度は冷蔵室4℃以下、冷凍室−18℃以下なので、−15℃にはできません。〕
- 冷蔵庫にものを詰め込みすぎると冷却効率が下がり、電気を余分に使います。また、熱いものを冷蔵庫／冷凍庫に入れるのはやめましょう。庫内温度を下げるためにたくさんの電力が消費されます。同じ理由で、霜取りが必要な機種ではきちんと霜取りをすることや、扉を開ける時間を短くすることも忘れずに。
- （冷蔵庫などの常時通電が必要なもの以外の）電気製品は、夜間や外出時にはスイッチをOFFにしてコンセントからプラグを抜きましょう。コンピューターも、1時間以上使わない時は消しましょう。ドライヤーやヘアアイロン、携帯電話やタブレットの充電器、コーヒーメーカーやトースター、プリンター／スキャナーも、使わない時にはプラグを抜きましょう〔製品によってはプラグを抜かない方がかえって良いものもあるので、よく調べてから実行して下さい〕。
- 部屋から出る時には電灯を消し、外出時には家中の電灯を消しましょう。
- ボイラーは定期的なメンテナンスを忘れずに。運転効率が保たれてお金の節約になり、CO_2排出も減らせます。
- 電源タップを使うと、複数の電気製品のスイッチをまとめて消せます。
- スマートヒーティングコントロール（スマートフォンで家中の温度設定や暖房オン／オフを管理できるシステム）を導入しましょう。
- 夜間に洗濯機を使ったり電気自動車の充電をしたりする人は、夜間電力が安くなる電力契約プランを探して切り替えるとよいでしょう。
- 電力会社を、再生可能電力の供給業者に乗り換えましょう。
- 屋根に太陽光発電パネルの設置を考えましょう。費用の補助制度や金利を割り引く銀行ローンがあるかどうかも探しましょう。
- 鍋には蓋をしましょう。鍋で食物を煮る時には蓋をするとエネルギー消費が少なくてすみます。ジャガイモをゆでる場合、蓋をすると、蓋なしの時の半分程度のエネルギーで済みます。
- 料理に合った大きさの鍋やフライパンと、適切な大きさの火口を使いましょう。
- オーブンの扉の密閉性がしっかりしていることを確かめ、オーブンの内部をきれいに保つと、エネルギー効率を良好に保てます。

信じがたいかもしれませんが、平均的な家庭には
193個の電気製品と110個の電池があります。

電池

　腕時計からテレビのリモコン、携帯電話、補聴器、自動車、電動歯ブラシまで、さまざまなものが電池で動いています。その全部が電池切れにならないよう気を配るだけでも、ひと仕事です。

　使い切りの乾電池は便利で安く、充電式電池よりも電気が長持ちしますが、結局は使い捨てで、有毒物質も含まれています。長いこと器具に入れっぱなしにした電池が腐食して、中の液体が漏れた経験のある人も多いでしょう。

　使い切りの電池には3種類あります。マンガン電池は一番安く買えますが、あまり長くはもちません。アルカリ電池はそれよりもエネルギー密度が高く、長寿命です（使用しなければ何年も置いておけるので非常用には重宝します）。ボタン電池は小型の円形で、腕時計や補聴器に使われ、多くはアルカリ電池と似た仕組みです。

　充電式の電池は、繰り返し充電して使えます。自動車に搭載される鉛蓄電池と、カメラやスマートフォンなどの携帯型電子機器に使われる

リチウムイオン電池があります。充電可能な単三・単四の電池や充電器もあり、家電販売店などで簡単に買えます。

環境への負荷

　電池には、水銀や鉛、カドミウム、ニッケルなどの重金属を含むさまざまな化学物質が含まれています〔現在では電池への水銀の使用は日本をはじめ多くの国で禁止されています〕。環境中に電池が捨てられるとこうした金属が土壌や地下水に混じり、汚染を起こすことがあります。電池は有害ごみなので、悪影響を及ぼさないよう特別に配慮して扱う必要があります。

　あらゆる電池は、環境に入り込まないよう注意深く捨てなければならないのです。

　世界では、企業や消費者に電池のリサイクル

を進めてもらうためのシステムが作られつつあります。欧州委員会によれば、毎年EUだけで消費者向け電池（使い切りと充電式）およそ16万トンが販売され、そのうち46％が回収・リサイクルされています。

アメリカの一部の州、南アフリカ、オーストラリアなどでは電池リサイクルを推進するための団体が設立されていますが、世界の多くの場所ではまだリサイクル施設どころか管理された埋め立て処分場すらなく、古い電池はそのへんに捨てられています。

EUは2005年に導入した法規で消費者が金銭負担なしに電池をリサイクルできるよう定め、製造者と販売者にはリサイクルのための電池回収への登録と参加を義務付けました。電池のリサイクルは、新たな天然資源の使用量も環境汚染も減らすことにつながります。

あなたにできること

• 充電式電池を買いましょう。少し高価ですし、1回の充電で使える期間は使い切りのアルカリ電池よりも短いのですが、繰り返し充電して使えます。長い目で見ればお金の節約になり、廃棄物も減らせます。充電式電池は、寿命が尽きたらリサイクルできます。

• 使い終わった電池は必ずリサイクルしましょう。古い電池は他の廃棄物と別にし、最寄りの回収場所（スーパーマーケットなどにも回収ボックスがあります）に持っていきましょう。回収場所に持っていくまでの間は乾燥した涼しい場所で保管すれば液漏れを防げます（液漏れした電池もリサイクルに出せます）。

• 子供たちの力を借りましょう！　一部の学校は電池回収ボックスを設置し、生徒に回収を奨励しています。また、使わなくなった携帯電話とバッテリーもリサイクルしましょう。古い携帯電話を集めてリサイクル業者に売り、活動資金に充てている慈善団体もあります。

• 電池を何本も必要とするおもちゃや電気器具を避けましょう。たとえば電動歯ブラシは電池式ではなくコンセントから充電するタイプの方が環境にはベターです。

リサイクルで慈善事業

一部の慈善団体は電池リサイクル業者と協力して古い電池を回収し、集まった電池の量に応じて業者が慈善団体に寄付を行っています。たとえば、アイルランドで子供ホスピスのために活動している団体は2011年からこれまでに埋め立て処分場で数百万個の電池を回収し、34万ユーロ（約4000万円）を集めました。アイルランドでは小売業者7000社が電池回収に協力し、リサイクルされた電池の量に応じて「WEEEアイルランド」が寄付を行っています。

おまけの豆知識

▪ 電池の製造と輸送の際には気候変動の原因物質が大気中に排出されます。充電式電池は何度も繰り返し使えるので、この環境負荷を減らすことができます。

LED電球の素材の95％以上はリサイクルが可能なので、ごみとして捨てないことが大事です。

電球・蛍光灯

衛星写真で夜の地球を見ると、世界が明かりの点々で描き出されます。私たちはかつてなく明るい時代に生きています。人間の生き方や働き方は、電球の普及で大きく変化しました。世界人類の83％以上が、夜の電灯による"光害"の下で暮らしています。光害は夜行性動物の生態を乱し、すべての生命の自然なリズムに影響しています。

電球ができて以来、人間は夜でも安全に出産でき、暗い時にも仕事ができ、家を火事にする心配なくベッドに寝転んで本が読めるようになりました。

一般に、最初の電球を1879年に発明したのはトマス・エジソンだとされていますが、19世紀前半から多くの発明家がそれぞれ独自に電球開発に取り組んでいました。イギリスの物理学者ジョゼフ・ウィルソン・スワンは炭素フィラメントを使う白熱電球の特許を1879年に取得しており、世界で初めて電灯がともったのは彼の家です。

スワンもエジソンも、1880年代初めに白熱電球の製造・販売会社を設立します。両社は数年間ライバルとして競った後に合併して、エジソンとスワンは電球やその他の電気製品の供給のため協力して働きました。

環境への負荷

電球の最もわかりやすい環境負荷は、消費電力です。世界の電力需要の20％が照明用で、平均的な家庭では照明が電気使用量のおよそ5％を占めています。

照明で使う電気が主に化石燃料で作られたものであれば、気候変動の原因になる二酸化炭素などの温室効果ガスを大気中に排出します。ですから、照明を省エネ化すればするほど温室効果ガスが減り、気候変動対策に大きく貢献します。さらに、LED電球は消費電力が少ないため家計の電気代を節約できます。仮にアメリカ

電球の種類

　光を発生させる方法はいろいろあり、電球の種類ごとに異なる原理や技術が用いられています。

白熱電球はフィラメントを高温にした時の発光を利用します。電球はガラス製で、密閉され、内部に突き出た電線の先にタングステンフィラメントが取り付けられています。電流が通るとフィラメントが高温になり、白熱して光を発するのです。ガラスの内部は真空か、または不活性ガスで満たされています（酸素があるとフィラメントがすぐに燃え尽きてしまうからです）。白熱電球は光源としては非常に効率が悪く、電力の90％以上は光ではなく熱に変わります。そのため、ヨーロッパでは2009年から2012年までの間に姿を消していきました。

ハロゲンランプは白熱電球の仲間で、普通の白熱電球より効率が高く寿命も長いのですが、EUでは2018年以降禁止されています。

蛍光灯は不活性ガスを満たしたガラス管の両端に電極があり、電流を流すと加熱された電極から電子が放出されます。電子が管の中を通る際に紫外線を発生させ、紫外線が管の内面に塗られた蛍光体に当たって、目に見える光が出ます。蛍光灯には、直管形、環形、コンパクト形、管を渦巻き状に巻いた電球形があります。蛍光灯は白熱電球よりは効率が良く（消した時にも白熱電球ほど熱くありません）、寿命も長いのですが、電球型蛍光灯は点灯してから完全に明るくなるまでに時間がかかります。

LED（発光ダイオード）照明は、電子が半導体の中を流れる時に光を発生させます。LED照明は長寿命でエネルギー効率がとても良く、電球型蛍光灯と違ってスイッチを入れれば即座に明るくなります。高効率と長寿命、そしてアメリカ、カナダ、EU、中国などで新たな法規が作られたことで、LEDの普及はどんどん進んでいます。2030年までにはアメリカの照明器具売り上げの75％がLEDになると見込まれています。

の照明がすべてLED電球に切り替わったとすると、光熱費が2500億ドル減り、照明用の電力消費が50％近く削減され、18億トンぶんの炭素が大気中に排出されずに済みます。EUの研究者たちの計算では、ハロゲンランプ1個をLED電球1個に取り換えると、LED電球の寿命（約20年）が尽きるまでに最大で100ユーロ（およそ1万2500円）ぶんの電気が節約されます。

　さあ、家じゅうを回って、全部で何個の電球があるか数えて下さい。どれだけお金の節約になるかを理解すれば、LEDに切り替えないと

いう選択肢はないでしょう。

　エネルギー効率の高い照明に変えると、ヨーロッパのCO_2排出量を1200万トン減らすことができます。ただ、蛍光灯とLED電球は白熱電球よりエネルギー効率が高いものの、金属を使った部品の数も多く、その金属のために天然資源を採掘しなければなりません。

　使い終わった電球が廃棄される時には、そうした金属部品が環境への負荷となります。蛍光灯とLED電球は、鉛、銅、亜鉛の含有量（蛍光灯は水銀も）によって有害廃棄物に分類されています。実は、蛍光灯は製造のために使われ

る天然資源の量と有毒性のせいで白熱電球の3〜26倍も害が大きく、LEDは適切に回収・リサイクルされないと白熱電球の2〜3倍の負荷を環境に与えます。

総合的に考えれば省エネ性の点でLEDがベストと言えますが、あくまで使用後にリサイクルすることが前提です。

あなたにできること

- 家の電球をLEDに取り替えましょう。長期的にはお金の節約になり、あなたのカーボンフットプリントも、あなたが出すごみの量も、減らせます。
- 誰もいない部屋は電灯を消しましょう。電力使用量（＝電気代）を減らせます。子供たちにも協力してもらうのを忘れずに。
- 電気の契約を再生可能エネルギーの電力会社に切り替えると、自宅の照明をゼロカーボンに近づけることができます。
- 古い電球の廃棄は慎重に。白熱電球はガラスリサイクルの対象にならないので、居住地のごみルールに従って処分しましょう。
- 蛍光灯（電球形も含む）はリサイクルしましょう。水銀などの有害物質が含まれているので、一般ごみとして出してはいけません〔日本では自治体のごみ収集ルールに従って下さい〕。リサイクルされると、金属とガラスが分離されて再利用されます。ヨーロッパで販売されている蛍光灯の価格にはリサイクル費用が含まれていますから、回収拠点に持っていけば無料でリサイクルに出せます。
- LEDランプはリサイクルが可能です〔日本では自治体のごみ収集ルールに従って下さい〕。ガラスと金属が分離されて再利用され、有毒物質は適切に取り扱われます。EUでは、LED照明器具は電気電子機器のリサイクルを推進するWEEE指令により管理されています。イギリスのNPO法人リコライト（Recolight）は照明業界のWEEE規制への対応を支援しており、現在までに2億6000万個の照明器具とその部品（電球を含む）がリサイクルされて新しい製品の材料に使われています。

おまけの豆知識

- LED電球は、エネルギー効率が最も高い電球です。白熱電球と違って焼き切れませんが、年月とともに明るさが落ちていき、やがて交換が必要になります。
- LED電球は20年くらい使い続けることができます。つまり、寿命で考えると蛍光灯3本ぶん、白熱電球30個ぶんです。
- LEDは白熱電球の6〜7倍エネルギー効率が良く、消費電力を80％以上削減します。

今や世界の人口の70%、61億人もがスマートフォンを持っています。

アイルランドのスマートフォン利用者は359万人、イギリスは4842万人です（2018年）。

携帯電話

　携帯電話は急速に世界の隅々まで普及しました。今やほとんどの人が携帯電話を持っています。1930年代の最初の携帯無線機の発明から1989年のモトローラ社の二つ折り型携帯電話まで、携帯電話は私たちのコミュニケーションと情報アクセスの方法を革命的に変化させました。それでは、最も"サステイナブルな電話"はどれなのでしょう？

　アフリカ大陸の人々は、電話のない状態から、電話線と固定電話を経ずにいきなり携帯電話へ跳び移り、銀行口座や株式市場へのアクセスも、都会や外国に住む親戚との連絡も、全部携帯電話で行っています。最初のスマートフォンは1997年にノキア社が作りましたが、スマートフォンを大衆向けの使い勝手の良い形にしたのは、タッチパネルを採用した2007年のiPhoneでした。

　今では私たちは休暇の予約や映画チケットから食料品の注文、ニュースを読むことまでスマートフォンを使います。スマートフォンは、電話をしたり、チャットグループで写真や動画を共有したり、フェイスタイムやスカイプといったアプリでビデオ通話をしたりして家族や友人とのつながりを保つのを助けてくれます。多くの人は寝る時も携帯電話を離しません。携帯電話は他のどんなテクノロジーよりも愛されているように見えます。

環境への負荷

　どんな携帯電話も環境に負荷をかけていることは否定できません。携帯電話機を作るための原料の採掘から、製造と使用の際の電気、さらには新機種に変更するたびに出る古い携帯電話という膨大な廃棄物で、環境への負荷はかなりの大きさです。

　2007年から2017年までに世界で生産されたスマートフォンはおよそ71億台です。同じ期間にそれらのスマートフォンの製造に使われ

たエネルギーは、インドの1年分の電力消費量と同じでした。そのうえ、スマートフォンの充電にも電力は使われます。

国連環境計画（UNEP）によれば、携帯電話1台の製造に要するエネルギーで60kgのCO_2eが排出され、充電で使われる電力の1年分は122kgのCO_2eに相当します。これは平均的なガソリン車で4809km走行した時に出る量と同じです。

2020年までにスマートフォンの電力使用量はノートパソコンやデスクトップパソコンを越えて、IT機器部門1位になるはずです。2040年頃には情報通信技術部門が世界の排出量の14％（現在の運輸部門のカーボンフットプリントと同じ）を占めるようになると予測されています。

スマートフォンは外側からだと金属とガラスくらいしか見えませんが、内部はとても複雑で、さまざまな貴金属が使われています。それらの金属の採掘は環境に直接影響しますし、鉱石から金属を取り出す際に使われる化学薬品やその後に残る廃滓（はいさい）（右下コラム参照）や汚泥も環境負荷となります。

携帯電話に最もよく使われている金属は、鉄、アルミニウム、銅です。鉄はスピーカー、マイク、フレームに使われ、アルミニウムはディスプレイのガラス部分とフレームに含まれ、銅は配線です。コネクターには金も使われています。金の採掘には有毒なシアン化合物や水銀が使用されることがあり、これがアマゾンの熱帯雨林を汚染・破壊していますが、今の時代ならリサイクルに出された古い携帯電話の部品から金を取り出す方が低コストでしょう。

レアアースと呼ばれる金属類も、スマートフォンのスピーカーやマイク、タッチパネル、バイブレーション機能に使われています。こうした金属は、硫酸やフッ化水素酸を使って精錬され、有毒な廃棄物が出ます。

コバルトも携帯電話の製造に欠かせない金属のひとつですが、世界のコバルトの半分を生産しているコンゴ民主共和国では、コバルト採掘に関連した児童労働や環境汚染の問題が指摘されています。アムネスティ・インターナショナルの2016年の調査によれば、同国のコバルト鉱山ではおよそ7万人の児童（なかには7歳の子も）が、わずかな賃金と引き換えに危険な工法で働かされています。

それとはまた別に、電気電子機器廃棄物としての携帯電話の問題もあります。イギリスでは、1台のスマートフォンが使用される期間は26〜29ヵ月です。新機種が発売されると、旧機種からの乗り換えが起こります。メーカーの「計画的旧式化」という手法とソフトウェアの変更で、ユーザーは数年ごとに機種変更を促されます。

途上国ではしばしば、スマートフォンのリサイクルが規制のない市場で行われ、労働者が無防備で携帯電話に含まれる重金属や有害物質を取り出しています。彼らやその家族の健康被害（労働者が汚染された服で帰宅するため）は、まだ十分に知られていません。

悲惨な事故

2007年から2017年までの間に金属鉱山からの廃滓（はいさい）の流出事故が40件以上起こり、環境汚染と地域住民の健康被害をもたらしました。最大の事故は2015年にブラジルで起きた鉄鉱石鉱山の廃滓ダムの決壊で、3300万立方メートル（オリンピックサイズ水泳プール1万3000杯ぶん）の廃液がドーシ川に流れ込み、泥流が押し寄せた村で19人が死亡しました。

あなたにできること

- 充電器は、使っていない時にはコンセントから抜きましょう。電気代を節約できます。
- 画面の明るさを下げ、省エネモードの設定にして電池を長持ちさせましょう。
- 今使っている携帯電話を長く使いましょう。最もサステイナブルな携帯電話は、既に持っている電話です。動きが遅くなったら、ソフトウェアのアップデート、不要なファイルやアプリの削除を行いましょう。信頼の置ける修理業者に依頼し、動きを良くして製品の寿命を延ばしてもらうこともできるでしょう。
- 古い携帯電話は、中古ショップに売るか、販売店で引き取ってもらいましょう。多くの携帯電話会社は、下取りで新しい機種の価格を割引いてくれます。
- 古い携帯電話を慈善団体に寄贈しましょう。携帯電話はリファービッシュ（整備して新品に近い状態にすること）されて販売され、売り上げが慈善活動に使われます（91ページも参照）。
- 古い携帯電話をリサイクルしましょう。EUで増え続ける電子機器廃棄物を管理するためにWEEE指令が定められました。2020年の廃家電は1200万トンになると予測されています。WEEE指令により、消費者が電子機器を無料でリサイクルやリユースに出せる回収システムが作られています。
- 携帯電話を買う前に、使われている原料が倫理に反しないやり方で責任を持って得られ、労働者の作業条件も適切かどうかを調べましょう。携帯電話会社の倫理面の格付けはネット上で見ることができます。

サステイナブルなスマートフォン

　スマートフォン業界で一般的な計画的旧式化とは対照的に、オランダの会社が作るフェアフォン（Fairphone）は長く使うことを想定して作られ、修理、リファービッシュ、リユースができるよう設計されています。誰でもアクセスできるオープンソースソフトウェアで動き、バッテリーとカメラのパーツは交換可能です。フェアフォン社の携帯電話は倫理的に得られた金属や鉱物から作られ、同社は原料や部品の供給経路をチェックして、厳格な社会規範と環境基準への準拠、人権への配慮（児童労働を用いないなど）を確認しています。また、従業員に良好な労働条件を提供し、価値観を共有する会社と手を組んでいます。ユーザーが製品を最大限長く使えるよう修理を支援する同社は、2019年にFairphone 3を発売しました〔2020年にはFairphone 3+も出ています〕。

おまけの豆知識

- もしも世界の携帯電話利用者のうち10％が、充電器を使っていない時にコンセントから抜けば、1年でヨーロッパの6万世帯分の電力が節約されると推定されています。
- 2040年頃には、IT業界で最大のカーボンフットプリントを持つのは携帯電話とデータセンターになるだろうと考えられています。
- 国連の計算では、2014年だけで携帯電話などの小型IT機器廃棄物が300万トン出ており、うちリサイクルされたのは16％未満です。

2007年以降、レコード盤の販売枚数はうなぎのぼりです（1427％以上）。2018年にはイギリスだけで400万枚のLPレコードが売れ、世界では1000万枚近くにものぼりました。

レコード盤

レコード盤、カセットテープ、CD、ストリーミング——音楽の聴き方はさまざまですが、どの方法にも環境フットプリントがあります。

　20世紀初め、出始めのレコード盤は微細な溝を掘った円盤で、3〜5分程度しか録音できませんでした。当時のレコードはシェラック（天然樹脂）、ロウ、木綿、粘板岩を混ぜて作られていて、もろくて割れやすく、水やアルコールにも弱いものでした。第2次大戦で樹脂が不足すると、メーカーはビニール——正確にはポリ塩化ビニル（PVC）——を使うようになりました。

　その後、音楽の媒体としてカセットテープとCDが加わり、音楽業界の廃棄物によるフットプリントは増えました。どの媒体もいろいろな素材の組み合わせで作られていてリサイクルができないからです。

　デジタル時代の到来で、繰り返し再生しても音質が劣化しない楽曲を、物理的な廃棄物を出さずに楽しめるようになりました。けれども同時に、ノスタルジーを求め、形あるものを手に取る経験とアナログ独特の音質を愛する人々の間で、レコード盤の人気が再燃しています。

環境への負荷

　グラスゴー大学とオスロ大学は「音楽のコスト」と題した共同研究を行い、アメリカで時代ごとに音楽がどの程度環境に負荷を与えたかを調べました。その結果、1977年（LP販売のピーク）には世界の音楽業界のプラスチック使用量は5800万kgで、1988年（カセットテープ販売のピーク）には5600万kg、2000年（CD販売のピーク）には6100万kgだったことが明らかにされました。その後デジタル配信への移行でプラスチック・フットプリントは劇的に減り、2016年の使用量は800万kgでした。

　ところが、音楽のカーボンフットプリントの方は下落傾向が見られず、それどころか上昇しています。というのも、音楽ストリーミングにはデータセンターの運用やファイルの読み出しと転送の

エネルギーが必要で、デバイスを動かすのにも電気を使うからです。音楽関連の温室効果ガス排出量は増えているのです。同じ研究によれば、アメリカの音楽関連の温室効果ガス排出量は1977年が1億4000万kg、1988年が1億3600万kg、2000年が1億5700万kgでしたが、2016年には3億5000万kgに跳ね上がっています。楽曲ストリーミングは、音楽史上のどの時期と比べても格段に炭素排出量が多いのです。

ストリーミングによる音楽は、形のある媒体を使う物理的音楽よりもカーボンフットプリントが高く、廃棄物フットプリントは低いということです。物理的音楽は媒体の製造に多くの資源を使い、やがて廃棄物を生みますが、聴くために使う電気は少なめです。ではどちらの方が環境に良い選択肢でしょう？　それは、あなたがどれくらい頻繁に音楽を聴くかによります。1曲を数回しか聴かないなら、おそらくストリーミングがベストです。けれども、同じ曲を何度も繰り返し聞くなら、物理的コピーを買うのも悪くありません。

発電が化石燃料から再生可能な手段に切り替わっていくにつれ、長期的には音楽ストリーミングのカーボンフットプリントは減っていくでしょう。大規模なデータセンターを作る企業が建設用地を決める際に、再生可能エネルギーの入手しやすさを考慮する例が増えています。電力グリッドは再生可能エネルギーにシフトしつつありますから、家で楽曲を再生する時に使う電力の温室効果ガス排出量も今後は減っていくはずです。

あなたにできること

- レコード、CD、ストリーミングのどの方式が自分に必要かを考えて音楽を購入しましょう。既にレコードを持っているなら、同じ曲をデジタルでも買う必要はありますか？
- リユース。中古品を買うという手もあります。
- リサイクル。レコード盤、CD、カセットテープは通常の資源回収には出せません。レコードのジャケットは厚紙なので古紙リサイクルに出せますが、軟質プラスチックの中袋は駄目です。CDは一般にポリカーボネートにアルミコーティングが施されていて、リサイクル不能です。CDケースはリサイクルできます。紙とプラケースに分けてそれぞれの回収に出しましょう。軟質プラスチックが混ざらないよう注意して下さい。
- 再生可能電力の供給会社に切り替えて、音楽を楽しむ際に使う電力のカーボンフットプリントを減らしましょう。

ベッドルーム

THE BEDROOM

世界では1年間に推定190億足の靴が売れています。2017年の市場規模はおよそ3500億ドルでした。

靴

　世界のほとんどすべての人が、最低でも1足は靴かサンダルを持っています。デザイナーズブランドのハイヒールからビーチサンダルまで、種類はいろいろです。

　知られている限り最も古い靴は、革のサンダルや、獣皮か毛皮で作ったモカシン型の靴でした。メソポタミアの遺跡から、紀元前1600～1200年頃のそうした靴が発見されています。

　靴の大量生産を可能にしたのは、ここ数世紀の間に生み出されたいくつかの新技術です。最初は、1790年にイギリスで靴紐が発明されたことでした。次は、靴底と甲革を縫い合わせるミシンの特許取得（1858年）です。そして最後が、アイルランド系アメリカ人のハンフリー・オサリヴァンによるゴムの靴底の発明（1899年）でした。

　驚かれるかもしれませんが、19世紀末まで、靴は左足用と右足用を分けずに全部同じ形に作られていました！

　20世紀に接着剤が発明されると、甲革と底を縫い合わせる伝統的な方法のかわりに接着が用いられるようになり、靴作りのコストが下がりました。

　最初に大量生産でキャンバス地のスニーカーを作って1917年に売り出したのは、アメリカのケッズというブランドです。「スニーカー」という名称は「こそこそ歩く」を意味するスニーク（sneak）という動詞に由来し、広告業者のヘンリー・ネルソン・マッキニーが考えました。底がゴムで靴音がとても静かだったからです。

環境への負荷

　世界の製靴産業は1年間に約2億5000万トンのCO_2eを排出しています。一般的な合成素材の運動靴1足の排出量は13.6kgで、13ワットの電球型蛍光灯を121年つけっぱなしにし

た時と同じです。マサチューセッツ工科大学
（MIT）の2013年の研究によれば、製靴産業
の温室効果ガス排出量の3分の2以上は靴の製
造過程で出ています。いろいろな素材を使い、
多様な加工をするからです。

　伝統的に、靴は革で作られていました。19
世紀末までは樹皮から採った植物タンニンで革
をなめしていて、今でもベルトや靴や靴底を作
る際に一部でその方法が使われています。けれ
ども現在主流なのはクロム化合物を使う方法
で、90％の革はクロムなめしです。

　革なめしには三価クロムが使われますが、三
価クロムは加熱などの条件下では一部が毒性が
強く発がん性もある六価クロムに変化すること
がありえます。また、クロムアレルギーの人も
います。そのため2015年にEUでは革靴の六
価クロム残留値に規制が設けられました。

　言うまでもなく皮革は食肉産業の副産物で
す。食肉産業は温室効果ガス（特にメタン）の
主要発生源のひとつで、森林破壊と水質汚染の
一因でもあります。ただ、食肉生産に伴って出
る皮革の利用には、廃棄物を減らして動物の価
値を最大限生かすという意味があります。

　合成素材の靴もかなりの環境フットプリント
を持っています。今の運動靴の大部分は合成ゴム
と合成繊維で作られていて、原料は石油です。
また、合成ゴムもプラスチック（ポリ塩化ビニル
やポリウレタン）も、天然の革とは違って生分
解しません。合成ゴムを作る際に添加される化
学物質には毒性を持つものあり、廃棄される際
の有害性が増し、特別な扱いが必要になります。

　近頃では天然ゴムが靴に使われることはめっ
たにありませんが、天然ゴム生産のために原生
林を皆伐してゴムノキ農園が作られれば、環境
に負荷がかかります。そのため、たとえばヴェ
ジャ社のスニーカーは、アマゾン熱帯雨林の野
生のゴムノキから持続可能な形で責任を持って

海から来た靴

　再生プラスチックを使った運動靴も作られ
はじめています。材料には海のプラごみや漂
流漁網も含まれ、環境を汚染する厄介ものが
新しい靴に変身します。アディダスは海洋環
境保護団体パーレイ・フォー・ジ・オーシャ
ンズと組んでプラスチックごみから運動靴を
作っています。ヴァンズ、ロージーズ、インド
ソール、ナイキ、ザ・ノース・
フェイスなど他の多くのブ
ランドも、ペットボトル
リサイクル素材を使用
しています。リサイクル
素材での靴製造は大きな
一歩です。次の一歩は、
すべての靴がリサイクルさ
れて新たな製品に生まれ変わ
る循環を完成させることです。

採取されたゴムを靴底に使っています。

　運動靴の甲や靴紐に使われる木綿の生産には
大量の化学薬品（化学肥料や農薬）が使われま
す（108ページも参照）。革や合成素材を染め
る化学染料の廃液は工場廃水に混じって流れ出
ます。これらが靴の環境フットプリントを押し
上げます。

　履かなくなった靴の処分への関心も高まって
います。というのも、世界各地の海岸に流れ着
くごみの中に合成素材の靴が――特にビーチ
サンダルが――非常に多いからです。ビーチ
サンダルは安価で、貧困層が買える唯一の履き
物であることも珍しくありません。それらは1
年かせいぜい2年したら壊れて捨てられます。
ごみ処理システムが整備されていない国では、
しばしばその辺に捨てられ、水路に入り、やが
て川を経て海に流れ込みます。

あなたにできること

- 自分にとって何が大切かを見極めましょう。環境への負荷が小さい靴をどのように選ぶかは、その人の考え方や生き方に左右されます。牛肉を食べるのが好きな人なら、皮も含めて牛のあらゆる部分を利用することには意味があります。革は（特に植物タンニンでなめしたものは）天然素材で、生分解されるのは良い点です。今は"ヴィーガン・シューズ"もあり、オーガニックコットン、古タイヤ、再生プラスチック、ジュートその他の天然素材、ヴィーガン皮革（ただしこれはプラスチックの合成皮革）で作られています。

- 買う前に調べましょう。オランダのNGO団体が運営するウェブサイトRank a Brand（251ページ参照）は、多くのブランドを持続可能性の面で比較評価する助けになります。自分でブランドの持続可能性ポリシーや企業方針を調べるのもよいでしょう。

- 自分ではもう履かないけれど靴自体はまだ使える場合は、捨てずにリサイクルや寄贈をしましょう。ナイキの「リユース・ア・シュー（Reuse-A-Shoe）」プログラムのように、店舗で靴を回収してリサイクルしているブランドもあります。

- テラサイクルの回収場所が近くにあれば、古いビーチサンダルやゴム靴をリサイクルに出せます。ビーチサンダルは裁断・溶解されて家具やバケツなどに生まれ変わります。

- 友人たちと靴の交換会を開いたり、行事用の靴を貸し借りしたりして、新しい靴を買わずに済ませましょう。

フットウェアの未来は？

2018年にニューヨークのある製品開発グループと電力会社NRGエナジーが、"フットプリントがゼロの靴"のプロトタイプを作りました。NRGの発電所で発生したCO_2を回収して液化させ、プラスチックポリマーに作り変えてスニーカーの材料にしたのです。化石燃料から放出された炭素を再利用できることを示すのが目的でした。その靴はプラスチック製ですから、真にフットプリントをゼロにするには、靴としての寿命が終わった後でまたリサイクルできるシステムを作る必要があります。

- 靴のレンタルを利用しましょう。特別な催しのためのデザイナーズシューズをレンタルしているオンラインストアもあります。地球にも財布にもやさしい選択です。

- エチオピアで作られ世界中で売られている「ソールレベルズ（SoleRebels）」ブランドのようなエシカルな靴を探しましょう。ソールレベルズは貧困層の人々に質の高い雇用を提供し、布や古タイヤのリサイクル材や地域で栽培された天然素材を使って靴を作り、地域社会に貢献しています。

- 地元で作られた靴を買い、輸送コストによるカーボンフットプリントを避けましょう。自分の足に合わせて手作業で作られ、何年も愛用できる靴以上に贅沢なものがあるでしょうか？

おまけの豆知識

- 靴の最大の購入者は先進国の人々で、北米の人は平均して1年に7足買っています。それに対して発展途上国ではたいてい年に1足程度です。世界で販売される靴の大部分は中国その他のアジア地域で生産されています。

ブルージーンズ1本ぶんの綿花を育て、染め、加工するために必要な水は2273〜8183リットルです。

1年間に約3億本のジーンズが作られています。

ジーンズ
（デニム）

　ジーンズは工業化社会で最もよく見られる服で、平均的なアメリカ人は7本のジーンズを持っていると言われます。イギリスでは1年間におよそ7000万本のジーンズが売れますが、温暖なオーストラリア（人口はイギリスの4割弱）では1000万本未満です。

「デニム」という生地の呼び名は、フランス語で「ニーム産のサージ（ウール製の丈夫な生地）」を意味するserge de Nimes（セルジュドニム）が語源です。1700年頃にはウールとコットンの混紡で織られ、帆布に使われていました。ジェノアの船乗りたちがこの帆布でズボンを作ろうと考え、すぐに新しいタイプの作業着が生まれました。「ジーンズ」という名称はその100年ほど後、生地をコットンで織り、汚れが目立たないよう青や茶色に染めた頃から使われはじめました。当時は、生地も、その生地で作ったカジュアルなコットンデニムのズボンも、両方ジーンズと呼ばれていました。

　古典的なジーンズ——インディゴで藍色に染めたデニムで作られ、ポケットがあってリベットが打ってある、耐摩耗性が高い服——

は、1873年にサンフランシスコでジェイコブ・デイヴィスとリーヴァイ・ストラウスという2人のアメリカ人が特許を取得しました。時代とともにベルト通し、ジッパー、装飾ステッチなどが加わりましたが、基本の生地——表が藍色で裏が白——は昔のままです。現在のジーンズは、ストレッチ性を持たせるためにしばしば綿にポリウレタンが混ぜられ、合成インディゴで染められています。

環境への負荷

　ジーンズのライフサイクルアセスメントで明らかにされた環境への負荷は、いささかショッキングです。2013年にリーバイスが行った研究によれば、同社の501ジーンズを1本作るために使われる水（綿花の栽培から染色を経て

ジーンズ製造まで）は3781リットルです。ジーンズのライフサイクル全体の水使用で見ると、68％は綿花栽培時ですが、次は購入者がジーンズを洗濯するための水で、23％を占めます。綿花栽培は、肥料の窒素とリンによる水質汚染や水の富栄養化も引き起こします。リーバイスの研究では、ジーンズ1本が33〜34 kgのCO_2e（平均的なアメリカ車での走行111kmに相当）を排出し、リン酸塩による富栄養化効果はPO_4e（リン酸塩当量）48.9gで、綿花栽培のために使う土地の面積は年間で12m²だとされています。

ジーンズを染めるインディゴ染料も環境に負荷をかけます。ジーンズの大部分を生産しているアジアでは、繊維業界が出す90億リットル以上もの廃液によって河川と湖沼の70％が汚染されていると推定されています。

環境保護団体グリーンピースは、2010年にデニム生産を行っている中国の複数の都市の染色・仕上げ施設の近くで廃水を検査しました。その結果、水と土壌のサンプル21点中17点から、5種類の重金属（カドミウム、クロム、水銀、鉛、銅）が検出されました。

この数年でいくつかの技術革新があり、インディゴ染色工程で使用する水がジーンズ1本あたり20〜50リットル減るとともに、必要な化学薬品の量も削減されました。伝統的にインディゴ染色に使われてきたハイドロサルファイトナトリウムに代わって近年はより安全な薬剤が使用され、化学薬品の使用量が70％減少して金属塩は完全に排除されました。使う化学薬品が少ないということは、廃水処理がしやすく、水を再利用できる可能性が高まるということでもあります。

ジーンズを色褪せてすり切れたように見せるエイジング加工にも化学薬品と水が使われます。以前はエイジングに軽石やサンドペーパー

や過マンガン酸カリウムが使われましたが、新技術はレーザーとオゾンを使います。ジーンズの環境フットプリントを小さくする技術革新の仕掛人であるジーノロジア（Jeanologia）社のアレックス・ペナデスによれば、2015年にサステイナブルな方法で作られたジーンズは世界の生産量のわずか16％でしたが（112-113ページ参照）、2018年には35％まで増えたとのことです。

ジーンズにはカーボンフットプリントもあります——主に、製造時のエネルギー使用によるものです。前述のリーバイスのライフサイクルアセスメントによると、ジーンズ1本のCO_2e は大画面プラズマテレビを246時間つけた時と同じ33.4kgです。うち37％は洗濯と乾燥、27％は生地の製造、9％は綿花栽培、11％は輸送、9％は縫製の過程で排出され、残りは梱包と廃棄の分です。

ですから、あなたのジーンズのカーボンフットプリントを小さくするには、洗濯の回数を減らすことが重要です。ジーンズに関して一番電力を消費するのはアメリカ人で、その理由は一般に彼らが頻繁に洗濯し、冷水で洗った後にタンブル乾燥機で乾かすからです。ヨーロッパでは外に干すことが多いので、ジーンズのカーボンフットプリントは低めになります。それでも、10回着てから洗濯すれば消費電力を75％削減できます。ほとんどのジーンズはデニム生地以外にいろいろな素材が付いています——プラスチックか金属のボタン、ジッパー、金属のリベット、革か合成皮革のブランドワッペン、洗濯方法が印刷された合成繊維のラベルまで。素材の種類を減らすと、もっとリサイクルしやす

くなるはずです。

あなたにできること

- ジーンズの洗濯回数を減らし（10回着たら洗濯）、温水ではなく水で洗い、洗濯機にエコモードがあればそれを使い、外に干して乾かせば、ジーンズのカーボンフットプリントも水使用量も劇的に減らせます。たとえば、エネルギー効率の良いドラム式洗濯機で冷水を使って週に1回ジーンズを洗って外に干した時、カーボンフットプリントは2.58kg CO_2eですが、効率の良い洗濯機でも温水で洗ってタンブル乾燥すると、9.92kg CO_2eに跳ね上がります。古くて効率の良くない洗濯機で洗って乾燥機にかけるとカーボンフットプリントは14.5kg CO_2eで、最初の例のほぼ6倍になります。

- 直しながら長く着ましょう。穴が開いたらつくろい、ボタンが取れたら付け直します。裁縫が苦手な人は、衣服修理店に頼みましょう（多くのクリーニング店でも修理サービスを行っています）。

- 中古のジーンズや、古いジーンズのリメイク品を探しましょう。

- 古いジーンズをリフォームして丈を短くしたり、スカートにしたりする手もあります。チャリティーショップやジーンズリサイクルの回収拠点に持っていくのもよいでしょう。ブランドによっては店舗で古ジーンズを回収しています。

- 買う前に良く調べましょう。フェアトレードのオーガニックコットンを使っているサステイナブルなブランドを探し、倫理や持続可能性に関するポリシーを読みましょう。そうした情報はブランドのウェブサイトで公開されているべきものです。製品の環境への影響をチェックし、ジーンズのリサイクルが容易かどうかを見、メーカーが従業員全員に良好な労働条件と公正な賃金を保証しているかどうかを確認しましょう。

- 生地にポリウレタンが入っているもの、ポリエステルのポケットや飾り鋲、ビジュー、装飾ボタンなどが付いているものは避けましょう。リサイクルが難しいですし、プラスチックのパーツは生分解されません。

おまけの豆知識

- ベトナムのサイテックス社のジーンズ生産工場は、水のリサイクルと閉鎖式噴射洗浄システムによって、ジーンズの色褪せ感を出す加工に使う水を年間4億3000万リットル——43万2000人の年間使用量に相当——節約しています。通常の製法で作るデニム生地の水使用量が80リットルの時、サイテックスでは同じ量のデニムに水を1.5リットルしか使いません。

- 同工場で加工終了後のジーンズを乾かす方法はタンブル乾燥機ではなく自然乾燥（工場内に吊り干し）で、これによりジーンズ製造時の CO_2 排出量を80%減らせます。

捨てられたフリースがバラバラになるまでには数百年かかります。しかも、単に繊維が千切れて細かく（マイクロ繊維に）なるだけで、その繊維は何千年も環境の中にとどまります。

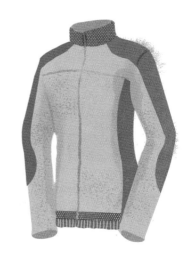

フリースジャケット

　かつては登山家や極地探検家くらいしか着なかったフリースジャケットですが、今ではあらゆる国の人々が寒さを感じたら着ています。軽量で温かく、洗濯が楽で乾きやすいフリースは革命的な生地で、ウールのような機能を持つうえに水がしみ込まず、濡れても温かさが保たれ、チクチクしないという長所があります。フリースジャケットは地球上のほとんどの衣料品店で売られていて、多くの場合とても安価です。

　フリースはポリエステル製です。ポリエステルは石油から作られる耐久性の高い合成素材で、再生不可能です（134-135ページも参照）。2016年には、織物の糸用として6500万トンのプラスチックが生産されました。

　フリースは軽くて温かいためとても人気があり、ジャケット、パーカー、ズボンから毛布、帽子、手袋まで幅広く使われています。

環境への負荷

　暖かくて軽いフリースジャケットの製造コストは安いかもしれませんが、環境コストはとても高くつきます。フリースを洗濯すると、微小な繊維くずが洗濯機のフィルターをすり抜けて下水に流れていき、水系に入ります。2016年にはカリフォルニア大学サンタバーバラ校の研究者たちによって、フリースジャケットを洗濯するたびに平均1.7gのマイクロ繊維が放出されることが発見されました。また、古いジャケットは新品の2倍近い本数の繊維を放出することもわかりました。洗濯機から下水処理場へ流れていったマイクロ繊維のうち、最大40％（下水処理場の性能による）が川や湖や海に流出します。そして、そうしたマイクロプラスチックは私たちの飲料水や畑の土や食物の中からも発見されています。マイクロ繊維はとても軽いの

で風に乗って運ばれ、私たちが吸う空気にさえ含まれています。

実際に、海で見つかるマイクロプラスチックの35%はこうしたマイクロ繊維ですし、海に限らず地球のあらゆる生態系でマイクロ繊維が見つかっています。魚をはじめとする水生生物は、水の中のマイクロ繊維を食べてしまいます。

オーストラリアの研究では、動物プランクトンから海鳥まで食物連鎖のすべての段階の生物の体内でマイクロプラスチックが発見されました。同様のことが世界中で報告されています。マイクロプラスチックが有毒物質や重金属（鉛、カドミウム、ヒ素など）を吸着し、それが動物の体内組織に入り込むことが心配されています。

科学者たちはまた、魚の体内でマイクロプラスチック粒子が魚の組織を傷つけ、さらに粒子から浸出した有害化学物質が免疫系や生育や生殖能力に影響を与えることがありうると報告しています。

あなたにできること

- 合成繊維よりも、自然な油分による防水性を持つウールのような天然繊維を選びましょう。メリノウールの上質な服にはフリースと同じくらいの速乾性があるだけでなく、合成繊維よりもにおいが付きにくいという長所もあります。
- フリースジャケットからマイクロ繊維が出るのをできるだけ減らすため、洗濯の頻度を減らしましょう。また、水温が高いとマイクロ繊維が抜けやすいので温度は低温（30℃）にし、水流が弱く洗濯時間が短いコースを選びましょう。
- 合成繊維の製品をタンブル乾燥機にかけると熱と回転によってマイクロ繊維が放出されるので、外干しで乾かしましょう。
- マイクロ繊維を捕捉しましょう。細かい網目の洗濯バッグを使い、バッグ内に残った繊維くずはごみ箱に捨てましょう。たとえばパタゴニア社の「グッピーフレンド」という洗濯バッグは合成繊維から抜け落ちる繊維の86%を逃さないという触れ込みです。
- フリースを買うのであれば、リサイクルフリースを選びましょう。一部のメーカーはペットボトルやゴーストネット（紛失や廃棄で水中に残された漁網、210ページも参照）をリサイクルしたフリースを販売しています。プラごみが生まれ変わったこれらの製品は、機能的に他のフリースと変わりません。
- 既に持っているフリースを、できるだけ長く利用しましょう。
- 下取りに出しましょう。一部のアウトドアブランドは古いフリースや不要なフリースを回収し、災害時の支援物資や小規模事業での再利用など新たな用途を与えています。

おまけの豆知識

- 洗濯によって、フリースジャケット1枚から25万本もの繊維が抜け落ちます。
- 2人のドイツ人サーファーが発明したグッピーフレンド・ウォッシング・バッグは、洗濯物を入れて洗うと、マイクロ繊維が流出せずにバッグの中に残ります。
- フリースを別のもの（たとえばカーペット）にリサイクルすることは技術的には可能ですが、それができる施設は少なく、また合成繊維はリサイクルできる回数が限られています。種類の異なる合成繊維（たとえばポリエステルとナイロン）が混ざった生地は、リサイクルが不可能です。

毎年20億足のストッキングが生産され、1回か2回
はかれて、捨てられています。

ストッキングとタイツ

　今やストッキングはどこでも買えますが、昔は違いました。私は祖母から若い頃の話を──戦争中にストッキングを買うのがどんなに大変だったかや、多くの女性がアイライナーで「ストッキングをはいているように」シームラインまで再現して脚に絵を描いていたことを──聞かされたものです。

　1930年代半ばに発明されたナイロンがストッキングに使われはじめたのは1940年です。ナイロンストッキングはたちまち大人気を博し、アメリカでは発売初年だけで6400万足も売れました。ところが戦争でナイロンは軍需用（パラシュート生産など）に優先使用されるようになり、女性のストッキングは後回しになりました。

環境への負荷

　ナイロン糸は強くて軽いプラスチック繊維で、ポリウレタン弾性繊維を加えると、ストッキングに適した伸縮性のある薄い生地を作ることができます。ナイロン生産は天然資源（原油）の採掘からエネルギーを使って生地を作る工程

までがあり、結果的に二酸化炭素排出や窒素酸化物（NO_x）のような汚染物質の大気中への放出を伴います。温室効果ガスは地球温暖化をもたらしますし（特に一酸化二窒素〈N_2O〉の温室効果は二酸化炭素の約300倍）、オゾン層の破壊やスモッグの原因になります。

　ナイロンは木綿などの天然繊維より吸水性がありませんが、生産時の冷却と染色の過程で大量の水を必要とします。また、その際に使われる薬品や染料による水質汚染の危険もあります。

　ストッキングの多く（特に10〜15デニールの薄手のもの）は糸がとても細く、1回か2回はくと伝線して捨てられますが、生分解されません。まだストッキングのリサイクルはないた

め、ごみとして埋め立てか焼却場送りです。基本的に使い捨てのファッションアイテムと見なされるストッキングは、ファストファッション（112-113ページも参照）のなかでも特に環境負荷が大きいもののひとつです。

実はナイロンはリサイクルが可能で、一般の人々が利用できるリサイクルシステムがないだけです。ナイロンをリサイクルして新しいストッキング（右のコラム）や水着（210ページ）にする試みが進められており、いずれ、よりサステイナブルなナイロン生地が登場することでしょう。

あなたにできること

• 持っているストッキングを丁寧に扱いましょう。デリケートなストッキングは手で洗うか、洗濯機で洗うなら洗濯ネットに入れて、長持ちさせましょう。厚手で透けないタイツは、穴や伝線をつくろえばまだはけます。

• ナイロン製の代わりに、コットンかウールの透けないタイツを買うことを考えましょう。ナイロンより長持ちし、品質の良いものを買えば洗っても毛玉ができません。ナイロンの代わりになる天然繊維として竹の繊維も登場していますが、竹タイツは洗うと縮むことがあるという報告も一部にあります。

• サステイナブルなタイツを買いましょう（右のコラム参照）。

• シルクタイツを買うのもよいでしょう。絹は、透けるナイロンストッキングの代わりを務めうる唯一の天然素材です。値段が張りますから丁寧に扱わざるをえず、数回はいて捨てることはなくなるでしょう。カイコを殺さずに絹糸を取る「ピースシルク」の製品が欲しい人もいるでしょう。

• 可能な場合には、ナイロンストッキングをやめて、素足やコットンレギンスで出かけましょう！

サステイナブルなレッグウェア

リンとナディヤは、安くて使い捨てで環境汚染の元になるストッキングばかりが売られていることに我慢できませんでした。ストッキングやタイツを作るもっといい方法がなければならないと考えた彼女たちは、過去の贅沢なストッキングを想い、未来のテクノロジーを取り入れて、サステイナブルなタイツ作りに乗り出しました。こうして生まれたのが、スウェーディッシュ・ストッキングスという会社です。

同社のレッグウェアに使われているナイロンとポリウレタンは100％サステイナブルです。ナイロンは消費者や工場（たとえばスポーツウェア製造工場）の廃棄物、ポリウレタンは、ポリウレタン生産の際に余って捨てられているぶんです。（混紡の古着を材料にしてポリウレタンと他の素材を分離する技術がまだ開発されていないため、余剰品を使っています）。

染料も環境にやさしいものを使い、染色で使った水は浄化して安全にし、電力は太陽光発電です。また、将来ナイロンとポリウレタンの分離技術が実現した時にリサイクルするために、古いタイツを回収しています。彼女たちはそう遠くない未来にその技術が実用化されると信じているのです。

同社は、人間にも環境にも最善な形でストッキングやタイツを使うにはどういうはき方や手入れをすればよいかも助言しています。たとえば、ストッキングは5〜6回はいてから洗濯する（環境フットプリントを小さくするとともに生地の傷みを減らす）、お湯でなく水に少量の洗剤を溶かして手洗いするか、洗濯機ならグッピーフレンドのようなネット（109ページ）に入れておしゃれ着コースで洗う、柔軟仕上げ剤は使わない（ポリウレタンの劣化が早まるため）、などです。

ファストファッション

私たちはしょっちゅう買い物をしています。現代では、ほぼそうするよりほかありません。多くの人が一番好きな買い物―――一部の人にとっては余暇の楽しみ―――は、服を買うことです。今の私たちは20年前と比べて4倍もの衣服を消費しており、2030年頃までは増加が続くだろうと予測されています。

イギリス人はヨーロッパのどこの国民よりもたくさん服を購入しますが、1度か2度しか着ない服も多く、全然着ないまま捨てられる服さえあります。結果として、イギリス国民は年間約100万トンの服（価格にして1億4000万ポンド〔約200億円〕）を捨てています。実際、ファッション業界が地球と人類に与える負荷を調べた時に最初に驚くのは、数字の大きさです（右ページ参照）。産業規模も、汚染の程度も、労働条件の不公正の度合いも、桁違いの大きさなのです。

流行に後れないため？

なぜ私たちはそんなに何着も服を買うのでしょう？　かつて、ファッション業界は年に2回新しいコレクションを売り出していました。春夏物と秋冬物です。ところが今ではプレシーズン、クルーズ、リゾート、パーティなどのコレクションが追加され、年に何度も新しい服が登場します。それらは富裕層向けですが、影響は一般の店にも及びます。店舗の商品の多くは陳列期間が最長でも12週間で、最後はクリアランスで値引き販売されます。2019年に英国下院環境監査委員会が発表したアパレル業界の消費とサステイナビリティ対応についての報告書には、高級ブランド「バーバリー」が在庫の安売りを避けるため2017/2018年に焼却処分にした衣服と化粧品は2860万ポンド（約40億円）相当である、との証言が記されています。明らかにタガがはずれています。

安い服の代償

「ファストファッション」は現代のアパレル業界の加速したビジネスモデルを指す言葉で、毎年多くのコレクションを売り出し、回転を速く、価格を安くするやり方です。消費者の需要に応えるためつねに新製品を送り出し続けるこのやり方は、新しい"服の基準"を作りました―――安い服は長持ちしないようにデザインされていて、結果として1回か2回着ただけで捨てられていくのです。近頃は5ポンド（約750円）のドレスや2ポンド（約300円）のTシャツすらあり、こうした服は基本的に使い捨てです。

調査によれば、若者の17％は1回着てインスタグラムに写真を投稿した服は2度と着ないとのことです。服のこのような扱い方は、既に悪循環を生んでいます。ファッションは目まぐるしく変化し、人々は次々に新しい服を買い、同じ服を着る回数が減り、メーカーは人々がもっと買うように品質を落として価格を安くするという悪循環です。衣服のコストは下がりつづけ、服は使い捨てになり、商品1点あたりの利益は小さくなり、さらにコストを下げるために従業員の労働条件と環境保護を犠牲にする……。たとえば、英国製の新しいドレスが5ポンドで買える代償に、そのドレスを作っている人たちの時給は最低賃金よりずっと低い3ポンドに抑えられています。

数字で見るファッション

- 世界におけるファッション業界の市場規模は**3兆ドル**です。
- この業界は世界で**6000～7500万人**を雇用しているとされます。
- その80%は18歳から35歳までの女性です。衣服を作る労働者が受け取る賃金は、製品価格の**1～3%**です。
- ファッション業界が1年に排出するCO₂eは**33億トン**で、EU加盟28ヵ国全体のカーボンフットプリントに近い数字です。
- この業界は世界で生産される化学薬品の4分の1を使い、世界の"産業による水質汚染"の**20%**に責任があります。
- 織物生産の水使用量は、農業に次いで2位です。
- ジーンズ1本とTシャツ1枚で、**2万リットル**の水を使います（綿花栽培、生産、消費者による洗濯）。
- 毎年世界では**1000億点**のファッションアイテムが生産され、5分の3は1年以内に捨てられています。

人間の果てしない消費が環境に与える負荷

環境面の負荷 コットンに関連した水の消費、染色や布地処理に関連した汚染、合成繊維の衣服の製造と洗濯に関連した汚染、石油化学製品やマイクロプラスチックによる汚染など、さまざまな負荷があります。

社会的な負荷 世界中で、アパレル産業の労働者は不当な低賃金で働かされています。最低賃金未満で働くイギリスのレスターの労働者から、給与や労働条件について交渉する権利を持たないバングラデシュその他アジアの労働者まで。実際、2016年のある報告では、イギリスの71の主要小売業者のうち77%は、サプライチェーンのどこかで現代版の奴隷労働が行われている可能性があると述べられています。また、世界トップ10に入る綿花生産国であるウズベキスタンとトルクメニスタンでは奴隷労働の存在が知られています。

廃棄物による負荷 多くの服が売れることは、入れかわりに多くの服が捨てられることでもあります。イギリスでは毎年およそ30万トンの衣類がごみ箱に入れられ、そのうち20%が埋め立てか焼却されます。衣類の製造過程でも廃棄物は発生し、裁断工程では多ければ生地の15%がごみになります。ただ、無駄に捨てられなければ、ごみにはなりません。

私たちはファッションに新しい姿勢で向きあう必要があります。たとえば、新しい衣類や靴を次々に買う代わりに、シェア、修理、交換、レンタルする方法もあります。

- 特別な機会（採用面接から結婚式まで）に着る服は、Depop、YCloset、Yeechoo、Rent the Runway、NuWardrobeといったレンタルショップで借りたりフリマアプリで交換したりしましょう。
- 友人たちと服の交換会をしましょう。楽しさいっぱいで、誰もが新しい服を手にして笑顔で家路につきます。
- 服の修理や手入れの方法を知り、長く着ましょう。

アメリカ政府の推定では、米国内の埋め立て処分場に送られるプラスチック製使い捨てドライクリーニングカバーの量は1年間で13万6000トン以上とされています。

ドライクリーニング

　使い捨てプラスチック製品について世の中の意識が高まるにつれ、多くの人やドライクリーニング店がクリーニングカバーの量の膨大さに目を向け、環境への影響を考えはじめています。

　ドライクリーニングの需要は、実は減っています。木綿や合成繊維などの、手入れが楽で自分で洗える服を着る人が増えたからです。

　ドライクリーニングは、クリーニングが済んだ服にかぶせるカバーがプラスチック製なだけでなく、洗浄過程で汚れを溶かすために有機溶剤が使われます。クリーニング店では、まず服を色や素材やシミの種類に応じて仕分けし、前処理剤をスプレーした後、水のかわりに溶剤を使う巨大なクリーニング機に入れて洗います。洗浄が終わったら高温にして溶剤を蒸発させ、服を取り出してアイロンをかけ、ハンガーに掛けてポリ袋をかぶせます。

環境への負荷

　そもそも、なぜクリーニングカバーを使うのでしょう？　クリーニングが済んだ服を最良の状態に保つため、家へ持って帰る途中での雨や汚れの付着を防ぐためです。家でしまっておく時のホコリよけにしている人もよくいます。けれども、実はクリーニングカバーは衣服の保管には適していません。湿気やクリーニングの化学薬品が服にこもってカビの原因になり、結果的に生地をだめにすることがあります。衣類保管の専門家は、クリーニング店のカバーをかけたままにしておくと服が黄ばんだり生地が傷んだりする可能性が高まると言います。ポリ袋のカバーをはずして保管するのが一番良いのです。

　ドライクリーニングは、環境に悪影響を及ぼ

し取り扱いに注意が必要な有機溶剤を使うため、厳格な規制が課されている業界です。1850年代に開発された最初のドライクリーニング技術は溶剤としてケロシンを使いましたが、1930年代以降はパークロロエチレン（PERC）が使われています。現在の機械はPERCの使用量が30％少なく、昔より格段に厳しく規制されています。

PERCは神経毒性と発がん性が報告されています。ドライクリーニング機の内部と周囲の空気の安全性に影響し、クリーニング従事者にがんの発症が多いこととの関連が疑われています。

そのため、環境保護規制機関がPERCその他のドライクリーニング用溶剤を厳しく管理し、定期的に検査を行っています。

衣類ハンガー

針金ハンガーは安く、素材が鉄なので不要になったらリサイクルできます。木製ハンガーは長く使えますが、木材の出どころに注意が必要で、FSC認証付きのハンガーなら安心です。プラスチックハンガーはプラスチックと金属を組み合わせたものも多く、一般にリサイクル資源回収では受け付けてくれません。アパレル店で服の陳列に使われるハンガーのなかには服が売れたら捨てられる使い捨てのものもありますが、どんな素材のハンガーも（プラスチックは特に）、捨てずに長く使うことが大切です。

あなたにできること

- ドライクリーニングの利用を減らしましょう。1回着ただけの服をクリーニングに出す前に、本当にクリーニングが必要かを考えましょう。においが付いただけなら、天然繊維は戸外に干すことでにおいが飛びます。合成繊維のファストファッションよりもウールや絹などの天然繊維の服の方が「ドライクリーニング」の指定がされていることが多いのは皮肉な話です。メリットとデメリットをよく比較検討しましょう。

- 環境にやさしいクリーニング業者を探しましょう。PERCを使わないドライクリーニング業者も増えています。グリーンアース（Green Earth）というクリーニング会社はサステイナビリティとPERC不使用に取り組み、世界各地でサービスを提供しています。こうした業者は、毒性や環境破壊性のないシリコーン溶剤やドライアイスブラストといった方法で洗浄しています。

おまけの豆知識

- 世界では1年間に推定150億本のハンガーが使われていますが、3ヵ月程度しかもたないものもあります。
- 2018年にM&S（マークス＆スペンサー）の店舗から1億本以上のハンガーが、ブレイフォーム社（リユースを推進しているハンガーメーカー）にリユース・リサイクル用として返却されました。二酸化炭素に換算すると、乗用車を5000台近く削減したのと同じ効果です。
- アパレル用ハンガーメーカーのアーチ＆フック社は、世界のハンガー業界を変える画期的な技術革新に取り組み、エコロジーと経済の両面でサステイナブルなハンガーを提供しています。同社はアパレル店やホテル向けにFSC認証付きの木材を使った長持ちするハンガーを作っています。最近同社が開発したのは海洋で回収されたプラごみを原料にしたハンガーで、あらゆるタイプの服に対応し、100％リサイクル可能です。

イギリスでは、家庭にある繊維製品——食器を拭く布巾から、シーツ、掛け布団、カーテンまで——のうちリユースまたはリサイクルのために回収されているのはわずか5%です。

掛け布団の再生ポリエステル製の中綿には、約120本のペットボトルが使われています。

掛け布団

　人間は、平均すると人生のうち26年ぶん眠り、7年は眠ろうと努力することに費やします。合わせて33年を掛け布団の下で過ごす計算です。

環境への負荷

　掛け布団の中綿が合成繊維製の場合、素材はポリエステルです。大量のエネルギーを使って石油から作られ、生分解されません。通気性も天然繊維より劣ります。良質のポリエステル中綿の掛け布団は少なくとも5年は使えますが、ダウンの羽毛布団なら20〜30年、高品質の羽毛布団はきちんと手入れすれば40年でも使えます。

　ダウンはアヒルやガチョウの羽毛です。天然素材で、生分解されます。2000年代の後半に、生きたガチョウから羽毛をむしり取るのは残酷だと批判の声が上がり、ヨーロッパ、中国、カナダの業界連合は生きた鳥からの羽毛採取を禁止し、食肉用に屠殺された後に羽毛を取る方法に変更しました。

　ウールや木綿の中綿もあり、近年はオーガニックで責任ある生産方法で得られた繊維を使うメーカーが増えています。ペットボトルをリサイクルした中綿を使用した布団もあります。

あなたにできること

• 掛け布団を正しく手入れしましょう。晴れた日に外で干すだけで、木綿の側生地を殺菌し中綿の湿気を飛ばすには十分です。ホコリを落とすこともできます。染みや部分汚れはそこだけ洗えば、布団の丸洗いと乾燥の回数を減らせます。

• どこでどのように生産された素材かを明示し、サステイナビリティについてのポリシーや動物福祉への取り組みを表明しているブランドの布団を探しましょう。

• 使わなくなった掛け布団は、まだきれいなら慈善団体に、そうでなければ動物保護団体に寄贈しましょう。

1年間に使われる耳栓の数についてのデータはありませんが、簡単な例から類推することはできます。ある会社の200人の従業員が、1日に2組（4個）の使い捨て耳栓を使うとしましょう。年間で10万組（20万個）以上がごみになります。ひとつの会社だけでこれですから、世界中でどれほどの数になるか、想像するのも恐ろしいくらいです。

耳栓

　寝る時、泳ぐ時、あるいは作業中の騒音から耳を守るために使われる耳栓のありがたみは、誰もが認めるところです。

　ポリウレタン（PU）の耳栓（フォームタイプの耳栓）はソフトで快適で耳に入れやすく、形やサイズや色も多様です。ポリウレタンフォームは密度を変えて作れるので、騒音の程度に応じたさまざまな耳栓があります。

環境への負荷

　ほとんどの耳栓はPU製で、ひどい騒音からちょっとしたいびきまで、音によって使い分けることができます。けれどもPUはリサイクルができず、PU製の耳栓は埋め立てないし焼却処分場に送られるか、もっと悪い場合はポイ捨てされることになります。

　シリコーンの耳栓もあり、水泳での使用には適していますし、繰り返し使えますが、一般に防音性能は高くありません。また、シリコーンも本質的には合成樹脂で、環境へのリスクはPVC（ポリ塩化ビニル）やPUの耳栓と同じです。

　あまり広く普及してはいませんが、環境負荷の小さいコットンワックス耳栓があります。天然成分であるミツロウやラノリンとコットンで作られているので100％生分解されます。水泳に適し、中程度の騒音対策になりますし、シリコーンと同様に繰り返し使えます。

あなたにできること

• PUやシリコーンより、生分解性のコットンワックス耳栓を選びましょう。

• 医薬品グレードのシリコーン製のカスタムメイド耳栓もあります。値段は張りますが、完璧に自分の耳にフィットし、繰り返し使えて、1組が最低でも1年はもちます。

バスルーム

THE BATHROOM

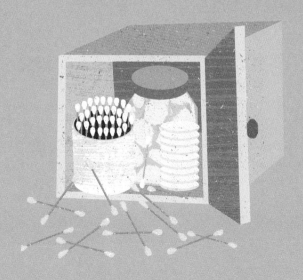

平均して1人の人が生涯に使う歯ブラシは30本（年平均4本）で、それらは5.5kg近いプラスチックごみになります。

歯磨きのプラスチック製チューブは、世界で1年に10億本以上捨てられています。

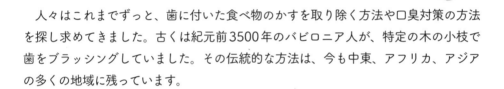

歯ブラシ、練り歯磨き、その他のデンタルケア製品

人々はこれまでずっと、歯に付いた食べ物のかすを取り除く方法や口臭対策の方法を探し求めてきました。古くは紀元前3500年のバビロニア人が、特定の木の小枝で歯をブラッシングしていました。その伝統的な方法は、今も中東、アフリカ、アジアの多くの地域に残っています。

世界の多くの場所で、チューイングスティック（嚙む小枝）としてオレンジ、ライム、ニーム（インドセンダン）、ティーツリー、サルバドル・ペルシカが使われています。これらには抗菌性があり、フッ化物を含み、息をいい香りにするのを助けます。世界保健機関（WHO）は、プラスチックの歯ブラシを買えない国民が多数いる国では、代わりにこうした小枝を嚙むことを推奨しています。実際、研究によって、これらの小枝は歯ブラシと歯磨きを使うのと同じくらい口内衛生の維持に効果的だと判明しています。

発明されて間もない頃の歯ブラシは動物の骨で作った柄にブタの毛が埋め込まれたもので、それと比べるとチューイングスティックの方がはるかに魅力的です。初期の歯磨きの成分リストには、息をさわやかにするよりも害をなしそ

うな名前が並んでいます。牡牛の蹄（ひづめ）、卵の殻、軽石、牡蠣の殻、木炭、樹皮——よほどのことがなければ試してみる気にすらなりません。最初に商品化された歯磨きは粉末で、ガラスびんに入った練り歯磨きは1800年代末頃に広まりました。最初のフッ素入り歯磨きが発明されたのは1914年です。

環境への負荷

今もチューイングスティックの方が好まれている土地や歯ブラシが高価な場所もありますが、そうでない場所で使われている歯ブラシは圧倒的にプラスチック製です（一般にブラシ部分はナイロン、柄は各種の合成樹脂で、どちらもプラスチック）。1本の歯ブラシを使う期間はせいぜい2〜3ヵ月なのに、材料はずっと残る

プラスチックですから、正しく廃棄しないと問題が起こります。実際に、歯ブラシは熱帯の海岸で見つかるプラごみによく混じっています。

歯ブラシは種類の異なるプラスチックを組み合わせて作られているためリサイクルができません。電動歯ブラシは電気電子機器に分類され、最後はトースターや電気ケトルと同様にリサイクル回収に出す必要があります。練り歯磨きはたいていプラスチックチューブに入って売られており、チューブを完全に空にしてきれいに洗うことができないため、これもリサイクルできません。歯を白くすると謳っている製品の一部には、ポリエチレンのマイクロビーズが入っています。チューブ1本の歯磨きに含まれるマイクロビーズの量は、最大で1.8%（重量比）です（137ページも参照）。マイクロビーズは現在ではイギリス、アメリカ、ニュージーランドで禁止されています。

デンタルフロスを使うなら

デンタルフロスの糸の素材は、ナイロン、PTFE（39ページ参照）、合成ワックスで、フロススティックの柄はプラスチックです。糸も柄も生分解されず、リサイクルもできません。また、糸だけの製品は金属製カッターの付いたプラスチック容器に入っていることが多く、この容器もリサイクルできません。使い終わったフロス糸を下水に流してはいけません。生分解されず、下水処理場で捕捉されずに環境中に流れ出る可能性があるからです。水中をただようフロスは、生きものに絡まったり水生生物が飲みこんだりするため、脅威になります。

とはいえ歯間掃除は虫歯予防には大切ですから、楊枝や、絹か竹のフロスを試してみましょう。

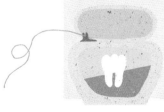

今の練り歯磨きの多くには、歯の修復を助けるフッ化物（フッ素化合物）が配合されています。公衆衛生の一手法として水道水にフッ化物を添加しているところも多くあります。この両方が重なると、フッ化物の過剰摂取の心配が出てきます。もし子供が歯の形成過程でフッ化物を過剰に摂取すると、歯の変色や着色が起こることがあります。公衆衛生当局は、飲料水へのフッ化物添加による子供の虫歯予防という利益と、子供がフッ化物に過剰にさらされることによる害をはかりにかけています。アイルランド、オーストラリア、ニュージーランドではほとんどの地域の水道水にフッ化物が添加されています。イギリスではフッ化物が添加されている水道は10%です。〔日本では現在水道水へのフッ化物添加は行われていません。〕

練り歯磨きの一部には抗菌剤のトリクロサンが配合されていますが、トリクロサンを使いすぎると人間や動物の体内の細菌が耐性を獲得する恐れがあるとされています。トリクロサン自体が人体に有害だという明確な証拠はありませんが、コルゲートの歯磨き「トータル」はトリクロサンを含まない新処方に変更されました。プロクター＆ギャンブルとユニリーバはトリクロサンの使用を全面的にやめ、ジョンソン＆ジョンソンもベビー用品、化粧品やパーソナルケア商品〔シャンプーや歯磨きなど、人の清潔さに関連する商品〕から排除しています。

あなたにできること

- プラスチック製の歯ブラシにさよならして、柄が竹の歯ブラシを試してみましょう。ただし、使い終わったらナイロン製の毛が植えられた部分を切り落として、竹の部分だけを堆肥化資源にしましょう。家庭用コンポスターに入れる場合は柄を細かく切り刻みます（小ぶりなノコギリが必要です）。竹の柄は、庭

の植物の名札などにも再利用できます。

- 電池式の電動歯ブラシを使っているなら、充電可能な電池を使いましょう。乾電池の廃棄を減らせます。もちろん、古い電池は適切にリサイクル回収に出します。
- 産業堆肥化が可能な植物性プラスチックの歯ブラシや、再生プラスチックで作られたリサイクル可能なプラスチックの歯ブラシを探しましょう。
- 歯磨き中は蛇口の水を止めましょう。2分間歯磨きをするとして、その間水を出しっぱなしにすると、約12リットルの水が無駄になります。
- プラスチックのフロスではなく、絹や竹繊維とミツロウで作られ、再使用可能容器に入ったフロスなどの代替品に切り替えましょう。
- 柄付きのデンタルフロスは避けましょう。ほとんどはプラスチック製で使い捨てです。柄が竹の製品か、柄のない糸だけのものに替えましょう。
- 歯磨きを買う前に、成分表示でマイクロビーズやトリクロサンが入っていないことを確認しましょう。フッ化物入りを使いたくない人は、同じく成分表示で調べましょう。水道水にフッ化物が添加されていない場所に住んでいる場合はフッ化物入り歯磨きを使う方がいいかもしれないので、歯科医に相談して下さい。
- 歯磨きチューブの蓋（プラスチック製）はリサイクルしましょう。
- 可能であればプラスチックチューブ入りの歯磨きを避け、巻き取り具の付いたアルミ

プラスチックフリーで歯を磨く

カナダのバイト（Bite）社は、チューブの廃棄を減らそうと、天然成分のみを含む人間にも環境にもやさしい歯磨きタブレットやマウスウォッシュを製造しています。タブレットを噛むと口の中に泡が広がり、あとは普通の歯磨きと同じです。タブレットはガラス容器に入っていて、製品全体がプラスチックフリーです。但し、新しいデンタルケア方法に変える前には、歯科医に相談しましょう。

チューブ（中身を最後まできれいに出し切れ、使い終わったらリサイクルできる）の製品を買いましょう。アルミチューブでも、巻き取り具がなくて完全に中身を空にできない場合には、リサイクルには出せません（汚染の原因になるため）。別の選択肢として、重曹とエッセンシャルオイルから作られたガラスびん入りの練り歯磨きや歯磨き粉、あるいは歯磨きタブレットもあります。毎日ではなく時々使うべき製品もあるので、使う前に歯科医に相談しましょう。

- ごみゼロのために、チューイングスティックを試す手もあります。

おまけの豆知識

- 生涯で歯磨きする時間を合計すると38.5日になります。
- 2008年にEU加盟国で4人家族が1年に使った歯磨きの量は、チューブ10本分でした。チューブは現時点ではリサイクルができません。

史上初！
電池がない「電動歯ブラシ」

　今から数年後には、使い終わったら捨てるしかないプラスチック製歯ブラシの代わりに、長持ちして電池を使わない「電動歯ブラシ」が手に入るかもしれません。

　その歯ブラシは再生可能エネルギーで動きます。本体の底にあるハンドルを回すと、中でゼンマイモーターのゼンマイが巻き上げられます。ゼンマイモーターは電動モーターに匹敵する出力があり、ハンドル2回転でブラシが8万回振動します。

　ブラシは米国歯科医師会の基準に合わせて設計されていますから、歯と歯茎を適切な力でブラッシングしてきれいにし、弊害はありません。

「Be.」という名のこの歯ブラシは10年使えるよう設計されていて、最後は完全にリサイクルが可能です。

　乾電池も充電用ケーブルもいらないということは、電源がゼロエミッションで、使う原材料が少なく、電池の廃棄物も出ないということです。旅行に持っていく時に充電器が不要なのも便利です。

　発明者によれば、この歯ブラシの材料の90％は再生プラスチックで、使用後は100％リサイクル可能だとのことです。2ヵ月に1度ブラシのヘッドだけを交換します。ヘッドは、でんぷんと竹を原料とする植物性プラスチックでできています。

　製品の包装はリサイクル可能な厚紙製の筒で、交換用ブラシヘッドは紙の封筒で送られるため、包材ごみも最小限です。

近代医学がもたらした最大の画期的変化のひとつは、手を洗うと病気の感染拡大が抑えられるとジョゼフ・リスターが広めたことです。そして、手洗いで中心的な役割を果たすのが石けんです。石けんは本物のヒーローです。ところが現代人は石けんの長所や美点を見失い、何層ものプラスチックの後ろに追いやってしまいました。

リキッドソープ

　歴史をさかのぼると、古代バビロニア人は油と灰を一緒に煮て石けんを作り、古代エジプト人は塩と複数の植物と油を混ぜたものを好んでいました。商品としての石けんはそれ以来の長い歴史を持っています。リキッドソープが出現して地位を脅かされた石けんですが、リキッドソープの環境への負荷が知られるにつれ、シンプルな固形石けんに戻る人が増えつつあります。

　リキッドソープは固形石けんより値段が高いうえ、石けんより早く減ります。1プッシュでは満足しない人が多いので、かなりの量のリキッドソープは無駄に下水に流れていきます。リキッドソープでの手洗いでは固形せっけんの6倍の量（重量比）が使われるとされています。平均的な人が一生に使う石けんが656個だとすると、リキッドソープなら3000〜4000本が使われることになります。ソープが下水に流れ込むうえ、プラスチック容器のごみも膨大な量になります。

　石けんは植物性あるいは動物性の油脂を原料に使い、少量の香料が添加されています。けれども、リキッドソープには洗浄成分と香料以外にもいろいろな物質が入っています。信頼できる経験則によれば、成分リストが長く、そこに書かれている物質名に知らないものが多かったら、それを避けて天然の固形せっけん（成分リストが短くて理解できる名前が並ぶ）を選ぶ方が無難です。

　大量生産されるリキッドソープの多くには、人間の健康に効果があるかどうかが疑問視されたり、最終的に流れていく川や海の生物への悪影響が疑われている化学物質も含まれています。

環境への負荷

　リキッドソープには多くの問題点があります。リキッドソープは水分を含むため固形せっけん

より重く、輸送費が多くかかります。国際環境NGO「地球の友」（FoE）の計算では、リキッドソープのカーボンフットプリントは固形せっけんの1.25倍だそうです。また、リキッドソープは製造に要するエネルギーが石けんの5倍で、パッケージ材料は最大で25倍も使います。

　プラスチックボトルのリサイクルに関してバスルームはしばしばブラックホールで、ある研究によればアメリカ人でバスルームアイテムをリサイクルに出している人はわずか20％です。

あなたにできること

• 石けんは、裸のままか紙包装のものを買いましょう。プラスチック包装は必要ありません。

プラスチックフリーのシャワー体験

　バスルームには何種類もの洗浄剤がひしめき合っていますが、実際の中身の違いはごくわずかです。たいていは、どれかひとつで別のものを代用できます。

　日本のカリスマ片付けコンサルタントの近藤麻理恵がバスルームの雑多なものを減らすよう提案しているのはすばらしいことで、地球のためにもなります。

　洗顔料もハンドソープもボディーソープも全部ひとつの石けんに置き換えれば、お金の節約になり、バスルームがすっきり片付き、カーボンフットプリントが減り、プラスチックの使用を減らせます。石けんの種類は豊富ですから、自分の肌に合うものが見つかるはずです。

• 自然素材のものを選びましょう。あらゆる石けんは植物性または動物性の油脂を原料としています。植物性油脂の方が環境フットプリントが小さい傾向がありますが、ただし、森林破壊と関連のあるパーム油は避けましょう（22ページも参照）。オリーブ油を原料にしてラベンダーなどの天然精油を添加した石けんは、肌にも環境にもやさしい製品です。

• 石けんは最後まで使い切りましょう。小さくなった石けんは、何個かまとめれば新しい石けんに作り変えることができます。小さい石けんを集めて一晩水にひたし、弱火で混ぜながら煮溶かします。溶かした石けん240mlに対して植物油10mlと少量の精油（入れたければ食品着色料も）を加えて混ぜ、シリコーン型（マフィン用の焼き型など）に流し込んで固まるまで置いておきます。新しい石けんの出来上がり！　ネット上で探せば他にもいろいろな方法が見つかります。

• 洗顔用や洗髪用の固形せっけんや、固形のヘアコンディショナーもあります。プラスチック容器のないバスルームはいかがです？

• リキッドソープをやめたくない人は、ポンプ容器ごと買い替えるのではなく詰め替え用の中身を買うことで、プラごみを減らす（または容器リサイクルによる負荷を減らす）ことができます。詰め替え用はたくさん入っているものを選ぶと、中身に対する容器ごみの割合が小さくなります。使えなくなった古い容器は中をすすいでリサイクルへ。ゼロ・ウェイスト・ショップで中身だけ量り売りで買うのもよい方法です。

おまけの豆知識

• リキッドソープは固形せっけんに比べて、中身の生産に5倍、パッケージの生産に20倍近くのエネルギーを使います。

• 一般的に、1回に使われるリキッドソープの量（重量）は固形せっけんの6倍以上です。

ウェットティッシュはティッシュペーパーあるいは
布を湿らせただけのものではないのですが、それを
知らない人もたくさんいます。ウェットティッシュ
は天然繊維（コットンなど）か合成繊維（ポリエス
テルやポリプロピレンなどのプラスチック繊維）で
できた不織布に、水、洗浄剤、保湿剤、防腐剤など
をしみこませたものです。

ウェットティッシュ

今では、考えうるあらゆる用途に合わせたウェットティッシュが売られていますから、
濡らしたハンカチやタオルの出番はなさそうに思えます。でも本当にそうでしょうか？

ウェットティッシュは1950年代にアメリカ
で発売され、世界中に広まりました。今やどこ
へ行っても見られますし、さまざまな用途のも
のがあります——赤ちゃん用、顔用、旅行用、
トイレトレーニング用、メイク落とし用、除菌
用、手拭き用、トイレ掃除用、はては床拭き用
やバスルーム掃除用まで。

最近は（プラスチック素材が含まれているこ
とから）ウェットティッシュの使い過ぎへの批
判も出てきていますが、人々の外出・移動が多
い今の生活の中で頼りになるのはたしかで、
ウェットティッシュが存在しなかった時代を覚
えている人はもう少数です。メーカーは、子供
の世話で使う製品や、ニッチな用途に特化した
製品（たとえば保湿剤添加の顔拭き用、殺菌効
果をプラスしたトイレ掃除用など）を次々に生
み出しています。清潔志向の高まりを受け、ト

イレの便座やゴミ箱や手を除菌できるウェット
ティッシュを買い求める人たちもいます。

環境への負荷

ウェットティッシュの使用量の急増は、
「ファットバーグ」という現象を生み出しまし
た。ファットバーグとは、下水に流されたウェッ
トティッシュや衛生用品などが油と一緒に固
まってできた大きな塊で、下水管を詰まらせま
す。トイレットペーパーと違ってウェット
ティッシュは生分解されません。下水は本来は
生分解されるもの以外流してはいけないのです
が、多くの人はウェットティッシュをトイレに
流してしまいます。ウェットティッシュはプラ
スチックで結着されていて水の中でもバラバラ
にならず、食用廃油と混ざって硬い塊を形成し、
下水管に詰まってしまうのです。

イギリスの下水道を詰まらせる物質の93%はウェットティッシュです。世界の他の地域でも同様のパターンが見られます。アイルランドでは毎月500ヵ所以上の下水管がウェットティッシュと衛生用品で詰まります。アメリカでは、2017年にボルティモアの下水管が1個のファットバーグで詰まり、450万リットル以上の下水がメリーランド州の川に流出しました。

2017年にはロンドンのホワイトチャペル地区の下水道で、油とウェットティッシュでできた重さ150トン、長さ250mのファットバーグが発見されました。イメージしやすく表現すると、長さはサッカーのピッチ2つぶん、重さはロンドンの2階建てバス11台ぶんです。

もしウェットティッシュが川や海に入ってしまうと、また別の問題が生じます。そのままの形のティッシュを生きものが飲みこんだり、細かく砕けたマイクロプラスチックが食物連鎖に入り込んでしまったりするからです（134ページも参照）。海岸や河原にもよく流れ着き、ごみとして景観をそこねたり歩行の邪魔になった

りします。海洋保護協会（英国の環境保護団体）は毎年ビーチ清掃を行っていますが、2018年にボランティア参加者たちは砂浜100mあたり平均12枚のウェットティッシュを見つけました。10年前の3倍です。

あなたにできること

- 木綿の布や海綿スポンジ（天然素材）と、石けんを溶かした温水を使いましょう。
- メイク落としシートの代わりに昔ながらの木綿のタオルと洗顔石けんを使いましょう。肌にやさしく、メイク落としシートより安上がりで、長く使えます。
- 水道がすぐ使えるところにない旅行中やフェスティバル会場では、手の除菌ジェルを使いましょう。
- 古いやり方も悪くありません。ほとんどの家ではお湯が出ますし、洗剤や雑巾やモップがあって、繰り返し使えます。使い捨ての掃除用シートの使用をやめるのは簡単です。
- 必要なら、トイレットペーパーを濡らして石けんをつけて使いましょう。トイレ掃除用ウェットシートは環境にとっては大きな問題です。トイレに流せないタイプのシートを、知らずに流している人がいるからです。
- 洗って繰り返し使える「ワイプ（ふき取り布）」を試しませんか。木綿か竹繊維でできた布を濡らして、再利用できるプラスチックの箱に入れておきます。ワイプには、使用後の布を洗濯までの間入れておく箱か袋が付属しています。
- どうしても使い捨てでないと、という場合は、コットン素材やプラスチックフリーの製品を探しましょう。そうしたシートに使われているのは天然繊維と水と植物抽出物だけですが、それでも下水に流すと詰まりの原因になります。ごみとして出しましょう。

最初のウェットティッシュ

1957年にアメリカのアーサー・ジュリアスがニューヨークのマンハッタンで作った「ウェットナップ」が、ウェットティッシュの元祖とされています。ジュリアスは石けんを切り分ける機械を改造し、使い捨てタオルに石けん分を足した製品を作りました。彼は、ウェットティッシュは石けん水とタオルよりも衛生維持に適している、レストランでの食事の前後に手を拭く需要があるはずだと考えました。1963年に彼の最初の大口顧客になったのは、ケンタッキーフライドチキンの店舗用として採用したカーネル・サンダースでした。

毎日ひげ剃りをする人が、ひげ剃り用のカミソリを
メーカーの推奨する頻度で（数回〜10回程度使用
後に）交換していると、1年に捨てられるカミソリ
（または替え刃）は平均して52本です。1ヵ月同じ
カミソリで頑張っている人でも、年間12本は捨て
ています。パッケージも含めると、大量のごみが出
ていることになります。

使い捨てカミソリ

あごひげや口ひげにも、脛毛や腋毛などの体毛の手入れにも流行りすたりがありま
すが、ほとんどの人は人生のうちどこかでカミソリを手にして毛を剃ります。

人間は先史時代から、貝殻やサメの歯や鋭い
石器を使って体毛を剃ってきたとされます。最
初の金属製カミソリは、紀元前6世紀にエジプ
トで作られた銅と金のカミソリです。西部劇の
登場人物は直刃カミソリを巧みに操り、それが
1880年代に徐々にT字型の安全カミソリに
取って代わられ、20世紀に入る頃にキング・
キャンプ・ジレットが交換可能な両刃のカミソ
リ替え刃を発明します。持ち手部分も含めて全
部が使い捨てのカミソリは、1963年にアメリ
カのポール・ウィンチェルが発明したものが最
初期の一例です。使い捨てカミソリは替え刃式
よりコストを下げることに重点を置き、ひげ剃
りの質よりも便利さを売り物にしました。

環境への負荷

使い捨てのカミソリはプラスチック、ゴム、金
属などの素材を組み合わせて作られ、潤滑スト
リップ（スムーサー）にはさまざまな薬剤が添加
されています。こうした複合素材製品はリサイク
ルが非常に難しく、家庭を対象とする資源回収
では受け付けていません。そのうえパッケージご
みも加わって、廃棄物が積み上がります。

持ち手がプラスチックと金属で、刃だけを交
換するタイプのカミソリは、全体を使い捨てる
カミソリよりはごみが少なくて済みます。それ
でも、交換ヘッドは金属の刃がプラスチッ
クフレームに埋め込まれていてリサイクル
不能ですし、包装が過剰なことがよくあります。

使い捨てカミソリのプラスチックは何百年
も環境中に残り、細かく砕けてマイクロプラス
チックになります。

あなたにできること

• 一生使えるカミソリを買えば、あとは刃
　の交換だけで済みます（ヘッド交換では

なく、刃だけの交換）。最初の出費は大きいですが、替え刃はそれほど高価ではないので、最終的にはお釣りがきます。消費者のプラスチック製品離れを受けて、性別を問わずアピールするローズゴールドや艶消しスチール仕上げの金属製カミソリも作られています。

- プラスチックフリーのひげ剃りも可能です。一部のメーカーは、カミソリだけでなくシェービングフォームのプラ容器もなくそうと、スチールの安全カミソリ、木の柄のシェービングブラシ、ヴィーガンの（動物性油脂を使わない）固形シェービングフォームのセットを販売しています。
- 丸ごと使い捨てのカミソリとヘッドを交換する製品の2種類しか選択肢がない時は、ヘッド交換タイプを選びましょう。その方がごみの量を減らせます。
- リサイクル。使い捨てカミソリや替え刃は家庭向け資源回収ではリサイクルできませんが、革新的なアイディアでごみ削減に取り組むテラサイクル社がジレット社と組んで、ブランドを問わず使い捨てカミソリやヘッド交換式プラスチックカミソリをリサイクルするサービスを提供しています。回収拠点が近くにないか、ネットで探してみましょう。
- ひげ剃りアイテムのサブスクリプションを利用する手もあります。業者によってサービス内容が違い、プラスチックか金属のカミソリ本体に合う交換用ヘッド（但しプラスチックに刃を埋め込んだ、最終的には使い捨ての

ヘッド）を定期的に配送するところもありますし、サプライ社のように、一生使えるステンレス製のカミソリ本体と替え刃に加えてプラスチック容器不使用のシェービングクリームとアフターシェーブバームまで提供する会社もあります。
- 使い捨てカミソリは剃り味と環境負荷の両面であまりお勧めできませんが、やむをえない場合には、持ち手がプラ容器などをリサイクルした再生プラスチック製で、使用後はリサイクルができる製品を選びましょう。

シェービングフォームに代わる選択肢

シェービングフォームやジェルはスプレー缶入りが多く、完全に空になった缶やプラスチック製の蓋はリサイクルができます。でも、もっとパッケージが簡素で、より快適に剃れる製品もあります。たとえば、シェービングオイルを試してはどうでしょう。通常はガラス瓶で売られています。

シェービングクリームや石けんという選択肢もあります。使い方はだいたい同じで、水を垂らしてブラシで泡立てます。石けんよりシェービングクリームの方がきめの細かい泡が簡単にできると言う人もいます。スプレー式とは違って、シェービングクリームも石けんもブラシも長く使えますし、包材はリサイクル可能なプラスチック容器か金属缶です。

おまけの豆知識

- 1990年代初めの米国環境保護庁の推計では、アメリカ人は年間20億本の使い捨てカミソリを使っていました。2018年のアメリカでは、使い捨てカミソリの利用者は1億6300万人でした。
- 女性用のカミソリや替え刃は本質的に男性用と同じものなのに、男性用より価格が高いことが多いのを知っていますか？　これは「ピンク・タックス（ピンク税）」と呼ばれ、長年議論されている問題です。イギリスの使い捨てカミソリの場合、女性用と男性用の価格差はおよそ6％です。

イギリスでは毎年およそ6億本のスプレー缶が消費されています。1人あたりにすると10本です。スプレー缶で売られる最も一般的な商品は、デオドラント（体臭防止）剤、制汗剤、ボディースプレー（香水）です。

デオドラント剤

　重要な会合やデートの前に腋の下が臭わないかチェックしなかったことがありますか？　かつて、体臭や汗がこれほど気にされる時代はありませんでした。実際、デオドラント剤が出始めた頃にメーカーが最初にしたのは、発汗という自然現象が恥ずかしいものだという意識を人々に植え付けることでした。

　デオドラント剤と制汗剤は異なる性質の商品ですが、しばしば一緒のグループに入れられます（本書でもそうですね）。デオドラント剤はにおいを作り出す細菌を殺し、制汗剤は汗を一時的に抑えます。最初のデオドラント剤は1888年にアメリカで発明された「マム」という製品で、最初の制汗剤は1903年発売の「エヴァードライ」です。それまで人々は服の腋の下に着脱式の汗取りパッドを付け、服全体を洗濯する回数を減らしていました。

　デオドラント剤はたいてい、スプレー缶かロールオンタイプです。ヨーロッパでは人口の約半分がスプレー缶タイプを使い、27％がロールオン、13％はスティックタイプを使っています。

環境への負荷

　スプレー缶のデオドラント剤は、1980年代に噴射ガス（フロン）がオゾンホール破壊の原因になることが発見されて、意識の高い消費者に敬遠されたことがありました。多くの国が連携して効果的な政策決定を行った結果フロンガスは禁止され、スプレー缶には代わりに別のガスが詰められて、今も日常的に使われています。

　スプレー缶は、缶の材料としてアルミニウムを使います。また、中身を噴出させるため、噴射剤と呼ばれる物質を使います。デオドラント業界の最新の技術革新は、使用するアルミの量も噴射剤の量も少なく、小型で運送費を削減できて、カーボンフットプリントが小さい新型の圧縮スプレー缶です。ロールオン式デオドラン

ト剤はたいてい容器もロールボールもプラスチック製です。残念なことに容器とボールは種類の異なるプラスチックで作られていて、リサイクルができません。

　毎日使われるデオドラント剤と香水は、健康に悪影響を及ぼす室内空気汚染の原因のひとつです。事実、デオドラント剤のような製品に添加されている化学物質の40％は、最終的には私たちが吸い込む空気の中に放出されます。スプレーのデオドラント剤が放出する揮発性有機化合物（VOC、168ページも参照）は、空気中で他の化学物質と相互作用し、オゾンや粒子状物質（肺の奥深くまで入り込む微小な粒子）を形成します。オゾンもVOCも有害な大気汚染物質と考えられています。

　デオドラント剤はとてもたくさんの成分でできていて、なかには懸念されている物質も含まれています。一時的に汗腺に蓋をして汗を抑えるアルミニウム化合物は大量に摂取すると有害ですが、制汗剤としての使用で害があるという証拠はありません。それ以外の特記すべき成分はフタル酸エステル類とパラベンとトリクロサン（26, 40-43, 121ページ参照）です。自分の体に使うものはよく考えて選びましょう。

あなたにできること

- デオドラント剤や制汗剤は、スプレー缶ではなくロールオンタイプかスティックタイプを使いましょう。製品によるカーボンフットプリントを小さくできます。

- 天然のデオドラント剤を探しましょう。たとえば厚紙の筒に入った固形スティックやガラス瓶入りのデオドラントペーストがあります。こうした天然製品の多くは、包装にもプラスチックを使っていません。リサイクル可能なプラスチックまたはガラス容器入りのデオドラントパウダーもあります。

- フタル酸エステル類やパラベンなどの合成化学物質を含まないデオドラント剤を探しましょう。天然成分のデオドラント剤は、においの中和に重曹やユーカリを使い、ココナッツオイルやシアバターで保湿し、アロールート（クズウコン）パウダーで水分を吸収し、エッセンシャルオイルで香りをつけています。

- クリスタルデオドラントを使う方法もあります。「アルム石」といって、ミョウバン（硫酸カリウムアルミニウム）が結晶になったものです。

- どうしてもスプレー缶の製品を使いたい場合は、新型の圧縮スプレー缶のものを選びましょう。噴射剤が少なく、缶の金属が少ないほど、生産時に使われたエネルギーも温室効果ガスの排出量も少なくなります。

- 賢くリサイクル。スプレー缶は、中身を完全に使い切ってからリサイクル回収に出さなければいけません。さもないと、分別やリサイクルの際に破裂する恐れがあります。〔日本ではスプレー缶の処分は自治体のごみ分別ルールに従って下さい。〕

おまけの豆知識

- もし100万人が従来のスプレー缶から新型の圧縮スプレー缶製品に切り替えると、CO_2 696トン（121世帯が1年間に使う電力の排出量に相当）と自転車フレーム2万台ぶんのアルミニウムを削減できます。
- イギリスでは79％の人（約5000万人）が毎週の買い物でデオドラント剤を購入しています。イギリス人の4割はバスルーム用品をリサイクルしないので、デオドラント剤のスプレー缶やプラスチック容器の大部分が捨てられていることになります。

日焼け止めクリームのなかには、サンゴの白化の原因ではないかと疑われている紫外線吸収剤のオキシベンゾン-3 を 10% も含む製品もあります。そして、毎年 1 万 4000 トンの日焼け止めクリームが最終的にサンゴ礁の海に行き着くと推定されています。

日焼け止め

　太陽の紫外線（UV）は皮膚の一番下の層にまでダメージを与えてしまうので、日焼け止めを塗るのは大切です。けれども、日焼け止めクリームが服や車に付いた時に残る染みに気づいて、いったい自分は何を肌に塗っているのだろうと思ったことはありませんか？

　1970年代にオゾンホール〔成層圏のオゾン層にあいた穴〕が発見され、オゾン層の濃度の低下によって大気を通過して地表に届く紫外線が増えていることがわかりました。オゾン層のダメージが大きいほど、多くのUVB（紫外線B波）が私たちの体に降り注ぎます。紫外線をたくさん浴びると、日焼けや皮膚がんのリスクが高まります。

　ジェルかムースかクリームかオイルかには関係なく、日焼け止めの有効成分は鉱物性の紫外線散乱剤か合成化学物質の紫外線吸収剤のどちらかです。鉱物ベースの日焼け止め（サンブロックとも呼ばれます）は紫外線を反射・散乱させ、化学物質ベースのもの（サンスクリーンとも呼ばれます）は紫外線を吸収して、それよりも害の小さい別のエネルギー（熱など）に変えます。

　初期の日焼け止めは、太陽の紫外線を反射する方解石や粘土などの鉱物でした。サリチル酸ベンジルと桂皮酸ベンジルを配合した合成の日焼け止め剤を化学者が作ったのは、1920年代後半になってからです。化粧品会社ロレアルを設立したウージェーヌ・シュエレールはヨットに乗るのが大好きでしたが、色白で日焼けに弱かったため、社内の研究者たちに日焼け防止クリームの開発を命じます。1935年4月、「アンブル・ソレール」と呼ばれることになるサンオイルが彼に届けられました。このオイルには、紫外線の中でも日焼けの原因になるUVBを吸収するサリチル酸ベンジルが配合されていました。

　皮膚がん（具体的に言えばメラノーマ〔悪性黒色腫〕）は、現在世界で19番目に多いがんです。2018年にメラノーマの発症率が最も高かっ

たのはオーストラリアで、次がニュージーランドでした。イギリスの年間のメラノーマ発症例の86％（約1万3600例）は自然の日焼けまたは人工的な日焼けサロンと関連があると推定されていますが、多くの国でまだ人々の日焼け止め使用率は低いままです。

環境への負荷

日焼け止めの化学合成成分はサンゴにダメージを与え、魚の体内やその他の環境内に蓄積し、魚類や水生生物のホルモンをかく乱することがわかっています。多くの研究により、世界中のあらゆる水源に紫外線吸収剤（オキシベンゾン、オクトクリレン、オクチノキサート、サリチル酸エチルヘキシルなど）が入り込んでいることが判明しました。こうした紫外線吸収剤は通常の下水処理技術では容易に除去できないため、あなたが洗い流した日焼け止めクリームは下水から環境へと流れていきます。その結果、世界のあちこちで魚介類（たとえばノルウェー産のタラの肝臓や白身魚、スペイン産の白身魚やムール貝）から紫外線吸収剤成分が検出されており、食物連鎖を通じて人間にも影響する可能性があります。

日焼け止めが皮膚がんの予防で重要な役割を果たすのは確かですから、より天然に近い日焼け止めを選ぶ方が良いと言えます。そのためには、自分が使う日焼け止めに本当に効果があるかを知ることが大切です。パーソナルケア商品に関しては「天然」という言葉に法的な基準がありません。コンシューマーレポートが行った4年間にわたる各種の日焼け止め試験データの分析によれば、天然と謳った日焼け止めのうちSPF（UVB防止効果）の数値が製品の表示どおりのものはわずか26％で、化学合成成分の日焼

け止めでは58％でした。また、アメリカよりEUの方が基準が厳しいため、EUでは販売不可のアメリカ製日焼け止めがたくさんあります。

あなたにできること

- 鉱物ベースの日焼け止め（二酸化チタン、酸化亜鉛などを配合）を使いましょう。オキシベンゾンを含む紫外線吸収剤配合のサンスクリーンよりも安全性が高く、環境にも良いからです。鉱物をナノ粒子にして配合し、きれいに塗れるようにした製品もあります。リーフセーフ（reef safe、サンゴ礁を害さない）認証を受けている商品を選びましょう。

- 「プロテクト・ランド＋シー」認証があるかどうかを見ましょう。この認証は、その商品が既知の環境汚染物質を含まないことを実験で確認したというしるしです。そして、空になった日焼け止めのプラ容器はきれいに洗って乾かし、リサイクルしましょう。

- 長袖の服や帽子やサングラスで日に当たる部分を減らし、朝10時から夕方4時までの時間帯にはなるべく日差しの強い場所に出ないようにしましょう。

- サンゴ礁の海で泳いだりシュノーケリングをする時には、サンゴを守るため、日焼け止めを塗るよりも紫外線を防ぐ服装をしましょう。

プラスチックをめぐる問題

　2018年にBBCのドキュメンタリーシリーズ「ブルー・プラネットII」が放送されると、視聴者は海洋のプラスチックごみが水生生物や海鳥にからまったり、誤って飲みこまれたりして、生きものを苦しめ、死に至らせている映像に衝撃を受けました。

　プラスチックは海洋汚染の元凶として目のかたきにされていますが、プラスチック自体が悪いのではありません。正しく使えばプラスチックは素晴らしい素材です。医療器具や義肢、有毒物質を安全に保管するための容器などの材料として、プラスチックは不可欠です。問題は、人間がプラスチックをどう使うかの方なのです。

海に漂うプラごみの島

　1997年にハワイとカリフォルニアの間で発見された「太平洋ごみベルト」は、世界最大の海洋プラごみ集積海域です。地球の海には海流の影響でプラごみが渦を巻いて集まってしまう場所が5ヵ所あります（残りの4ヵ所は南太平洋、北大西洋、南大西洋、インド洋）。太平洋ごみベルトはフランスの国土の3倍もの広さがあり、プラごみ1兆8000万個、重さにして8万トンが集積しているとみられています。

　ごみとなって海を汚染した時のプラスチックは大変な脅威です。たとえば、海洋哺乳類は捨てられたプラスチックの漁網やロープにからまり、ビール缶パック用のリングにはまり込みます。ウミガメがプラスチックのストローやポリ袋を食べてしまうことも知られています。海洋哺乳類の40%、海鳥の44%がプラスチック（大部分は微小なマイクロプラスチック）を飲みこんでいるとみられています。1年間にプラスチックの誤飲が原因で死ぬ海鳥は100万羽、海洋哺乳類は10万頭とされます。

プラスチックと気候変動

　プラスチックのもうひとつの大問題は、気候変動の大きな要因だという点です。大部分のプラスチックは化石燃料である石油か天然ガスから作られ、原料採掘から製造・加工を経てリサイクルされたりごみになったりするまでのライフサイクル全体で温室効果ガスが排出されます。2050年頃には、プラスチックの生産と焼却によって世界で排出されるCO_2は27億5000万トンに達するとされています。これは石炭火力発電所706ヵ所の年間排出量合計に相当し、世界の気温上昇を1.5℃未満に抑えるという目標（10ページ参照）の達成を不可能にします。ちなみに、2019年のプラスチックの生産と焼却による温室効果ガス排出量は8億5000万トン以上（石炭火力発電所189ヵ所ぶん）です。

　プラスチックは生分解されません。埋め立て処分場ではプラごみはずっとそのままで、周囲の有機物質は分解されていきます。けれども海では事情が異なります。太陽から降り注ぐ紫外線と波による摩耗でプラスチックは砕けてどんどん細かくなり、マイクロプラスチックやナノプラスチックになります。微小なプラスチックは海生生物に食べられてそれらの生きものにダメージを与え、最終的には食物連鎖で人間の体内にも入ります。

　マイクロプラスチックやナノプラスチックは微小なゆえに危険なだけでなく、プラスチック製造過程で使われた化学物質や添加物を含んでいて、そうした有害物質が海洋生物を経て人間にも摂取される点

でも脅威です。さらに悪いことに、プラスチックの微粒子は他の有害物質を吸着し、毒性が一層高まってしまうのです。また、ハワイ大学が実施して2018年に発表した研究によれば、プラスチックが水中や空気中で太陽光線を浴びて細かく分解される際には、微量のメタンとエチレン（ともに強力な温室効果ガス）が放出され、ガスの発生率は水中より空気中の場合の方がずっと高いとされています。プラスチックは、これまでは知られていなかった温室効果ガス排出源なのです。

使い捨てプラスチック製品

プラスチックの最大の問題は、プラスチックを使って作られる製品がそんなに長い寿命と耐久性を必要としないことです。いわゆるシングルユース（1回使ったら捨てる）製品——飲料カップやマドラーやストロー、使い捨てのスプーンやフォーク、レジ袋、包装材、綿棒の芯など——は、せいぜい20分しか使われず、その後はごみとして捨てられますが、素材のプラスチックは何百年ももちます。

現在、あらゆる種類のシングルユースプラスチックは廃絶の方向へ進んでいます。アイルランドでは2002年にレジ袋が有料化され、使い捨てレジ袋の使用が90％減りました。アンティグア・バーブーダとケニアがそれに続き、それぞれ2016年と2017年に国外からの持ち込みも含めてビニール袋を禁止しました。ニュージーランドは2019年からビニール袋の使用が禁止されています。バルバドスは2018年にレジ袋からテイクアウト容器までの使い捨てプラスチックを禁止し、EU諸国とイギリスも2021年までにシングルユース品を禁止する予定です。一方、オーストラリア、アメリカ、カナダはまだ規制がありません。

これからのプラスチック利用

本書では、革新的なアイディアや画期的な新技術で、使い捨て品やその他のプラスチックが多用されている商品を再利用可能にしたり、生分解性を持つ代替品を作ったりしている例を——繰り返し使える飲料カップや紙芯の綿棒から食べられるストローや詰め替えできるパッケージまで——たくさん紹介しています。プラスチックの未来を担うのは、サトウキビや海草やキャッサバなどの再生可能資源から作られた植物性プラスチックかもしれません。あわせて、プラ包装や安い捨て捨てプラ商品の生産を減らすため、必要のないところにはプラスチックを使わず、どうしても必要な場面では再利用や堆肥化やリサイクルが可能なプラスチックを利用する方向に進まなければいけません。

プラスチック分解細菌は解決の切り札になる？

朗報！　科学者たちは、ペットボトルのプラスチックを「食べ」て分解を促進させる細菌株を発見しました。埋立処分場のプラスチック処理に関しては明るい展望ですが、プラスチックの使い方を変えるべきなのは変わりません。プラスチックを食べる細菌が環境中に放たれたら、化学薬品の保管容器のように長持ちしないと困るプラスチック製品まで食べられてしまうおそれもあります。

ガルニエ〔ロレアルの大衆向けブランド〕の調査では、イギリスで暮らす人々の56%（3700万人）はバスルーム用品をリサイクルしていないという結果が出ています。中をすすいでリサイクル向けに分別するのが面倒だというのが理由のひとつだそうです。ユニリーバ社がアメリカで行った調査でも似た結果が報告されており、バスルーム用品の容器をリサイクルするアメリカ人は34%だけです。理由は、その容器がリサイクルできるかどうかがわかりにくい（42%）、容器が本当にリサイクルで別の品物に再生されるのか確信が持てない（27%）、面倒くさい（20%）などです。

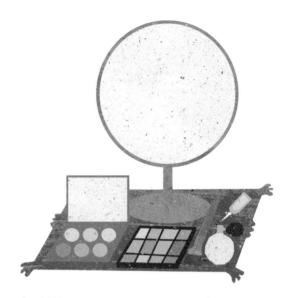

化粧品

　化粧品の主成分のなかには、鉱物（ミネラル）、植物、油など、クレオパトラの時代から使われているものもありますが、現代の化粧品にはその他に保存料や溶剤や可塑剤といった成分も含まれています。アメリカのあるNGOの2015年の発表によれば、平均的な米国人女性はパーソナルケア商品〔シャンプーや歯磨きなど清潔さに関連する商品〕や化粧品を1日に12種類使い、そこには合計168種類の化学物質が含まれているといいます。

　古代人は儀式やカモフラージュのためにボディーペイントをしていましたが、それとは違う「見た目をよくするための化粧」の最も古い例のひとつが、紀元前3000年頃の古代エジプト人です。エジプトの遺跡に残る絵画を見ると、男性も女性も、鉱物や植物や脂肪を使って目や唇や頬を目立たせています。クレオパトラも、目の下にコールという黒い粉でラインが引かれ、マラカイト、黄鉄鉱、レッドオーカーなどで顔に色が足された姿で描かれます。

　時代は下って16世紀エリザベス朝のイングランドでは、貴族と下層階級を識別するために化粧が用いられていました。鉛と酢を混ぜた「ヴェネチアの鉛白」は肌を白くなめらかに見

せましたが、鉛の毒性により皮膚の変色、脱毛、歯の脱落などさまざまな症状が現れました。

環境への負荷

　アメリカの平均的な女性が168種類の化学物質を含む12点のパーソナルケア商品を毎日使っている一方、男性は毎日使う製品の数こそ少ないものの（およそ6点）、85種類の化学物質を毎日肌に塗っています。平均17点のパーソナルケア製品を使う10代の若者は、もっと多くの化学物質に触れています。

　環境問題との関係で言えば、化粧品産業は最もごみを多く生み出す業界のひとつです。世界の化粧品産業は年間1200億点以上の化粧品

パッケージ（容器・包装）を生産し、その大部分はリサイクル不能です。リサイクルが可能な容器でも、リサイクルされずに捨てられることがよくあります（左ページ左上参照）。

容器や包材のごみに加えて、化粧品自体も捨てられがちです。上述の調査では男性の方がサステイナブルで、平均12点の製品を所有し、そのすべてを使っています。一方、女性はお気に入りの商品が数点あり、それ以外の商品は1度か2度試しに使って、気に入らなければもう使わない傾向があるようです。

あなたはどうでしょう？　洗面所の棚や寝室の引き出し、ハンドバッグの中に、どれだけ化粧品がありますか？　2色しか使っていないアイシャドウセット。4本のうち1本しか使わないリップグロス。メーカーも化粧品が無駄になるような売り方をします。フェイスクリームを2つ買えば他の商品の試供品セットをプレゼント、という具合に。買う前に自問してみましょう——本当にそれらを使うかどうか。

そのうえ、使い終わった（あるいは使い切らずに流行遅れになった）化粧品の容器を洗うのが簡単ではなかったり、容器がプラスチック、ガラス、金属を組み合わせて作られていたりします。全部ごみとして埋め立てか焼却に出したくなっても不思議ではありません。

品質保持期限を延ばすために、パラベンを添加している化粧品もよくあります。2011年のアメリカのある研究で、女性用化粧品の66〜87％、口紅やリップライナーでは77〜82％、さらにシャンプーや日焼け止め、ウェットティッシュにもパラベンが入っていることが明らかになりました。

パラベンは人間の生殖ホルモンに干渉すると考えられています（水生生物にも影響が見られます）。欧州委員会は2015年に、5種類のパラベンの化粧品での使用を禁止しました。

マイクロビーズ

チューブ1本のフェイススクラブには、多ければ30万個ものマイクロビーズ（プラスチックの微小なビーズ）が含まれています。マイクロビーズは古い角質をこすり落とすために配合され、一部の泡風呂入浴剤（バブルバス）やシャワージェルや練り歯みがきにも入っています。あまりに小さいので下水処理施設を通り抜けて水系に流れ込み、水生動物に飲みこまれ、食物連鎖に入ります。

アメリカ、ニュージーランド、イギリスなどでは化粧品へのマイクロビーズ使用が禁止され、アイルランドでも禁止を計画中、オーストラリアでは自主規制が行われています。

フェイススクラブにマイクロビーズが入っているかどうかは、成分表示にポリエチレンテレフタレート（PET）、ポリプロピレン（PP）、ポリエチレン（PE）、ポリメチルメタクリレート（PMMA）があるかどうかで見分けます。

フタル酸エステル類（26ページも参照）はマニキュア、ジェルネイル、ヘアスプレー、一部の香水に使われています。フタル酸エステル類も私たちの健康に悪いと考えられていて、EUでは7種類が化粧品への添加を禁止されましたが、アメリカやその他の地域ではまだ許容されています。

ベジタリアンやヴィーガンの生き方をする人も増えている現在は、植物性成分をベースにした（乳由来の成分やハチミツを使わない）化粧品の需要も伸びています。この傾向は、1970年代にアニータ・ロディックとザ・ボディショップが先鞭を付けた化粧品の動物実験禁止を求める運動から派生しています。EU、インド、ノルウェー、韓国、

ニュージーランド、最近ではオーストラリアも化粧品の動物実験を禁止しましたが、アメリカと中国ではまだ続いています（中国は2020年末までに段階的に禁止）。

一般に、化粧品ラベルの「オーガニック」や「ナチュラル」が何を意味するかの判断は困難です。認証（62-63ページ参照）の有無はひとつの目安ですが、特定の国だけの認証や、独立性があまり高くないものもあります。

あなたにできること

- 新しい化粧品を買う前に、今持っている化粧品を使い切りましょう。チューブは切り開いて中身を残らず使うと、捨てるぶんを減らせます。空になった容器でリサイクルができるものは、きれいに洗って回収に出しましょう。
- 同一商品の2個以上のまとめ買いや、「1個買えばもう1個無料でプレゼント」といったキャンペーンは、全部使い切れる自信がなければ避けましょう。
- 買ったけれど自分に合わなかった化粧品は、すぐに（古くなる前に）家族や友人に譲りましょう。〔フリマアプリでの販売や、使いかけ化粧品を受け付ける団体への寄付も可能です。〕
- 買う前に調べましょう。自然由来成分の化粧品で定評のあるブランド（たとえばザ・ボディショップやラッシュ）を探すとよいでしょう。
- 中身の詰め替えサービスや空容器の回収を行っているブランドを探しましょう。
- マニキュアは、水性基剤で有機溶剤を含まず、天然の顔料と油を使っているものを選びましょう。自分の健康にも環境にもベターです。付け爪について言えば、地球環境のためにはその種のカラフルなプラスチックアクセサリーを使わないのがベストです。
- 化粧品の空き容器はリサイクルしましょう。アメリカとオーストラリアではリサイクル企業のテラサイクルがガルニエと協力して美容製品リサイクルプログラムを行い、あらゆる種類のヘアケア、スキンケア、化粧品の容器を回収しています。ロクシタンとバーツビーズにも、テラサイクルと協働するリサイクルプログラムがあります。
- 動物実験を行っていない製品を買いましょう。これは、動物実験を禁止しているEUでは他の地域より簡単です。
- メイクをやめる、またはノーメイクデーを作るのも手です。
- 販促用の無料サンプルは断りましょう。小さい容器はごみになりますし、使われずに終わるサンプルもかなりあります。

マニキュア注意報！

付け爪だけでなく、ほとんどのマニキュアは合成樹脂（つまりプラスチック）で、はがれたカケラはマイクロプラスチック汚染の源になります。

おまけの豆知識

- スキンケアブランド「ヴァセリン」が2014年にイギリスで行った調査では、女性が購入する化粧品10点のうち、実際に使うのは1点だけという結果が出ています！　つまり、平均的な女性は生涯に5846点の化粧品を無駄にしていることになります。

サステイナブルな
化粧品

　合成化学物質やプラスチックを避ける人が増え、エシカルで天然成分でサステイナブルな製品や、最小限のパッケージ、詰め替え品、リサイクル可能な容器の需要が伸びているため、化粧品業界もその流れに反応しています。

　先駆者であるザ・ボディショップは、1970年代末に動物実験をせず責任ある原料で作られた化粧品を店頭で売りはじめました。それ以来、他のブランドもパッケージによる環境負荷の削減や、地球にやさしい化粧品の製造をめざして技術革新を進めています。最終的な目標はゼロ・ウェイスト（廃棄物ゼロ）です。

　イギリスのニールズヤードレメディーズ社は、サステイナブルの基準を高く設定しています。同社は2014年に、EU全域を対象に活動する「エシカル企業協会」から100点満点のエシカル認定を受けました。同社は、有機、持続可能、自生植物からの採取を行っている小規模農家から製品の原料を調達しています。また、太陽光発電パネルの設置やマダガスカルの森林保護プロジェクト支援による排出量オフセットでカーボンニュートラルを実現するだけでなく、2025年までにプラスチック容器を100%再生素材で作ると宣言しています。

　容器や包装について優れた行動のお手本を示している企業は他にもあります

- ラッシュ（Lush）は無包装の石けん、シャンプー、コンディショナー、シャワージェル、フェイスウォッシュ、ボディーローションを積極的に販売しています。
- ケアー・ワイス（Kjaer Weis）は、オーガニック化粧品（口紅やクリームチークからコンパクトやマスカラまで）を詰め替え可能な金属製容器で販売しています。容器はずっと使え、必要な時に詰め替え用を買えばいいだけです。詰め替え品はリサイクルがしやすい厚紙のパッケージに入っています。
- キリアンの香水は「エコ・ラックス」（エコでデラックスといった意味）と形容され、ボトルは一生使えて、詰め替え用はシンプルなガラスボトルに入っています。

イギリス人は、プラスチック軸の綿棒をヨーロッパのどの国民よりもたくさん使います。なんと、年間132億本です。

プラスチック軸の綿棒は、EUでは2021年から禁止されます。

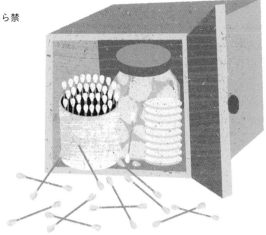

綿棒

　綿棒はほとんどの家の洗面所の棚にあり、アイメイクの除去や、耳垢取りでなんともいえない快感を味わうために使われています。かつて、このありふれた綿棒が海に流れていくことを知っている人は多くありませんでした。今では、英国BBCテレビのドキュメンタリー「ブルー・プラネットⅡ」で綿棒に尾をまきつけたタツノオトシゴを見た人はよく知っています——綿棒による自然界の汚染がどれほどかを。

　綿棒を発明したのはポーランド系アメリカ人のレオ・ガーステンザングです。妻が爪楊枝に綿を巻き付けた手作りの道具で赤ん坊の耳掃除をしているのを見たのがきっかけでした。最初の発明品は「ベビー・ゲイ」という名前でしたが、1926年に「Qチップ」に改名しました（Qはquality〔品質〕の頭文字です）。Qチップは今でも世界の多くの地域でおなじみの名称です。

　綿棒という商品はシンプルな3つの部分で構成されています。軸（昔は木製、今は紙かプラスチック）、両端に巻きつけられた綿、そしてパッケージ（厚紙、プラスチック、またはその両方）です。

環境への負荷

　綿棒が一番問題になるのは、トイレに流された時です。〔西洋のようにトイレと洗面所が同じ空間にあると〕驚くほど多くの人がこれをやります。2015年のアイルランドでの調査によれば、26％の人は使用済み綿棒をトイレに流しています。プラスチックの軸は下水処理場のフィルターをくぐり抜けて川に入り、海に流れていって汚染源になります。

　イギリスの「スイッチ・ザ・スティック」キャンペーン〔綿棒の軸をプラスチックから生分解素材に変えるよう求める運動〕によれば、下水に由来する海岸ごみの60％以上がプラスチッ

ク軸の綿棒だといいます。2016年に発表されたイタリアのティレニア海沿岸のごみ調査結果では、回収したごみの30%以上が綿棒のプラ軸でした。それらの綿棒の大部分は家庭から下水に流され、下水処理場を通り抜け、川を経て海に行き着いたのです。

海生生物が綿棒の軸を飲みこむと、軸が胃にたまって詰まり、エサを食べられなくなって、やがて飢え死にします。プラスチック軸が海中で細かく砕けたマイクロプラスチックは海中の有毒物質を吸着しますから、それが生物に飲みこまれると、二重の意味で害があります。

また、綿棒のプラスチック軸は製造過程で原料の石油を消費し、色や柔軟性を与えるための化学物質が添加されます。紙軸の場合は原料は木ですから、再生紙やFSC認証取得の紙を使っているかどうかをパッケージでチェックしましょう。

綿棒の綿も、栽培にたくさんの水を使います。多くの綿花農場では大量の農薬や肥料を撒いているため、水質汚染や土壌の劣化が懸念されます（105-107ページも参照）。

あなたにできること
- 耳垢取りをやめましょう。耳鼻科医は、耳に綿棒を入れるとかえって炎症を起こしやすいと言っています。耳は耳垢を自然に排出するようにできています。
- 綿棒は絶対にトイレに流してはいけません。ごみ箱に捨てましょう。
- パッケージの説明をよく見て、軸が紙や竹でできている綿棒を選びましょう。こうした綿棒の多くは使用後に堆肥化が可能です。
- 包装が最小限で、その包装もリサイクルできる製品を選びましょう。
- アイメイクの修正や除去にしか綿棒を使わない人は、洗って何度も使えるコットンや竹繊維のクレンジングパッドに切り替えましょう。
- メイクをする時に綿棒を使う人は、使う本数を減らし、軸が紙や竹の製品に切り替えましょう。
- 狭いところの掃除に綿棒を使っている人は、代わりに古歯ブラシや、楊枝にティッシュを巻いたものを使いましょう。

脱脂綿とカット綿（化粧用コットン）

脱脂綿もカット綿もシングルユース品（1回使ったら捨てる）です。便利ですし、場合によっては衛生・健康・安全の面で使い捨てにする必要があります。けれども、赤ちゃんのおしりふきやメイク落としに使うのであれば、代替品があります。

木綿は生産の際の環境負荷や環境汚染が大きい素材です。たくさん水を使い、殺虫剤や除草剤も撒かれますから、生物多様性や人間の健康に悪影響があります。脱脂綿を使う必要があるなら、100%オーガニックの認証を取得したブランドの製品を探しましょう。

オーガニックコットンや竹繊維で作られた、洗って繰り返し使えるパッドも売られています。さまざまなサイズの製品があり、用途に応じて使い分けができます。こうしたパッド10枚入りのパックはカット綿1箱よりも高価ですが、1度買えばずっと使えるため、長期的にはお得です。繰り返し使えるパッドはバスルームのごみを劇的に減らし、洗濯物の量はほんの少し増えるだけです。

医療用品ごみ（綿球、包帯、絆創膏など）は、ヨーロッパの海洋でよく見かけるごみのベスト10に入ります。海水浴や浜辺の散歩をする人なら誰でも、使用済みの絆創膏が海面に浮いていたり砂浜に打ち上げられていたりするのを見たことがあるでしょう。

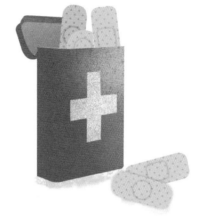

絆創膏

　最初の救急絆創膏は、1921年に米国のジョンソン＆ジョンソン社で働いていたアール・ディクソンが、よくケガをする妻のために発明しました。いくつか改良を加えた後、ディクソンは1926年にバンドエイド──粘着テープとガーゼを剥離紙で覆い、剥離紙をはがして傷に貼る製品──の特許を取得します。1928年にはイギリスのハルの小さな薬局から発展したTJスミス＆ネフュー社が、同様の絆創膏をエラストプラストという商品名で開発しました。

　救急絆創膏の基材はプラスチックまたは布、剥離紙はコーティングした紙かプラスチック、粘着剤は一般に石油から作られたアクリル系粘着剤です。傷に触れる部分のパッドはコットンが多く、その上に薄い多孔性プラスチックコーティングを施して傷にくっつきにくくしている製品もあります。つまり、すべての絆創膏はプラスチックを含み、生分解されません。

　今では多種多様な絆創膏が売られています。指用、抗菌、子供用、敏感肌用、液体絆創膏、さらにはスプレー缶に入った液体絆創膏まであります。液体やスプレーの絆創膏は便利かもしれませんが、やはり成分はプラスチックですか

ら、はがして捨てる際には注意が必要です。

環境への負荷

　絆創膏がプールに浮いていたり、砂浜に落ちていたりするのを何度目にしたことがありますか？　絆創膏は水泳や水中エクササイズの際、気付かないうちに簡単にはがれてしまいます。それが水系に入ると、プラごみとして海岸に打ち上げられたり、水中を漂って海洋汚染のもとになったりして、生物にとって脅威です。

　絆創膏は生分解されません。使い捨てのプラスチック製品で、血液が付着しているため再利

竹の絆創膏

オーストラリアのニュートリケア社が作る絆創膏は、プラスチックや天然ゴムの絆創膏の代わりになる使い捨て絆創膏です。ガーゼから粘着剤までがすべて、抗菌作用と通気性のある竹から作られています。完全に生分解が可能で、10週間以内に分解されます。「殺菌済み」の認証を得ていて、医療用として使えます。

一般の絆創膏では殺菌・消毒薬として化学薬品を使用している製品もありますが、竹の絆創膏は殺菌や治癒促進のためにアロエベラ、木炭、ヤシ油を使っています。

用やリサイクルはできません。石油を原料とする何種類ものプラスチックを組み合わせて作られており、環境に悪いとされるダイオキシンやフタル酸エステル類などの添加物を含むものもあります（26ページ、137ページ参照）。

ラテックスゴム（天然ゴム）を使った絆創膏もあります。ゴムノキから採る天然ゴムは再生可能資源ですが、生分解にはとても長い時間が必要ですし、ゴムアレルギーの人は使えません。

繰り返し使える包帯はサステイナブルですが、必ずしも実際的ではありませんし、洗って何度も使うことには衛生上の問題があります。革新技術を使った絆創膏としては、銅とナノ発電機（皮膚の動きを電力に変える）を組み合わせて傷を早く治す電子絆創膏が開発されています。軽量で、普通の絆創膏と同じように貼れるそうです。再利用可能であればいいのですが！今後のニュースに注目しましょう。

あなたにできること

- 絆創膏は、決して海に流れて行かないよう、注意して捨てましょう。堆肥化もリサイクルもできないので、ごみとして出します。

- 竹、ヤシ油、木炭、アロエベラなどの天然素材でできた絆創膏を探しましょう。オーストラリアのニュートリケア社は堆肥化可能な竹の絆創膏を製造しています。傷の治りを促すために木炭とアロエベラとヤシ油を使っています（コラム参照）。

- ごみを出さないために、清潔なオーガニックコットンの包帯で傷を覆いましょう。使用後は洗濯あるいは堆肥化するとよいでしょう。

- 絆創膏はどうしても必要な時だけ使いましょう。すり傷や小さな切り傷には、傷口を保護して治癒を助ける抗菌軟膏を塗るだけで大丈夫です。けれども、深い切り傷を清潔に保つには絆創膏に代わるものがない場合もよくあります。

- 海岸清掃の手伝いをしましょう。使用済み絆創膏は、清掃活動をする人たちにとって、しょっちゅう見かける"嫌なごみ"です。今度海岸に行ったら、2分間だけでもごみ拾いをして、どれくらい見つかるかを体験して下さい。

海洋保護協会（英国の環境保護団体）は、2017年の全国海岸清掃レポートの中で、生理用ナプキン、タンポンとアプリケーターなどを含む下水由来のごみの増加を報告しています。彼らは、イギリスの海岸線1kmあたり平均で23個のナプキンと9個のタンポンアプリケーターを発見したということです。

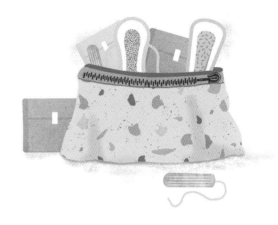

生理用品

　現代の先進国の女性には、生理用品のなかった時代のことはほとんど想像もつきません。月経の時も仕事や学校に通えるのは、世界の女性たちにとって革命的なことでした。専用の製品が開発されるまで、女性たちは草や木の葉やウールや木綿や毛皮を使ったり、月経期間中は月経小屋に籠ったりしていたのです。

　生理用ナプキンは、1880年代末に負傷兵の世話をしていたフランスの看護婦たちが、吸収の良い木材パルプの包帯を自分たちのために使ったのが最初だとされています。それをきっかけに、最初の市販ナプキンとして、両端にループがあってベルトで留める衛生タオルが作られました。けれども高価なわりにすぐ位置がずれて、あまり有効ではありませんでした。やがて裏に粘着テープが付き、時と共にデザインが改良されていきました。今の製品は薄くて吸収力が高く、ずれません。

　タンポンはナプキンより歴史が浅く、1929年にアメリカのアール・ハースという外科医がアプリケーター式のタンポンを発明し、1933年に特許を取得しました。今はアプリケーターのないタンポンもあります。

　先進国はこうした進歩の恩恵を受けていますが、世界の多くの土地では女性はまだ古布に頼っており、生理用品が手頃な価格で手に入らないことが女子教育の大きな障害になっています。生理用品への課税で低所得家庭には手の届かない値段になっているという報告もあり、イギリスの一部では「月経貧困」と呼ばれる現象が見られます。スコットランドの学校や大学に通う生徒・学生2000人以上を対象にした2018年の調査で、4分の1が生理用品の入手に苦労していることが明らかになり、スコットランドの全学生への生理用品無料配布プロジェクトが

始まりました。

環境への負荷

　大部分の生理用品は使い捨てですから、大量のごみになります。使い捨てナプキンの発売から少しして繰り返し使える月経カップも開発されましたが、あまり広まりませんでした。効果的に宣伝されなかったことや、使い方がナプキンより少し難しいことが理由だったかもしれません。女性は平均して一生に125～150 kgの生理用品を使って捨てると見積もられています。タンポンやナプキンをトイレに流すと、排水管や下水管が詰まったり、川や海の汚染の原因になったりします。

　ナプキンは環境に長くとどまります。分解されるまでに500～800年かそれ以上かかるのです。タンポンやナプキンやおりものシートのごみは年間20万トンを超え、材料の大部分はプラスチックです（製品だけでなく包装材も）。ナプキンの材料のうち最大90%はプラスチックで、最終的には焼却炉で燃やされるか埋め立て処分場で何世紀もそのまま埋もれるか、川や海で徐々に砕けてマイクロプラスチックになるかです。

　2006年にストックホルムの王立工科大学が行ったタンポンのライフサイクルアセスメントで、タンポン製造にかかわる二酸化炭素排出量のうち最も大きな部分を占めるのはアプリケーターのプラスチックであることが明らかにされました。アプリケーターなしのタンポンの方がごみもCO_2排出量も少ないということです。

あなたにできること

• 使い捨てではない生理用品を使いましょう。いろいろな色やデザインの布ナプキンが売られています。シリコーン製の月経カップは数種類のサイズが用意され、近年人気が出てきています。洗って繰り返し使う吸収型のサニタリーショーツもあります（146ページ参照）。繰り返し使用する製品は、買う時は高く感じますが、長く使えるので結局は安上がりです。たとえば月経カップは1個が20～25ポンド（およそ3000～3500円）ですが、正しく使えば最長10年もちます。それに対して、10年分のタンポン代は900ポンド（約13万円）です。

• 生理用品をトイレに流してはいけません（たとえ流せると宣伝されていても）。下水システムは生理用品を処理するようには作られていません。管を詰まらせたり、海を汚染したりします。必ずごみとして処分しましょう。

• オーガニックコットン製でプラスチックを使っていないタンポンやナプキンを探しましょう。世界の環境に放出される殺虫剤の16%は、オーガニックではない綿花栽培によるものです。農薬は栽培農家や綿摘み作業者の健康にもよくありません。

• 香り付きの製品は避けましょう。化学合成香料を使っているため無香料の製品よりも環境汚染の割合が大きいほか、皮膚を刺激して炎症を起こす可能性も高くなります。

おまけの豆知識

▪ 世界でタンポンを使っている女性は1億人とされています。
▪ 女性は生涯で1万～1万6000個のナプキンまたはタンポンを使います。
▪ 女性が生理用品に費やしている金額は平均で1年に90ポンド（約1万3000円）です。

吸収型サニタリーショーツ

　吸収型サニタリーショーツの発明は、文字通り女性の生き方を変えるかもしれません。ナプキンやタンポンを手に入れにくい無数の女性にとって大きな朗報ですし、ごみも減ります。

⊕

　吸収型ショーツは洗って繰り返し使えます。クロッチ部分が経血を吸収し、少ない日・中くらいの日・多い日（タンポン4個ぶん）に対応できるよう数種類が用意されています。これだけをはいても大丈夫ですし、多い日には月経カップと併用することもできます。着用感は普通の下着と変わりません。使用後はショーツをざっと水洗いしてから洗濯機で（温水でなく）水と洗剤だけで洗って（柔軟剤は使わずに）、吊り干しします。

⊕

　このショーツはよほど経血が多くなければ漏れないので、これまでのタンポンやナプキンに慣れている女性にとって、完全に使い捨て生理用品の代わりになります。ぼろ布を使っていた女性たちにとっては、ずっと衛生的で効率の良い方法です。

⊕

　1着30ポンド（約4500円）くらいしますが、毎月タンポンやナプキンを買う必要がなくなります。数字を比べれば、このショーツの方が長期的には得だということがわかります。平均して女性は生理1回につきナプキンやタンポンを22枚（個）使い、その費用は4.15〜4.60ポンド（600〜650円位）です。吸収型サニタリーショーツ2枚を買ったとして、1年から1年半で元が取れ、その後も何年も使い続けられます。

⊕

　吸収型サニタリーショーツを作っている企業の多くは、先進国と途上国の両方で貧困層の女性たちに生理用品を届ける活動をしている団体と協力しています。ですから、あなたがそうした企業の製品を購入すれば、他の女性たちが安全で衛生的で繰り返し使える生理用品を入手できるよう支援することにつながります。

世界では、1日およそ8400万ロールのトイレット
ペーパーが生産されています。

トイレットペーパーと
ティッシュペーパー

　私たちは1回につきだいたいミシン目8〜9カットぶんのトイレットペーパーを使います。1日に使う枚数は平均57カットです。

　中国では6世紀に尻拭きに紙が使われていた記録があります。けれども世界各地で大量生産されはじめたのは19世紀末になってからです。人々は長い間、用便の後は水で洗ったり、葉や新聞紙で拭いたりしていました。実際、今もその習慣を続けている人々もいます。最初に商品化されたトイレットペーパーは、アメリカのジョゼフ・ガイエティが1857年に売り出した製品で、平らな紙のシートにアロエベラをしみ込ませてありました。

　ティッシュペーパーは、第1次世界大戦中に木綿の包帯が不足して、セルロースから作る"セルコットン"という代替品が発明されたのが始まりです。キンバリー・クラーク社はこのアイディアをヨーロッパの戦場からアメリカに持ち帰り、ティッシュペーパーをはじめとする新製品を開発しました。ティッシュは当初は女性のメイク落としを主なターゲットにし、その後クリネックスという商標で売られます。今ではティッシュとトイレットペーパーは風邪やインフルエンザなどの感染症の拡大防止にも大きく役立つと考えられています。

環境への負荷

　紙の原料である木はCO_2を吸収して蓄えるので、気候変動対策で重要な役割を果たしています。けれども、切り倒されてしまうとその効果は失われます。違法伐採や単一樹種の森林は、伐採自体の環境負荷に加えて野生生物の生息地破壊・生物多様性の喪失につながります。

　キンバリー・クラーク社が行ったティッシュのライフサイクルアセスメントで、最大の環境負荷は製紙過程での水とエネルギーの使用であることが明らかになっています。この研究では

サステイナブルなトイレットペーパー

オーストラリアのフー・ギヴズ・ア・クラップ社（Who Gives a Crap）は、100％再生紙または竹が原料の環境にやさしいトイレットペーパーを紙で包装して販売し、その利益の50％を、世界のトイレがない地域に住む23億人のためにトイレを建設する活動に寄付しています。

また、竹からティッシュを作る方が木から作るより環境への負荷が小さいこともわかりました。製紙は水質汚染をもたらし、使用電力はトイレットペーパーやティッシュのカーボンフットプリントを押し上げ、さらに商品を小売店に輸送する際にもエネルギーが使われます（60-61ページ参照）。生産時や輸送手段（電車や電気自動車）に使う電力を再生可能エネルギーで作れば、カーボンフットプリントを削減できます。

世界のティッシュ生産に使われる原料のうち35％が再生紙で、古紙の需要は供給を上回っています。加えて、木材の繊維をリサイクルして使えるのは3〜5回が限度で、新しい木材パルプの生産を全廃することはできません。

ティッシュとトイレットペーパーは、使い終わればごみになります。最終的に生分解可能とはいっても、ポイ捨てされれば散乱ごみになり、埋め立て処分場では徐々に分解されて強力な温室効果ガスのメタンを発生させます。もうひとつ問題なのが、パッケージです。ほとんどのトイレットペーパーはリサイクルできないプラスチックフィルムで包装されています。ティッシュは厚紙の箱かプラスチックフィルムに入っています。

あなたにできること

- ティッシュで鼻をかむのをやめて、ハンカチに戻りましょう。〔西洋には昔からハンカチで鼻をかむ習慣があり、著者はそれを踏まえてこう書いていますが、日本の習慣にはなじまないうえ、衛生上も問題があります。〕

- トイレットペーパーは、一番望ましいのは再生紙100％、次がFSC認証取得の木材から作られた無漂白の製品です。無包装の製品や、プラスチックではなく紙で包まれた製品を探すのもよいことです。1ロールが長いもの、1パックに入っているロール数が多いものの方が、包装ごみを減らせます。ティッシュはFSC認証取得原料の無漂白か（理想的には）再生紙の製品で、リサイクルしやすい紙箱入りを選びましょう。プラスチック包装のポケットティッシュはできるだけ避けましょう。

- 竹のトイレットペーパー（コラム参照）を試してはどうでしょう。竹は木よりも成長が早く、サステイナブルです。

- 使い終わったティッシュは庭のコンポスターに入れるか、産業堆肥材料の回収に出しましょう。

おまけの豆知識

- 16世紀のヨーロッパの人々は、頭を覆う布（カーチーフと呼ばれていました）を手や顔を拭くために転用しました。それがハンドカーチーフ（ハンカチ）です。
- イギリス、アイルランド、ニュージーランド、オーストラリアといった国々の下水システムはトイレットペーパーを処理できるように作られているので、トイレにトイレットペーパーを流せます。けれども外国旅行の時は注意！　拭いた後の紙をごみ箱に捨てる習慣の国もあります。

赤ん坊が生まれてからトイレトレーニングを卒業する
るまでの間に使う紙おむつは4000〜6000枚、布
おむつなら20〜30枚です。

———

おむつ

　もうじき赤ん坊が生まれるだけでも大変なのに、新米パパとママは、赤ちゃんにとっ
て一番良くて環境にも一番やさしいおむつは何かを調べ、情報を突き合わせて考えなけ
ればいけません。おむつは規模の大きい事業なので、メーカーはあの手この手で便利さ
やコストの低さやエコ認証を売りにして消費者に自社製品を選んでもらおうとします。

　人類は紙おむつなしで何千年も子育てをして
きました。木や草の葉、毛皮、コケ、亜麻やウー
ルで便を受けたり、赤ん坊も排泄物も一緒にお
くるみの中に包んだり。文化圏によっては、赤
ん坊をおしり丸出しで育て、タイミングが合え
ば家の外に連れ出して排泄させたり、フラップ
付きの布をあてたりするところもあります。母
親が赤ん坊の排泄サインを覚え、先手を打つこ
ともあります。

　ヨーロッパでは19世紀末まで、木綿か亜麻
の四角い布おむつを安全ピンで留めて使ってい
ました。けれども、すぐ漏れてしまうため、女
性たちはもっといい方法を見つけたいと願って
いました。1946年、米国インディアナ州のマ
リオン・ドノヴァンという女性がシャワーカー

テンを切って防水おむつカバーを作り、「ボー
ター」と名付けました。イギリスではヴァレ
リー・ハンター・ゴードンが吸収パッドの開発
に取り組み、スナップで留めるビニール製おむ
つカバーの内側に入れて使う「パッディ」とい
うセルロース製使い捨てパッドを作りました。

　1950年代に入ると、おむつカバーが不要の
オールインワン使い捨ておむつの開発に重点が
移りましたが、市場ではあまり広がりませんで
した。当時のアメリカでは使い捨てのおむつは
全体のわずか1％でした。ほとんどの母親はテ
リーナッピー（正方形のタオル地の布おむつ）
を使い、使用後は洗剤液に浸けてから洗ってい
たのです。使い捨て紙おむつの進化が本当に始
まったのは、プロクター＆ギャンブル社が1961

年にパンパースの特許を取得してからです。

1970年頃にはアメリカの赤ん坊は31万7000トンの紙おむつを使い、家庭から出るごみの処理量の0.3%がおむつでしたが、わずか10年でその量は175万トン（ごみ処理量の1.4%）に増えました。

現在、イギリスでは毎年およそ30億枚（1日に約800万枚）の紙おむつが使われていると推定されます。親は使い捨て紙おむつ、プラスチック不使用または生分解性おむつ、布おむつから選ぶことができます。では、地球にとって最も良いのはどのタイプのおむつなのでしょう？

環境への負荷

使い捨ての紙おむつは、何種類かの素材を数層重ねて作られています。水分を吸収する木材パルプ、赤ちゃんの肌をサラサラに保つポリプロピレンのシート、漏れを防ぐ外側のポリエチレン層、テープと粘着剤はまた別の種類のプラスチックです。

成形布おむつ（正方形ではなく紙おむつと似た形をしている布製おむつ）は木綿で、面ファスナーやスナップで留めます。赤ちゃんの肌に触れる部分に便を受けるライナー（使い捨てまたは洗って繰り返し使えるパッド）を当てて、処理や洗濯の手間を容易にすることもできます。

紙おむつの環境負荷とカーボンフットプリントの中心的な要素は、原料と生産工程です。フットプリントの60%は、パルプを作るための水と木材や、プラスチックの原料である石油、おむつに加工するための電力に関係しています。紙おむつの温室効果ガスの最大の排出源は、パルプの原料である木の伐採です。その次に大きな環境負荷は、使い終わったあと、つまりごみとして埋め立てまたは焼却に送られた時に発生します。紙おむつにはプラスチックが多用されていて、生分解されません。悲しいかな、紙お

むつのごみは田園地帯や海岸でよく見られ、海の中にも漂っています。

プラスチックを使わない生分解性の紙おむつも売られていますが、それでも木材パルプなどの原料は消費しますし、生産工程でエネルギーも使いますから、製造にかかわる環境への負荷は小さくありません。このおむつが捨てられると、埋め立て処分場でゆっくりと分解されて温室効果ガスのメタンを発生させるか、焼却されるかになります。エコな暮らしを目指す保護者には残念なことですが、このタイプのおむつも結局は使い捨てなので、普通の紙おむつより少ましなだけです。おむつを堆肥化できるのは悪くないアイディアに思えるかもしれませんし、実際にパルプは分解されますが、人間の排泄物に病原体が含まれていることがあるため、家庭での堆肥化は勧められません。産業堆肥化は、どんなタイプのおむつも堆肥材料として受け付けていません。

布おむつの場合、カーボンフットプリントの中心は綿花の栽培とおむつ製造で、その次は使用後のおむつの洗濯乾燥です。洗濯の温度設定を低めにし、乾燥機ではなく外干しで乾かせば、カーボンフットプリントを大幅に減らせます。

おむつのリサイクル

イタリアのトレヴィーゾに、使い捨て紙おむつのリサイクルを行う専門工場の第1号があります。この工場では年間に最大で6500万枚、1万トンを処理しています。

おむつは蒸気で殺菌された後、セルロースと吸水ポリマーとプラスチック類に分離され、それぞれ再利用されます。

洗濯に水と洗剤を使うぶんの環境フットプリントはありますが、原料使用量の少なさとごみの削減による効果がそれを上回ります。

　布おむつの最大の利点は、ごみにならないことです。赤ちゃんひとりに20〜30枚あればよく、おむつを卒業したら次々に譲っていくことができます。手間がかかるのが嫌な人にはおむつ洗濯・レンタルサービスがあり、布おむつを買う費用が負担だと言う人には、おむつライブラリーから借りたり、中古品を買う方法があります。成形布おむつはワンサイズ上のものに変えるまでの数ヵ月しか使いませんし、今は全自動洗濯機があるぶん洗濯も昔よりずっと楽です。

　おむつを使う期間を通して考えると、布おむつのコストは紙おむつの3分の1で、お金の節約になります。布おむつユーザーの8割は、旅行の時は紙おむつを使います。旅先で洗濯して乾かすのは難しいからです。

　布おむつは、昔のテリーナッピーとおむつ留めピンの時代からずいぶん進歩しました。今では成形布おむつ、オールインワンおむつ、おむつカバーがあります。素材は昔と変わらず木綿で、オーガニックコットンの製品が増えていますが、竹繊維やフリースの製品もあります。おむつは洗濯回数が多いものですが、フリースのライナーを洗う時に出るマイクロプラスチック繊維は、グッピーフレンド（108-109ページ参照）の洗濯バッグを使えば下水に流れるのを防げます。

　おむつの内側にあてる紙製のおむつライナー（トイレットペーパーに似た素材のもの）は、便と一緒にトイレに流せます。その他の紙製使い捨てライナーも堆肥化が可能で、ものによってはトイレに流せますが、浄化槽で処理できるかどうかわからない時は、流さずにごみとして出しましょう。

あなたにできること

- 使い捨て紙おむつより、繰り返し使える布おむつを選びましょう。布おむつを使ったことのある友人にアドバイスをもらうと役立ちます。生後数週間くらいまで（赤ちゃんが本当に小さいうち）だけは紙おむつを使い、赤ちゃんが少し成長して、親の方もおむつ交換に慣れてコツがつかめてから布に切り替える人もいます。

- 布おむつの種類について学び、友人から何種類か借りたりして、自分に合ったものを見つけましょう。同様にライナーにもいろいろな種類があり、赤ちゃんの成長段階に合わせて変えたり、家にいる日と外出日で使い分けたりもできます。

- 布おむつはできるだけタンブル乾燥よりも外干しにしましょう。カーボンフットプリントを大幅に減らせます。

- 現代の布おむつは、生後3ヵ月までの乳児や肌の弱い子の場合は殺菌のため60℃で洗い（浸け置きは不要）、4ヵ月以降の子の場合は汚れが少ないおむつとおむつカバーを40℃で洗いましょう。よくわからない時は、使っているブランドの説明を読みましょう。

- 洗濯が手間だという理由で布おむつを敬遠している人は、おむつ洗濯サービスを探してはどうでしょう。おむつをレンタルし、使用済みおむつを回収・洗濯して持ってきてくれる業者もあります。また、赤ちゃんの成長に合わせて借りるおむつのサイズを変えられます。

- 使用済みの紙おむつを入れるポリ袋は避けましょう。おむつ袋は使い捨てでリサイクルできないプラスチック製品です。余計なプラスチックは使わず、そのままごみ箱に入れましょう。

庭とガレージ
THE GARDEN AND GARAGE

新品のガソリン式芝刈り機で年に25回芝刈りをすると、新車11台を1時間走らせた時と同じ量の大気汚染物質が出ます。

芝刈り機

定期的な芝刈りが大好きな人もいれば、面倒で嫌だという人もいますが、いずれにせよ、多くの人は芝刈りの音と匂いで反射的に「晴れた夏の日」を思い浮かべます。

芝刈り機が発明されるまで、草を刈る作業には大鎌が使われ、芝の丈を揃えて刈れるのは熟練の技能者だけでした。状況が一変したのは1827年、英国グロスターシャーのエドウィン・ビアード・バディングという技師が手押し式のシリンダー芝刈り機を発明した時でした。

環境への負荷

米国環境保護庁（EPA）が2011年に委嘱した研究で、アメリカのノンロード（道路走行車両以外）の石油由来排出物のうち、24〜45％はガソリン式の草刈り道具（芝刈り機と刈り払い機）から発生していることが判明しました。芝刈り関連で排出される有害物質には、気候変動にかかわるCO_2と大気汚染の原因とされる揮発性有機化合物（VOC）が含まれています。

ガソリン式芝刈り機1台は、1年間（25回芝刈りをした場合）にCO_2を40kg、VOCおよびその他の大気汚染物質（二酸化窒素や一酸化炭素など）を24kg放出します。芝刈り機の環境フットプリントは、製造と使用がほぼ半々です。ですから、芝刈り機の使用回数を減らすと、そのぶん環境への負荷が小さくなります。

ガソリン式の問題点は排ガスだけではなく、水と土壌の汚染も起こります。米国EPAの試算では、芝刈り機その他の園芸用機械に給油する際にこぼれる石油の量はなんと年間で6400万リットルとされています。これは1989年にアラスカ沖で座礁したタンカー、エクソンバルディーズ号から流出した原油よりも多いのです。こぼれたガソリンは草を枯らし、土壌中の生物（ミミズ、昆虫、微生物など）を殺します。蒸発したり雨に流されて地中にしみこんだりして爪痕が消えるまでには数週間かかります。

もちろん、ガソリンを使わない芝刈り機もあります。手押し式芝刈り機、電動芝刈り機、ロボット芝刈り機です。

最もカーボンフットプリントが小さいのは手押し式です。使用エネルギーは、芝刈り機を押す人の消費カロリーだけですから！ それほど広くない庭なら電動芝刈り機が操作しやすく、ガソリン式よりはカーボンフットプリントが小さくなります（再生可能電力を使えば特に）。

ロボット芝刈り機は、あなたが他のことをしているあいだに芝を刈ってくれます。刈った芝の回収はしませんが、刈りカスは細かいマルチ（根覆い）になり、芝生の養分として役立ちます。ひんぱんに芝刈りが行われると刈りカスの量も少なく、靴に付いて家の中まで持ち込まれることもなくなります。ロボット芝刈り機は電動ですから、仮に再生可能電力を使っていなくても、ガソリン式よりカーボンフットプリントは低く抑えられます。太陽光発電パネルを搭載した芝刈り機はまだ市販されていませんが、未来の芝刈り機として有望です。

あなたにできること

- 手押し式芝刈り機は、芝を刈りながらフィットネスができます！ 新しい芝刈り機を買う際にはガソリン式ではなく手押し式か電動式を選びましょう。既に芝刈り機を持っている人は手入れと修理で長く使いましょう。不用な芝刈り機は誰かに譲るかリサイクルしましょう。

- リペアカフェ（187ページ参照）や地域の修理工房でエンジンのメンテナンスを行うと、芝刈り機の寿命を延ばせます。

- 芝刈り機、刈り払い機、ブロワー（刈りくずや落ち葉を吹き飛ばす道具）を近所で貸し借りしましょう。所有台数が少なければ環境への負荷が小さくて済みます。

- ガソリンや電力の消費を減らすため、芝刈りの頻度を下げることを考えましょう。

- 芝生の一角を自然の草原にしてみましょう。芝刈りをする面積が減るうえ、野生の生物に感謝されます。草が生えるに任せると生物多様性が促進されますし、ハナバチをはじめとする送粉昆虫（花粉を運んで受粉を助ける昆虫）の食べ物が増えます。

- 古い芝刈り機はリサイクルしましょう。ただし、家庭向けの資源回収には出せません。芝刈り機は何種類もの素材を組み合わせて作られているため、正しい施設に持っていけば分解してリサイクルできます。手押し式とガソリン式はリサイクルセンターの金属スクラップ部門で解体され、金属が再利用されます。電動芝刈り機はWEEE（電気電子機器廃棄物）に分類されますから、地域のリサイクルセンターに持ち込むことができます。

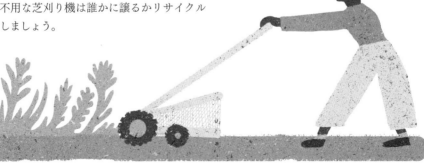

優れた児童文学作品で知られる作家のロアルド・ダールは、「小さな巣」と呼んだ広さ1.8×2.1 mの物置小屋の中で、ウールのひざ掛けで寒さをしのぎながら作品を執筆しました。

物置小屋

　多くの家の庭に物置小屋があります。「男の隠れ家」にしている人、趣味の陶芸に打ち込む工房にする人、ただの園芸用具入れの人。使い方はいろいろです。

　今や物置小屋は作業場だったり、静かにヨガをする場だったり、さらには貸し間にされたりもしています。イギリスに暮らす人々のおよそ3分の2が物置小屋を所有し、62％が「物置小屋がない家、または物置小屋を置ける広さの庭がない家は買わない」と答えています。

　典型的な庭の物置小屋は木造ですが、金属製やプラスチック（合成樹脂）製もあります。

環境への負荷

　木造の物置小屋の環境フットプリントで重要なのは、木材がどこから来ているかです。世界自然保護基金（WWF）によれば、世界では1年に1870万エーカー（約7万6000平方キロメートル）の森林が伐採されています。毎分サッカーのピッチ27個ぶんです。私たちは既に熱帯雨林の半分を失い、野生生物や炭素貯蔵や地域社会の生計手段に影響が出ています。森林喪失は気候変動にも大きく関係しています。森林破壊と農業と土地利用の変化による温暖化ガス排出は、世界の排出量の4分の1近くを占めています。物置小屋にFSC認証取得の木材が使われていれば、自分の小屋は持続可能な形で管理された木材で作られているという安心感を得ることができます。

　木造の小屋を長持ちさせるには、定期的な外壁塗り直しが必要です。塗料や木材手入れ用品には溶剤が含まれていて、塗ったあとで乾燥・硬化する際に空気中に揮発します。一部の溶剤は揮発性有機化合物（VOC）に分類され、揮発するガスが健康に悪影響を及ぼすことがあります。VOCを吸い込むと気分が悪くなったり頭痛や息苦しさを感じたりし、場合によっては中枢神経系やその他の器官がダメージを受けます。古い塗料やニスは適切に処分しないと有毒・有害です（168-169ページも参照）。

プラスチックの物置小屋は高密度ポリエチレン（HDPE）またはポリ塩化ビニル（PVC）製で、水にも紫外線にも強いため非常に長く使えます。市販されている物置小屋の大部分はバージンプラスチックで作られていて、生産には原油とエネルギーが使われています。けれども、100%再生プラスチックでも物置は作れます。

低密度ポリエチレン、HDPE、ポリプロピレンなど、あらゆる廃プラスチックは細かく砕いて混ぜ、高温で融かして固めると、樹脂材になります。こうした再生プラスチックを使って庭のフェンスやガーデン家具だけでなく物置小屋も作れます。塗り替えなどのメンテナンスが不要というメリットがあります。

寿命が尽きた小屋は注意深く処分しないといけません。金属製の小屋のスチール材は、金属スクラップ業者に引き渡せばリサイクルされます。古い木造物置は、解体して廃棄物コンテナに入れると埋め立て処分場に送られ、生分解の際に出るガスが気候変動の一因になります。新しい物置を買ったら古い物置を引き取るサービスを提供しているメーカーを探しましょう。

質の高いプラスチックの小屋は20〜40年もち、その後は粉砕・リサイクルが可能です。けれども現時点では小屋のような大型のプラスチック製品を回収してリサイクルする施設がありません。

あなたにできること

- 今ある物置小屋を大事に使うのが、一番環境のためになります。メンテナンスで長持ちさせましょう。新品を買う時は、自分に合うタイプを調べましょう。自分がどれくらい手間暇をかけるか現実的に判断することが大切です。木造の小屋はペンキの塗り替えやメンテナンスが面倒だと思うなら、スチールか再生プラスチックの小屋を考えましょう。

- 木造を買う場合は、FSC認証（62ページ参照）取得の製品を。FSC認証は、木材が得られた森林が責任を持って管理され、植生や野生生物の生育環境や地域住民とその生活が守られていることをあらわします。

- 海洋プラスチック〔海で回収されたプラごみ〕で作られた物置小屋を探しましょう。イギリスのオーシャン・リカバリー・プロジェクトという団体は、海岸のプラごみを回収して再生プラスチックペレットにしています。ペレットはガーデン家具の原料になっており、いずれはフェンスや小屋も作られるでしょう。

- 寿命が尽きた木造やスチールの小屋をリサイクルしましょう。また、新しくプラスチックの小屋を買う際は、数十年先に小屋がリサイクルできるかどうかを尋ねましょう。多くの人が同じ質問をすれば、メーカーや政府はリサイクルプランを作らざるを得なくなるでしょう。木造の小屋に塗る塗料は、小屋とあなたの健康の両方のため、VOCの少ない製品を選びましょう。古い塗料を適切に処分することも大切です（168-169ページも参照）。

おまけの豆知識
- キュープリノル社〔英国の塗料メーカー〕の調査によると、物置小屋所有者のうち小屋で仕事をしている人の割合は2015年には5%でしたが、2017年には13.8%に増えました。

〔欧米の〕一般的な培養土は、「ピート無配合」と表示されていない限り、およそ70〜100%がピートです。

園芸用土

園芸を趣味にしている人の家には、たいてい袋入りの園芸用土があることでしょう。その便利な「土」がどこから来ているか、考えたことはありますか？

ピート（泥炭）は昔から培養土に配合されてきました。水持ちがよく養分を逃がさない性質を持つからです。多くの園芸用土は、泥炭湿原から掘り出したピートで作られていますが、残念ながらピートは再生不可能な資源です。

泥炭湿原は水浸しで何も生えていない場所ではありません。驚くほど生物多様性に富んだ、特別な環境です〔日本では尾瀬が有名〕。そのうえ、イギリスの泥炭湿原だけで、ヨーロッパ大陸部の森林すべてを合わせた以上に炭素を貯蔵しています。泥炭湿原を作っているのは、何千年もかけて分厚く堆積したミズゴケの層です。ミズゴケの成長は1年に2〜12 cmで、それが最大で深さ6mの泥炭層を形成しています。

世界の主要ピート輸出国はカナダ、ドイツ、ラトビア、オランダ、アイルランドで、イギリスで使われているピートモスの大部分はアイルランド産です。アイルランド泥炭地保全協議会によれば、アイルランドでは現在、50社近い企業が高層湿原でほとんど規制を受けずにピートモスを掘り出しています。2014年から2019年までの間に、面積にして60ヘクタール以上（サッカーのピッチ120面ぶん）の高層湿原がピートモス採掘のために水抜きされ、野生生物の生育環境が破壊されると同時に気候変動の一因になりました。

環境への負荷

泥炭湿原は炭素を蓄え、野生の動植物をはぐくんでいる、かけがえのない環境です。私たちはなぜ、ただ庭に撒くという目的でそれを掘っているのでしょう？　泥炭湿原には、いくつもの重要な役割があります。

まず、泥炭湿原は驚異的な炭素貯蔵地です。

厚さ15cmの泥炭層は、1ヘクタールあたりで比べると熱帯雨林より多くの炭素を蓄えています。泥炭湿原は地球の陸地のわずか3％ですが、カーボンシンク（炭素吸収源）——手つかずのまま置かれれば大気から取り込んだ炭素を永遠に蓄えてくれる場所——です。世界の有機土壌中炭素の少なくとも3分の1が泥炭湿原に蓄えられています。けれども、園芸用土や燃料にする目的で泥炭湿原が水抜きされると、泥炭が空気に触れて分解プロセスが始まり、二酸化炭素が大気中に放出されます。炭素の貯蔵地が失われるだけでなく、温室効果ガスが出てしまうという、二重に悪い結果になるのです。泥炭湿原の破壊により生じたCO_2は、人間の活動に起因するCO_2排出量の6％近くを占めると推定されています。

次に、泥炭湿原は生物多様性の宝庫で、モウセンゴケ（食虫植物）やワタスゲの仲間からイモリや蝶まで、さまざまな生きものがいます。ピート採掘のために湿原の水抜きをすると、湿原という特殊な生息環境が失われてしまいます。実際に、絶滅が危惧されているシャクシギの仲間などの渉禽類〔しょうきん〕〔水辺を歩き回ってエサを取る鳥〕は、泥炭湿原の破壊とともに急速に生息数が減っています。アイルランドだけでも1980年代と比べて個体数が97％減少し、イギリスでは過去25年間で、群れの中の交配で種を維持〔しゅ〕できる集団が半分以下になったとされています。

第3に、湿原は水を浄化するうえ、水を溜めて徐々に流し出す力によって洪水の発生も減らします。気候変動で今後は洪水の頻度や規模が増すと考えられており、湿原の保全はその有効な抑止策です。水質の改善にも役立ちます。残っている健全な湿原の水抜きを防ぎ、既に損なわれた湿原に再び水を入れることが、気候変動に対抗する自然の回復力を高めるうえで鍵になります。

あなたにできること

- ピートモスが入っている園芸用土を買うのをやめましょう。「ピート不使用」と表示された用土を探し、認証ラベルを調べましょう。「環境にやさしい」とか「有機」という表示を鵜呑みにしてはいけません。どちらの表現も、ピートモスを含まないという意味ではないからです。ピート不使用の土は、バーク（樹皮）、ココヤシ繊維、植物廃棄物、紙、腐葉土、おがくずなどを混ぜて栄養分と保水成分を加えてあります。

- 地元の産業堆肥化業者があなたの家から出た生ごみを処理して作っている、ピートの入っていない堆肥や用土を探しましょう。

- 自分で堆肥を作るのもお勧めです（160ページ参照）。

一石二鳥の自家製堆肥

　家庭で良質の堆肥を作るにはちょっとした技術が要ります。ネット上には数多くの指南サイトがありますし、園芸センターや地域住民向けの催しで講座が開かれたりもしています。

自家製堆肥でお金の節約

　春が来るたびに園芸用土を買う必要はありません。家で作れるのですから。それに、生ごみが減れば、ごみ処理代も減ります〔欧米では出したごみの重さに応じて各家庭が処理代金を払います〕。ふんだんに堆肥やミミズコンポストの液肥が得られれば、肥料を買わなくても大丈夫です。

堆肥作りは環境にもGOOD！

　生ごみを堆肥にして、埋め立てられるごみを減らせば、気候変動の原因になるメタンガスの発生がそのぶん減ります。あなたが自分で堆肥を作ることで貴重な泥炭湿原のピートモスはそのまま残されて炭素を蓄え続け、水の浄化や洪水防止の役目を果たし、野生生物の生息地が守られます。さらに、自宅で作る堆肥を使えば、庭に撒かれるのは有機物だけです。化学肥料の出番はなくなります。

良質の堆肥作りに大切な5つのポイント

1. 緑の材料と茶色い材料の適切な配分：野菜くずや庭園ごみ（緑色の材料）だけでは水分が多すぎます。藁や落ち葉、かんなくず、細かくした紙（茶色い材料）を正しい割合で混ぜましょう。

2. 水分：あらゆる生きものは水分を必要とします。堆肥作りの際に材料を分解してくれる生きものも例外ではありません。乾燥しないように適宜水分を与え、蒸発を抑える覆いもかぶせましょう。

3. 空気：水分と同様に空気も必要です。堆肥化では空気を含ませることが決定的に重要です。「茶色い材料」を十分に入れると空気が通りやすくなります。

4. 堆肥材料の量：堆肥作りでは、積み上げる材料の量によって内部温度がどこまで上がるかが変わります。大規模な産業堆肥化とは違い、量が少ないと堆肥材料の山の内部温度がそれほど上がりません。堆肥化可能と書かれた使い捨て容器が産業堆肥では分解できても家庭用コンポスターではうまく分解されないのは、そのためです。

5. 材料のサイズ：一片が小さいほど早く分解されます。木材の切れ端や剪定枝は細かく刻み、紙や大きな木の葉は切って細片にしましょう。

おまけの豆知識

- アイルランドでは既に泥炭湿原の47%がピート採取のため破壊され、高層湿原（園芸用ピートモスの最大の供給源）のうち92%が荒れています。一度干上がった泥炭湿原を回復させるのは、伐採後の森林に植林するよりも困難です。アイルランドで絶滅が危惧されている鳥類のおよそ半分は、泥炭湿原の環境に頼って生きています。

イギリスに住む人々のうち2700万人（人口のおよそ40%）が何らかの植物を育てているとされます。その人々すべてが、ポット苗を1年に2つだけ買うとしても、ポットの数は5400万個になります。

育苗トレーとポット

多様な植物が育つ庭は、炭素を蓄え、食料が採れ、多くの生物の活動場所になります。けれども、園芸につきものなのが、ポリポットや育苗トレーです。

大部分のポットはプラスチック製で、その多くは園芸店から家に植物を持ち帰るためだけに使われる使い捨て品です。

環境への負荷

ポリポットの素材は高密度ポリエチレン（HDPE）かポリプロピレン（PP）で、どちらもリサイクルが可能です。そうはいっても、家庭を対象とした資源回収サービスではポットを受け付けていないこともあります。きれいに洗われている保証がないというのがその理由です。また、黒いプラスチックはリサイクル工場での

選別が難しいため、回収に出してはいけません。

近年は消費者がプラスチックの育苗トレーやポットに代わるものを求めはじめ、生分解性ポットの人気が高まっていますが、残念なことにそれらは往々にしてピート（158ページ参照）で作られています。

あなたにできること

- ポットを再利用し、余っているポットは園芸仲間に譲りましょう。
- 黒色ではないポットを業者が回収してくれる場合にはきれいに洗って出しましょう。または、ポットの回収をしている園芸センターを探しましょう。
- プラスチックを使っていないポットを探しましょう。
- 育苗トレーやポットは、トイレットペーパーの芯や新聞紙で自作もできます。

オックスフォード・エコノミクス（英国の調査会社）の2017年の調査によると、毎年イギリス全土で540万エーカー（2万2000平方キロ）の農地にグリホサート系除草剤が散布されています。

除草剤

　春になると、敷石を並べた小径の縁に沿って、あるいは敷石の隙間から、雑草が伸びてきます。こだわりの強い園芸家、芝生至上主義者、敷石完全主義者たちは除草剤に手を伸ばします。

　除草剤の容器には、「お子さまやペットにも安全」や「土壌には無害」といった言葉と並んで「雑草を99％除去」「根まで枯らす」といった宣伝文句が書かれています。

　除草剤は種類によって作用の仕組みが違い、使用目的も異なります。たとえば芝生の雑草除去用、中庭用などです。硫酸鉄などの成分からなるホルモン型の除草剤は、広葉の（葉がイネのように細長くない）雑草に選択的に効きます。ですから、芝生に撒けば、芝はそのままでタンポポなどだけが枯れます。接触型除草剤と呼ばれるタイプは非選択的で、薬がかかった葉をもれなく枯らします。移行型除草剤は接触型とは違って茎や葉から吸収された薬剤が根まで移行して作用し、多年草にも効果があります。こうした除草剤の多くにグリホサートという化学物質が使われており（コラム参照）、今もこの薬に関して議論が続いています。

キラー・ケミカル

　1974年に初めてアメリカで使用登録がなされたグリホサートは、いまや世界で最もよく使われている除草剤成分です。世界で売られている除草剤のおよそ25％がグリホサート系とされています。EU、米国、オーストラリア、ニュージーランド、日本などの国で使用が許可されており、農家の人々はグリホサートがなければ収穫量が最大1割減ると主張しています。

環境への負荷

雑草は、作物と競合する「間違った場所に生えてきた植物」でしかありません。実は雑草には重要な役割があります。ハナバチや昆虫は、雑草のような野生の植物を食べて生きているのです。

昆虫は世界の作物の約75％の授粉を行い、土壌を豊かにし、害虫を退治しています。ですから、昆虫が生きていけなくなったら大問題です。昆虫の食べる草がなくなれば、その昆虫も死に絶えます。虫たちにとっての脅威は除草剤だけではありません。庭や農地では殺虫剤も使われて、昆虫の減少をもたらしています。

除草剤を撒いているうちに耐性を持つ雑草が現れることもあります。すると、薬の散布量を増やしたり、もっと強力な除草剤を開発したりする必要が生じます。自然界の薬剤耐性の獲得と人間の薬剤開発のいたちごっこです。

近年、除草剤の長期的な健康への影響が疑われ、除草剤やそのメーカーがニュースで取り上げられることが増えています。世界各国でグリホサートの使用を禁じるよう求める声が高まっています。

本書執筆時点で、スリランカ、コロンビア、エルサルバドル、ベトナムがグリホサートを禁止し、ベルギーとオランダは非農耕地での使用を禁止、フランスは禁止を検討中です。アイルランドとイギリスの地方自治体も、禁止を実行したり検討したりしています。

EUでは、加盟国間でグリホサートの安全性に関する意見が食い違ったため、2017年に、向こう5年間はグリホサートの使用認可を更新する決定を行いました。

あなたにできること

- 除草剤を買わない、使わない方針にしましょう。敷石の道に生える雑草を許せない潔癖症の人も、ものの見方の角度を変えて、その雑草が自然界の生きものや人間にとって持つ意味を考えて下さい。私たちが生きるために必要な作物の受粉を助ける昆虫が、その雑草を食べています。

- 除草剤を散布する代わりにマルチやウッドチップを敷いて雑草を防ぎましょう。敷石の隙間の雑草には塩を溶かした熱湯をかけたり、春に岩塩を撒いたりする方法もあります。酢をかけて雑草を枯らすこともできます。ただし、雑草以外の草も枯れますし、塩は地中で分解されずに残るため、後でその場所に植物を植えても育ちにくくなります（塩害）。

- 手で草取りをしましょう。雑草取りの道具も売られています。子供たちと一緒に草むしりをしてはどうでしょう。

- 芝を短く刈りすぎないように！　芝が雑草との競争に負けてしまいます。

- グラウンドカバーになる植物（ツルニチニチソウなど）を植えれば、地面を這うように覆って雑草を防いでくれます。

- 庭で「不耕起」を試してみましょう。掘り返して耕すかわりに、堆肥やマルチや海藻や藁などで土の表面を覆い、それから植え付けます。雑草が減り、土壌が改良され、より多くの炭素が蓄えられ、収穫量も上がります。

おまけの豆知識

- 世界の昆虫種の40％が、劇的なまでに減少しつつあります。
- ハナバチやアリや甲虫類は、哺乳類、鳥類、爬虫類の8倍のスピードで減っています。

コードレス電動ドリルはイギリスで最もよく売れている電動工具で、年間の販売台数は数百万台にのぼります。けれども多くの人にとって、そのドリルを使う必要のある作業をするのは1年にせいぜい数時間程度です。

電動ドリル

　電動ドリルは、穴あけやネジ留めを驚くほど簡単迅速にしてくれます。もともと電動ドリルは産業用でしたが、工場従業員がドリルを自宅に持ち帰って使っているのに気付いた監督者が、家庭の日曜大工用としての可能性を見出したのでした。

　最初のポータブル電動ドリルを開発したのはドイツのシュトゥットガルトのヴィルヘルムとカールのファイン兄弟で、1895年のことでした。彼らが設立したファイン社は今も電動工具を生産しています。1961年には、ブラック＋デッカー社が初のコードレス電動ドリル（ニカド電池使用）を発売します。そして2005年頃にアメリカの「ミルウォーキー」ブランドがリチウムイオン電池搭載のコードレスドリルを作りました。

　今はほとんどの電動ドリルが、充電効率の高いリチウムイオン電池を使っています。

　現代のドリルには多様なアタッチメントが付属しています。サンダー（ヤスリかけ用具）やワイヤーカッターから、ブラシやグリースガンまで。でも、専門的なアタッチメントをあれもこれもと買い込むのは考えものです。最初に箱から出された後、一度も使われずに終わるものもかなりあります。

環境への負荷

　ドリルの製造には原料とエネルギーが使われます。イギリスのWRAP（ごみと持続可能性の問題に取り組むNGO）によれば、家庭用ドリルの環境負荷の91％は原材料と加工段階で発生し、使用によるぶんはわずか2％だといいます。ですから、長持ちする製品を作って買い替えの頻度を減らし、生産・販売台数を少なくすると、ドリルの環境負荷を小さくできます。

　近頃では故障したドリルの修理も容易ではありません。家庭用の低価格ドリルの交換部品がなかなか見つからないからです。少し高価なド

リルはスペアパーツが売られていて、長く使うことができます。ドリルの価格のうち最大で40％（およそ50ポンド＝7500円）はバッテリーの値段です。バッテリーが駄目になった時、多くの消費者はバッテリー交換よりドリルまるごと買い替えを選ぶ傾向があります。

現在は大部分のドリルがバッテリー駆動なので、ドリルの環境負荷でまず考えるべきはバッテリーの再利用です。世界に残っているリチウム資源はあと350年ぶん程度しかないという推定もあるのに、リチウムイオン電池のリサイクルはまだ始まったばかりで、懸念すべき状態です。再生リチウムは現時点では自然界から採掘・精錬したリチウムの5倍もの価格で、メーカーは再生リチウムの使用に及び腰です。

それでも、バッテリーの再利用が可能だと実証している企業はあります。アクセレロン（Aceleron）社は、自動車、ノートパソコン、電動工具のバッテリーを家庭の蓄電に再利用しています（屋根の太陽光発電パネルに接続するなど）。同社によれば、受け入れる中古バッテリーの70％は別の場面で活用可能だということです。

リチウムイオン電池は外装が損傷して中身が露出すると有害なので、決して埋め立て処分をしてはいけません。イギリス、EU、アメリカ、オーストラリア、ニュージーランドのバッテリーリサイクル活動は、有害廃棄物の環境中への投棄を防ぎ、貴重な資源を再利用するために、バッテリーを回収しています。

あなたにできること

- ドリルは借りましょう。たまにしか使わないなら、友人や近所の人から借りれば十分です（忘れずに返しましょう）。ドリルの貸し借りをするシェアリングサイトも利用できます。
- 同じバッテリーを使い回せる電動工具シリーズを選ぶと、必要なバッテリーの数を減らせます。
- 故障したドリルはリペアカフェ（187ページ参照）に持って行って、修理可能かどうか見てもらいましょう。必要な交換部品はネットで探しましょう。
- 古いドリルの部品や、使わないドリルをネット上で売りましょう。誰かが使ってくれます。
- 古いドリルとバッテリーはWEEE（電気電子機器廃棄物）のリサイクル回収拠点に持って行きましょう。
- 組立家具や壁へのネジ止め程度なら、手でドライバーを回すだけで足ります。

修理という視点を

イギリスの「リスタート・プロジェクト」という社会的企業は、地域住民向けに、電気製品を捨てずに修理して長く使う方法を教えるイベントを組織しています。彼らの推定では、平均するとドリルは購入から廃棄までの間に合計10分しか稼働しません。高品質で修理が可能なドリルを買うか、それほど頻繁に使わないのなら貸し借りすれば、あらゆる面でメリットがあり、廃棄物も減ります。

おまけの豆知識

- 1950年代に電気が国土の隅々まで普及し、次いで1970年代から80年代に持ち家率が上昇したことが、電動ドリルの需要増を後押ししました。イギリスにおける電動ドリルの売り上げは、1950年代初めにはゼロだったのに、2000年には2億5000万ポンド〔当時のレートで約410億円〕以上に伸びました。

太平洋ごみベルト――カリフォルニアとハワイの間の、プラごみが集中している海域――のごみの52％は、プラスチックのロープや漁網だと推定されています。

ロープと紐

　庭仕事でも、登山でも、ヨットでも、家で小包を縛る時も、紐やロープくらい便利なものはありません。

　ロープは何千年も前から、物を引っ張ったり引き上げたり縛ったりするために使われてきました。古代の最初のロープは草や葦などの植物を撚り合わせて作られ、岩を引いたり丸太を吊り上げたり屋根の梁を縛ったりする際に活躍しました。ロープも紐もずっと手作りでしたが、1850年頃に天然繊維（麻、ジュート、サイザル麻など）を機械で撚り合わせる工場が現れました。1950年代になると、強靭で軽く、いろいろな色にできる合成繊維製のロープが登場します。

　合成繊維のロープは、たとえば登山家にとっては強い味方です。天然繊維のロープより軽く、強度が高く、いくらか弾力性もあります。水を吸わず、摩耗や破断しにくく、中には浮くものもあるため、水中活動にもよく使われます。ただ、滑りやすい場合があるほか、一部の合成繊維には日光で劣化するという弱点もあります。

　天然繊維のロープは水を吸って重くなります

し、濡れたままにすると合成繊維のロープより早く弱ります。

環境への負荷

　天然繊維のロープや紐は、植物（麻、サイザル麻、亜麻、木綿、ジュートなど）が原料で、生育時にCO_2を吸収しています。どの植物も再生可能資源で生分解されますが、生育には土地と水が必要で、作物として栽培される際にはたいてい除草剤や農薬が使われるため、環境フットプリントがそのぶん上がります。それでも、天然繊維ロープの環境負荷は合成繊維と比べるとはるかに小さいです。

　ナイロンやポリプロピレンなどの合成素材のロープと紐は、もとをたどれば石油という再生不可能な資源です。また、プラスチック繊維の製造にはたくさんのエネル

ギーが使われ、その結果二酸化炭素が排出されます。合成素材のロープの強度と耐久性は、捨てられたロープが問題を起こすことと表裏一体です。海岸や海中で最もよく見られるプラごみのひとつがロープで、その大部分は漁具に由来します。合成素材のロープは生分解性がないだけでなくリサイクルも困難です。また、使用中にこすれたりして細かいプラスチック繊維が落ち、水中や空気中に放出されます（134ページも参照）。古い漁網や釣り糸（これもロープの一種）は処分が難しく、たいていは埋め立てか焼却のどちらかに行き着きます。

幸いなことに、漁師が古い漁網をリサイクルしやすくする方策や、ダイバーが「ゴースト漁網」（紛失や投棄によって海中を漂う漁網）を回収してリサイクルや安全な廃棄につなげるイニシアティブなど、解決への道がいくつか見つかっています。一部の企業は古いロープや漁網を回収・洗浄・リサイクルして再生繊維を作り、新しいロープや、水着（210ページ参照）からスケートボードまでの多様な製品に生まれ変わらせる取り組みを始めています。

古いロープを別の用途に転用することも可能です。たとえば、古い登山ロープは縄跳びの縄や飼い犬のリードになります。

あなたにできること

• 天然繊維のロープや紐を選びましょう。たとえば木綿のたこ糸はオーブンに入れても融けませんし、色落ちや有毒物質の溶出もなく、料理に最適で、しかも堆肥化が可能です。ジュートの紐はガーデニングや小包から子

漁網やロープに新たな命を

チリのブレオ社はチリの海沿いの漁業者から使い終わった漁網やロープを回収し、洗浄してプラスチックペレットにしています。ペレットは、サングラスやスケートボード、さらには再生プラスチック製の「ジェンガ」ゲームまで、いろいろな製品の材料として使われます。

供の工作まで幅広く使えます。植物由来のプラスチック（PLA）で作られた園芸用の紐は、産業堆肥化には適応しますが、家庭のコンポスターには不適です。天然繊維のロープは何にでも使えるわけではありませんが、可能な用途ではできるだけ天然繊維のロープや紐を使いましょう。

• 登山やヨットやボート用のロープを買う時は、サステイナビリティに配慮して再生素材を使用したり、使い終わったロープの処分計画を持っていたり、毒性のない染料を使ったりしているブランドを探しましょう。

• ロープ生産時の端材や古いロープを使って作られた敷物、かご、コースターなどを購入して、ごみを出さない取り組みに協力しましょう。ネット上には、古いロープでマットなどを自作する方法も紹介されています。

• 使い終わった合成素材のロープや紐は、ごみとして出すか、別の用途を探しましょう。

おまけの豆知識

▪ 毎年、漁業用ロープと漁網合わせて64万トンが海で紛失または投棄されています。専門家たちは、ロープと網は海鳥、ウミガメ、海洋哺乳類にとって最大の脅威だと考えています。網やロープに生きものが絡まって、おぼれたり傷ついたりするからです。

イギリスでは毎年5000万リットル（オリンピックサイズのプール20杯ぶん）の塗料が無駄になっていると推定されています。平均的な家には使い残しの塗料が最低でも17缶あり、どこかでホコリをかぶっているとされます。

塗料

塗料は建物の見た目を変え、風雨や日光から保護し、屋内では空間にいろどりを与えます。近年は、家の改築・改装や日曜大工作業のほとんどで塗料が使われます。

あなたが目的に合った一番いい色を念入りに選んで塗ったそのあと、使い残しの塗料缶は階段下の物置やガレージの片隅で、再び壁の塗り替えや塗装面の傷の修復に使われる日を待ち続け——そしてしばしば、最後までそのままです。

人類は紀元前10万年の昔から、鉱物や虫や粘土に水、卵、油などを混ぜて、洞窟や神殿の壁画に色を塗ってきました。現代の塗料も作り方はシンプルで、主要な成分は3つです。
1. 色を出す顔料：鉱物や植物由来のものもあれば、コールタール、石油、石油化学製品に由来するものもあります。
2. 塗った面に顔料を定着させるための結合剤：亜麻仁油のような天然の油や、合成樹脂が使われます。アクリルポリマーを含むものもあります。
3. 塗料に流動性を与え、早く乾くようにする溶剤：大部分の溶剤（揮発油、変性アルコールなど）は石油から作られます。

これらを混ぜた塗料には毒性があることもあり、そこにさらに添加剤が加えられます。たとえば殺菌剤（細菌や菌類の繁殖を防ぐ）、界面活性剤（塗料液内で顔料を分散させる）、乾燥剤（塗料を早く乾かす）などです。

とはいえ、塗料は非常に役に立つ品物で、建物や家具の寿命を伸ばします。私たちの大切な財産を長く維持するために、塗料は大きく貢献しています。

環境への負荷

塗料の添加剤の一部には、環境にも健康にも有害な重金属（カドミウム、鉛、ヒ素、亜鉛）が含まれています。塗料の重金属含有量はEUやアメリカやその他の先進国では厳しく規制されていますが、途上国で生産された塗料のなかには、危険な量の鉛やカドミウムを含むものもあります。

多くの塗料は、石油から作られた合成樹脂——アクリル樹脂、ポリビニルアルコール（PVA）、ビニル樹脂など——を成分としています。合成樹脂は塗料に弾力性や耐久性や防カビ性を与えますが、これが入っていると塗料は生分解されません。

塗料は有害廃棄物に分類されます。イギリスの各自治体は液状の塗料をごみとして受け入れていません。埋め立て処分場への投棄が禁止されていて、リサイクルもできないからです。アイルランドでは毎年、家庭と小規模事業者から出る塗料を含む有害廃棄物およそ3万トンが、報告も処理もされずにどこかに行っています。

ペンキ、ニス、木工塗料のいずれも、溶剤を含んでいます。溶剤は揮発性有機化合物（VOC）で、一部の溶剤からは健康に良くない気体が放出されると考えられています。そうした気体は空気中で他の物質と反応してオゾンを発生させることがあります。オゾンはスモッグの構成成分で、長期間にわたって吸い込んだり換気の悪い部屋でたくさん吸い込んだりすると、ぜんそくや肺疾患の引き金になる可能性があります。

あなたにできること

- 塗料を買う前に、必要な量を計算しましょう。DIYをする人の75％はどれくらい塗料を使うかを適当にしか考えず、その結果、買いすぎたり足りなかったりしているようです。必要な量について専門の塗装業者に助言を求めるか、塗る部分の面積を計算して塗料店で相談しましょう。

- 塗料は、適切に保管すれば固まらずに10年くらいもちます。きちんと蓋をして、極端な高温や低温にならない場所にしまいましょう。その意味で、庭の物置小屋は残った塗料の保管場所にはあまり適していません。

- 塗料は使い切りましょう。自分ではもう必要

なければ、友人や近所の人に譲ったり、地域社会のプロジェクトに提供したりしましょう（170ページ参照）。同じ種類のエマルション塗料は、複数の缶の中身を混ぜて下塗りに使うことができます。

- VOC含有量を示す「グローブ・シンボル」（地球をデザインしたマーク）をチェックしましょう〔日本にはこのシンボルはなく、「低VOC塗料」の自主表示や、トルエン、キシレン、ホルムアルデヒドなどを使用していないという表示がひとつの目安です〕。できるだけ、亜麻仁油などの天然油脂で作られ、プラスチック（ビニルやアクリルなどの合成樹脂）を含まず、天然の顔料だけを使ったVOCフリーの塗料を買いましょう。豊富な色を揃えた高品質の製品が多数あります。

- 刷毛やローラーを洗う際は、容器に水やシンナーを最小限の量だけ入れてその中で洗い、ボロ布でぬぐって乾かします。こうすれば下水に流す量を減らせます。翌日も同じ刷毛で塗装をするなら、洗わずに古いポリ袋で覆って乾かないようにするだけで充分です。

- 塗料を廃棄する際は正しいやり方を守りましょう。まず、塗料固化剤か、おがくず、砂、土を缶に入れて蓋をあけたまま放置し、中身を固まらせなければいけません。次に、塗料をどこに捨てればいいか自治体に問い合わせます。溶剤ベースの塗料、うすめ液、揮発油はいずれも有害廃棄物に分類されています。決して家庭のごみと一緒に出してはいけません。〔日本では、各自治体のルールに従って下さい。〕

環境にやさしい形で
塗料を使いきろう

塗料は有害物ですから、正しく使いきって廃棄を防ぐのはいいアイディアです。それを実現するためのプロジェクトが、世界各地で生まれつつあります。

コミュニティ・リペイント（Community RePaint）

イギリスの「コミュニティ・リペイント」は、余った塗料を集めて、必要としている人や地域社会のプロジェクトに届ける活動をしているネットワーク組織です。塗料が欲しい人、あるいは塗料が余っている人がウェブサイト上で登録すると、橋渡しをしてもらえます。コミュニティ・リペイントは65以上の活動団体から成り、2018年には31万7600リットル以上の塗料が必要な人の手に渡りました。団体ごとに活動スキームは異なりますが、目的はみな同じ、「人々の暮らす場と生活を明るくすること」です。

ペイントバック（Paintback）

オーストラリアのNPO団体ペイントバックは、塗料の責任ある処分と革新的な再利用のために活動しています。ペイントバックは2016年に塗料業界の主導で創設され、塗料やその容器が埋め立てられたり環境中に投棄されたりするのを防ごうとしています。活動資金は、塗料1リットルあたり15セントの税金（＋商品サービス税）から受け取っています。余った塗料をペイントバックの回収拠点に持っていくと、塗料は処理施設に運ばれて容器と中身に分けられます。容器はリサイクルに回され、塗料の方は溶剤回収処理で液体と固体に分けられます。これにより、埋め立て処分場に送られる廃棄物が最小限になるのです。

イギリスの平均的なカーオーナーは、一生の間に自家用車の所有と使用のために16万8880ポンド（約2500万円）を支出します。

電気自動車（EV）の需要に関する調査によれば、世界でのEVの販売台数は2018年の200万台から2020年には400万台へと伸び、2025年には1200万台、2030年には2100万台になると予測されています。

自動車

　多くの人は、外出といえば車を使います。ガソリン車とディーゼル車が環境に悪いことは周知されてきましたが、それらをすべて電気自動車に置き換えればいいという話ではありません。

　自走式の乗り物が（想像上のものであれ）描写された最も古い例は、古代ギリシャの叙事詩『イーリアス』に出てくる自動三輪車です。

　自動車の起源は単純な物語としては語れません。世界各地の発明家たちが風力や蒸気で乗り物を動かそうと実験し、それぞれ異なるレベルの成果をあげました。18世紀後半から20世紀初めまでは蒸気機関が主流でしたが、19世紀の末頃から電気自動車が増えはじめます。

　20世紀初頭のアメリカでは、自動車の40%は蒸気機関、38%は電気駆動で、ガソリン車は22%でした。電気自動車は静かで排ガスが出ず、蒸気機関に比べてスピードが出ましたが、唯一の欠点は充電ステーションがないことでした。当時は電気が引かれている建物がわずかしかなかったのです。蓄電池の発明と送電網の整備で電気自動車の市場は拡大し、1912年にはシェア1位を獲得します。電気自動車のメーカーは20社あり、米国内だけで3万3842台の電気自動車が登録されていました。

　その後はどうなったでしょう？　電気自動車はガソリン車ほどの航続距離がありませんでした。また、最初は電気自動車の普及に貢献した蓄電池が、今度はガソリン車のエンジンを容易にかけられるようにしました（クランクを回してエンジンをかけなくてもよくなったのです）。こうして1920年頃にはガソリン車が市場のトップになり、今日まで最も広く使われる自動車として君臨してきました。けれども今、それが変わろうとしています。

環境への負荷

電気でもガソリンでもディーゼルでも、あらゆる自動車には環境フットプリントがあります。すべての乗り物は、原料と生産のためのエネルギーを使いますから。

ガソリン車とディーゼル車の場合、カーボンフットプリントの60%以上は走行時に発生します。化石燃料を燃やして動力にしているためです。車の製造によるカーボンフットプリントは20%以下です。自動車の大きさ、エンジンの出力、使用燃料（ガソリンか軽油か）、製造からの年数の全部が排出量に影響します。

ガソリン車の方がディーゼル車よりもCO_2排出量が多いのですが、ディーゼル車は窒素酸化物や粒子状物質などの大気汚染物質をガソリン車より多く発生させます。2018年に61台のディーゼル車の新車を対象に行われたテストでは、80%が窒素酸化物排出の法定基準や安全基準をオーバーしていることが判明しました。排ガスは大気汚染を引き起こします。ロンドンの住民のうち200万人が基準を越える大気汚染にさらされている原因のひとつがディーゼル車です。

2019年に新しい大気汚染防止法がロンドンの一部区域（いわゆる「超低排出ゾーン〔ULEZ〕」）で導入されたことで、ガソリン車

と電気自動車に比べてディーゼル車の販売台数は減少しました。2021年秋からはロンドン全域がULEZになる予定です。

電気自動車（EV）とディーゼル車・ガソリン車の環境への影響の比較については、熱い議論が続いています。EVのライフサイクルアセスメントでは、生産段階（車とバッテリーの生産）ではガソリン車・ディーゼル車よりも二酸化炭素排出量が多いものの、走行時の排出が低いことで相殺されるという結果が出ています。この分析はEVの充電を現在の電源構成（原子力、ガス、石油、石炭、再生可能エネルギー）で行うと仮定しています。全体として考えると、従来の自動車とEVを比較した場合、環境への負荷はEVの方が20〜27%小さくなります。EVを再生可能電力で充電すれば、フットプリントはもっと減らせます。

EVの動力源であるリチウムイオン電池につ

いてもさまざまな調査が行われてきました。EVの廃棄とリサイクルに関連した排出量のうち14〜23％はリチウムイオン電池によるもので、EVの「ゆりかごから墓場まで」の環境フットプリント全体で見ると13〜22％になります。

リチウムイオン電池は、18万kmくらい走行してようやく交換時期になります。使い終わったEVのバッテリーをどうするかというのは重要な問題です。バッテリーにはリチウムとコバルトが使われており、どちらも2050年頃には供給不足に陥ると予想されているからです。世界のコバルトの大部分はコンゴ民主共和国などの政治的に不安定な地域で産出し、しかも児童労働と結びついています。リチウムの埋蔵量はコバルトよりは多く、ボリビアとチリとアルゼンチンが最大の産地です。今後数十年のリチウム供給に関する懸念材料は政治的な緊張です。コバルトは将来は深海での採掘も考えられており、その際には環境への影響が心配されます。注意して見守る必要があります。

未来の自動車の姿は？

自動車の未来はEVが担うのでしょうか？イエスでもありノーでもあります。大気汚染の点ではガソリンやディーゼルよりずっと優れていますし、電源をゼロ・エミッションの再生エネルギーにすれば、充電や走行もゼロ・エミッションになります。

けれども、注目すべき革新技術は他にもあります。たとえば水素自動車は、水素の生産と充填のコストさえ下がれば、とても有望です。サトウキビや穀類を原料とするエタノールのようなバイオ燃料も役割を果たすでしょう。ただ、未来のバイオ燃料は海草や農業廃棄物から作られるかもしれません。

原料不足になる恐れと、使われなくなったバッテリーによる環境汚染の問題から、バッテリーのリサイクルに注目が集まっています。EVのバッテリーは、車を走らせるだけのパワーを出せなくなってもまだ70〜80％の蓄電能力を持っていて、風力発電や太陽光発電の電力を溜めるために使えます。

蓄電能力がなくなったバッテリーは、リサイクルが可能です。2019年には使用済みリチウムイオン電池の約58％がリサイクルされました。再生可能電力の蓄電用という需要と、新しく作るための原料コストの上昇から、リサイクル・リユース率は年々上がっています。

食品廃棄物や農業廃棄物を材料に嫌気性消化装置で作られるバイオガスは、バスやトラックで既に使われはじめています。ごみ問題を解決しながら代替燃料を作るという一石二鳥の方法です。

イギリスの車のほとんどが、平常時の1週間のうち96％の時間は駐車しています。だとすれば、車の使用頻度と保有コストが見合っているかを考えることには意味があります。イギリスでは車の年間保有コストは小型車で平均2300ポンド（約35万円）、大型車なら8900ポンド（約135万円）です。そもそも、ガソリン車でもディーゼル車でもEVでも、車の保有には高いコストがかかります。EVはガソリンやディーゼルよりは走行コストは低いのですが、購入費が高く、全体としての保有コストは高止まりです——特に、平均的な車は実際に道路を走っている時間がとても少ないことを考えれば。

今後目指すべきは、今走っているガソリン車やディーゼル車を全部EVやバイオガス車や水素自動車に置き換えることではなく、車の台数自体を減らし、公共交通機関を充実させ、カーシェアリング（175ページ参照）をより幅広く利用できるようにすることです。

あなたにできること

- ゴー・カー（Go Car）やジップカー（Zipcar、175ページ参照）などのカーシェアを利用しましょう。必要な時だけ車を使えます。都会に住んでいるなら、おそらくマイカーを持つよりもコスト効率が良いはずです。マイカーを持たないのが一番エコです。

- 必要がない時には車を使うのをやめましょう。買い物や通勤・通学、友人宅に呼ばれてディナーに出かける時などは、歩いて行く習慣にトライしてみましょう。新鮮な空気を吸いながらのエクササイズを日々の生活に取り入れるのはすばらしいことです。1日にわずか20分でも屋外で過ごすと気分が上がることをご存じですか？

- 通勤、通学、放課後の活動、誕生パーティー、夜のお出かけの時には、相乗りで行きましょう。走る車の数が減り、渋滞も排ガスも減ります。リフトシェア（Liftshare）社はオンラインで法人や個人に相乗りマッチングサービスを提供しています。

- 車を持っている人は、大事に維持しましょう。整備の行き届いた車はCO_2や大気汚染物質の排出量が抑えられ、効率よく走り、長持ちします。

- 新車の購入を考えている人は、電気自動車も検討しましょう。行き先が近いことが多い人にとっては、電気自動車がニーズに合っています（中古ならなお好都合）。〔英国で〕プラグイン（外部から蓄電池に充電するタイプ）のEVを買う際には、政府に家庭用充電器設置の助成金を申請しましょう。電力会社は100%再生エネルギーの供給業者を選び、夜間に車の充電をするなら夜間料金が安い契約に切り替えて、コストを下げましょう。EV充電用に太陽光発電パネルを設置して、自前の電力を車に蓄電することも可能です。

- EVの技術進歩について調べましょう。1回の充電で走れる距離は年々伸びていますし、政府もEV普及のためのインセンティブを提供していますから、「自分は長距離を走るので航続距離が短い電気自動車は選択肢にならない」と思っている人も、現状を調べてみましょう。EVの航続距離の改善や信頼性の高い包括的充電インフラの整備がさらに進むまでのつなぎとして、ハイブリッド車という選択肢もあります。

おまけの豆知識

- どの程度の距離の場所に行くのに車を使うかの調査では、半マイル（800m）未満が8%、2〜3マイル（3.2〜4.8 km）が76%です。その程度の距離なら多くの人は自転車で簡単に行けます。

- 渋滞した道路を走る時の排出量は、スムーズに走れる時の3倍です。ですから、環境問題の解決には交通管制と都市計画も重要です。

- 車を使っているとタイヤやブレーキパッドから粒子状物質が飛び、大気汚染の一因になります。車による汚染の原因は排ガスだけではありません。

ジップカー
（Zipcar）

　アンティー・ダニエルソンとロビン・チェイスが知り合ったのは、1990年代の末、米国マサチューセッツ州ケンブリッジの公園でそれぞれの子供を遊ばせていた時でした。おしゃべりをしているうちに、個人が保有する乗用車の数を減らすことのできる「カーシェア・ビジネス」のアイディアが浮かびました。

　彼女たちはジップカーの事業に乗り出しました。2000年5月に車1台でスタートし、4ヵ月のうちに600人を超える顧客を獲得しました。ジップカーの成功の秘訣は、利便性とサービスの質の確保に重点を置いて利用者のコミュニティを構築したことです。それらの目標と利用者へのメッセージを優先事項とし、ことさらに環境問題や渋滞解消を強調しなかったことで、彼女たちはカーシェア・サービスを「こんなサービスを待っていた」と思わせる楽しい経験にすることに成功しました。

　ジップカーは今や世界のカーシェア・ネットワークの最大手です。2016年には世界各地の500の都市や町で事業を展開し、会員数は100万人以上にのぼりました。

　ジップカーに入会すると、1時間単位、あるいは1日単位の料金で車を予約できます。手続きはすべて会員カード、オンラインプラットフォーム、アプリで行われます。予約した車に近づき、カードをタップし、乗り込んで走り出すだけです。カーシェア・ステーションは家の近所や鉄道駅、空港、大学などにあるため、マイカーを持つのと同じくらい便利に利用できます。

　時間ごと、あるいは日ごとの料金は、燃料代、保険、駐車料、メンテナンス料込みです。ジップカー社の計算では、マイカーを持つ場合と比べて1ヵ月あたり480〜500ポンド（7万5000円前後）も費用を節約できるとのことです。

GOOD NEWS STORY · GOOD NEWS STORY ·

世界には〔野良犬も含めて〕およそ9億匹の犬がい
ます。2017年のアメリカの犬の数は9000万匹で
した。

犬用
エチケット袋

　四つ足の友だちは、いろいろな面で私たちの生活を豊かにしてくれます。ストレスをや
わらげ、活動的にし、心臓の健康を改善し──他にもいくらでも例を挙げられます。犬
を飼ううえで唯一の難点は、犬の落とし物の後始末をしなければいけないことです。イギ
リスでは犬たちが毎日1000トンの糞をしています。いちいち拾うにはかなりの量です。

　先進国には、公共の場で犬の糞を拾う責任は
飼い主にあるとする法律があります。公衆衛生
キャンペーンでは、犬の糞には人間に感染する
病原体がいる可能性があり、深刻な結果を招く
かもしれないことが強調されます。ペット飼育
マナーも飼い主が自分の犬の糞を拾うよう求め
ていますが、素手で糞を触りたい人はいないで
しょうから、普通は何らかの「犬用エチケット
袋」を使うことになります。

環境への負荷
　犬の糞は生分解性物質ですから、時間が経て
ば自然に分解されます。犬の糞をエチケット袋
に入れることは公衆衛生の面では望ましいので
すが、ごみ問題の面では、生分解性の物質を何

百年も分解されないプラスチック層の内側に閉
じ込めてしまうため、良くありません。実際、
袋に入った犬の糞は、そのまま放置された犬の
糞よりも、環境への負荷と美的な観点での問題
が大きいのです。誰かが後で取りに来るつもり
で木の枝にひっかけた糞入りのポリ袋がそのま
ま忘れられてしまうと、家畜や野生動物が飲み
こんで窒息する恐れもあります。
　「地球にやさしい」「生分解性」と宣伝してい
る犬用エチケット袋の多くは、実は1年程度で
は分解されません。なかには分解に数百年かか
るものもあります。堆肥化可能なエチケット袋
も売られていますが、真の解決策にはなりませ
ん。なぜなら、犬の糞は家庭でも産業堆肥化施
設でも堆肥にはできないからです（犬糞には病

ペット関連用品

　ペットに関連して出るごみは排泄物だけではありません。ペットフード（179ページも参照）、おもちゃ、寝床からもごみが出ます。

　ペット用玩具や、ケージやリードから自動ボールランチャーまでのアクセサリーは環境に負荷をかけます。それらの多くはプラスチック製で、大部分はリサイクル不能のプラスチックで作られているため、使われなくなった時にはプラスチック汚染の原因になりえます。また、ペット用玩具には検出可能なレベルの鉛やその他の有害物質（ヒ素、塩素、臭素など）を含むものがあることが調査で明らかになっています。

　プラスチックのおもちゃの代わりに、鹿の角、フェルトボール、ロープ、人が使った品物の再利用品（古い革靴、古着やシーツやタオルを結び合わせたものなど）はどうでしょう。

　中古のペット用品を探すのもよいことです。不用品交換サイトやフリマアプリで、犬用キャリーケースからキャットボックス、犬小屋までなんでも手に入ります。ペットはお金がかかるものですから、古いタオルや毛布、クッション、寝具をペット用に利用しましょう。

人々に無料の紙製エチケット袋を提供し、人々はその袋に犬の糞を入れて小型のバイオガス発生装置に投入します。装置内で微生物が糞から作るメタンガスを、夜間にガス灯の燃料として使う仕組みです。10袋で2時間点灯できるということです。

あなたにできること

- 犬糞専用コンポスターを手に入れましょう。浄化槽をミニチュアにしたようなシステムで、犬の糞を分解して液状にし、地中に吸収させます。庭に穴を掘って設置し、犬糞と水と特殊な「消化液」（糞の分解を助ける酵素と細菌入り）を加えます。

- 庭の、排水路や水源から充分離れた場所に深さ1m以上の穴を掘り、犬の糞はそこに埋めましょう。

- たとえ「堆肥化可能」や「生分解性」と書かれていても、エチケット袋ごと犬糞を堆肥にしてはいけません。ごみとして出さなければなりません。堆肥にしても寄生虫は死なないからです。誰も寄生虫入りの堆肥を庭に撒きたいとは思わないでしょう。

- 庭の犬糞は、スコップなどですくって直接ごみ入れに捨てましょう。プラスチックのエチケット袋の使用を減らせます。

原体がいる可能性があり、それが含まれる堆肥は食用作物の畑では使えません）。

　ブライアン・ハーパーという退職した技術者は、犬の糞についてある画期的な解決策を提案しています。犬の糞を原料にしたバイオガスを使う街灯を発明したのです。彼は自宅のあるイングランドのモールヴァン・ヒルズを散策する

おまけの豆知識

- イギリスでは4人に1人以上が犬を飼っています——イギリスの飼い犬の数は900万匹と推定されています。

- オーストラリアは世界で最も犬を飼っている人の割合が高い国のひとつで、40％の家庭に犬がいます。

再生紙製猫砂のメーカーは、自社製品が粘土の猫砂の3倍の吸収力を持ち、毒性がなく、粉塵も飛ばないと宣伝しています。

猫 砂

　庭のないマンションやアパートに住んでいる人や、猫の額ほどの庭しかない人にとって、猫砂はペットを飼う夢を実現させてくれる天の恵みです。

環境への負荷

　猫砂は、普通は粘土かシリカで作られます。粘土の一種ナトリウムベントナイトは水分を含むと膨らんで凝集し、すくって捨てやすいので、よく使われます。世界のベントナイトのおよそ70%は、アメリカのワイオミング州で露天掘りされています。露天掘りはベントナイトを採るために表土をすべてはぎ取るので、生物の生息環境を破壊し、景観も損ないます。

　一方、シリカは二酸化ケイ素（代表的な例は石英）で、海砂の主成分です。尿や糞はシリカによくくっつきます。ただ、シリカの粉塵は猫と人間両方の呼吸器疾患に関係があるとされています。猫がトイレをした後の砂にはさまざまな細菌が含まれ、寄生虫がいる可能性もありますから、ごみとして注意深く捨てる必要があります。猫砂はリサイクルできませんし自然には分解しませんから、埋め立て処分場でずっとそのまま残ります。

あなたにできること

- ただ捨てられることの多いもの（新聞紙、ウッドチップ、かんなくず、オレンジの皮、トウモロコシの芯、竹、ピーナツの殻など）で作られた、サステイナブルな猫砂を選びましょう。原料の多くが廃物の有効利用ですし、天然資源を採掘せずに済みます。

- 猫砂は決してトイレに流したり、堆肥にしたりしてはいけません。猫の糞にはトキソプラズマという寄生虫のオーシスト（卵のようなもの）が混じっていることがあります。オーシストの殻は頑丈なので、下水処理を生き延びて水系に入ると、カワウソなどの野生動物が感染してしまうかもしれません。堆肥にしてもオーシストは死にませんから、人間や他の動物がトキソプラズマ症になってしまうおそれがあります。特に妊娠中の女性や免疫機能が弱っている人が感染すると危険です。

食肉生産による環境負荷（土地利用、水、化石燃料、リン酸肥料、殺虫剤の使用など）の約4分の1はペットフードのぶんです。

オランダのプロティックス社は、ペットフードと動物飼料用に6日間で1トンの昆虫を「育て」ています。エサは食品廃棄物で、使う土地はわずか20平方メートルです。

ペットフード

昔、犬や猫のエサは肉を取ったあとの内臓や野菜くずや残飯でした。けれども現代のトレンドは、アレルギーに対応し、ペットの状態に合わせて作られた専用のフードです。

人間用と同等の品質の肉をペットに与えたいと考える飼い主がどんどん増えていて、今では世界の肉と魚の約20%をペットが食べています。

環境への負荷

世界各地でペットを飼う人が増えるに従い、ペットフードの需要が伸び、多くの肉を生産し魚を獲らなければいけなくなっています。食肉用家畜が増えれば温室効果ガスの排出も増えます。魚の需要増は乱獲を招き、コストの安い魚を求める声は漁船乗組員の劣悪な労働環境につながります。

さらに悪いことに、飼い主はしばしばペットにエサを与えすぎ、肥満をはじめとする健康上の問題が起きて、高額な治療費がかかっています。世界のペットの22〜44%が肥満で、この割合は今も増えつつあると見られています。エ

サの食べ過ぎは健康に悪いだけでなく、犬の場合は平均余命を最大で2年も縮めます。

あなたにできること

- 自分の犬や猫に適したエサの量を獣医師に尋ね、その指示を守って、エサのやりすぎを防ぎましょう。

- サステイナブルなペットフードについて調べましょう。ヨラ社のドッグフードは、昆虫たんぱく質40%とオート麦とジャガイモでできています。原料の虫は、オランダで食品廃棄物や野菜を与えて飼育されたアメリカミズアブ（*Hermetia illucens*）の幼虫です。

- 犬と猫は本来的に草食ではありませんが、バランスの良い食事をする必要はあります。野菜や果物を与える前には、必ず獣医師に相談して下さい。

職場と学校
THE WORKPLACE AND SCHOOL

イギリスでは毎日700万個の使い捨てコーヒーカップが使われています。1年では25億個です。

アイルランドでは1時間に2万2000個のテイクアウト用カップが捨てられています。

テイクアウト用飲料カップ

外出先で気軽にコーヒーを飲むのが現代のスタイル。今の高齢者世代が若い頃は、プラスチックのカップでコーヒーを飲むことはありませんでした。実際、彼らの多くは最初、素敵な陶器のマグやしゃれたカップとソーサーではなくテイクアウトのカップで飲み物を飲むなんてろくでもないと感じていました。

使い捨てコーヒーカップの起源は1960年代にポリスチレンのカップが発明されたことにあります。本当に歴史の浅い現象なのです。

環境への負荷

テイクアウト用コーヒーカップの問題点は、ほんの短い時間だけ使われてすぐごみになることです。「紙製カップ」というのは誤解されやすい表現で、実際は防水性を与えるためにプラスチック（通常はポリエチレン）でコーティングされています。従って、リサイクルはできず、ごみとして埋め立てか焼却されるしかありません。

プラスチック製の蓋はリサイクルできますが、汚れていないことが条件です。ミルクやコーヒーが付いていたら、洗わなければなりません。イギリスでリサイクルされているテイクアウト用コーヒーカップは400個に1個だけという統計を目にしたことがあるかもしれませんが、現状ではこの種のカップは標準的なリサイクル施設ではほとんど処理できません。

コーヒーカップがごみになると、紙の部分は分解されますが、プラスチックの薄膜は単に細かく千切れてマイクロプラスチックになるだけです。マイクロプラスチックは野生生物が飲みこんだり、食物や水に混じって人間に摂取される恐れがあります。プラスチックコーティングをしたカップは生分解性がなく環境へのリスクがあることが知られるにつれ、繰り返し使えるカップや堆肥化可能なカップに切り替える動きが2015年頃から出てきました。

「キープカップ」はテイクアウト飲料用として繰り返し使えるオリジナルのカップで、2009年

にオーストラリアのメルボルンで発売されました。繰り返し使えるカップを1日に1回、週に7日使うと1年で365個のカップを節約でき、1日2杯飲む人は730個を使わずに済みます。

けれども、問題はごみだけではありません。カップを作るには原料が必要です。テイクアウト用コーヒーカップの材料は、木から作られた紙と、石油から作られたプラスチック（柔軟性を持たせる添加剤入り）です。カップの製造にはエネルギーが使われてCO_2を排出します。紙の原料として木が伐採されたことを考え合わせると、排出量はさらに増えます。繰り返し使えるカップなら、標準的な紙のカップや堆肥化可能カップのどちらと比べても、かなりカーボンフットプリントが抑えられます。1人の人が使い捨てカップのかわりに繰り返し使えるカップを1年間使用すると、排出せずに済む炭素は5本の樹木が1年間に吸収する量と同じです。

プラスチックコーティングの紙カップの代わりとして、堆肥化可能なコーヒーカップが増えてきています。けれども、テイクアウトに1回使って捨てる前提で作られているため、完全な解決にはなりません。街にはそのカップを堆肥用に回収するボックスはなく、実際に堆肥材料として使われることは稀で、ほとんどは普通のごみとして捨てられています。

あなたにできること

- テイクアウトコーヒーの新しい習慣を創りましょう。マイカップを買って、毎日それを使うのです。ガラス、竹、プラスチック、ステンレスのどれを選ぶかより、どれくらい使うかの方が大切です。外で飲むときに愛用した

いと思えるカップを選び、忘れずに持ち歩き、カップを使うたびに自分がカーボンフットプリントやごみを減らしていることを意識しましょう。熱いコーヒーが好きな人は保温性能のあるカップ、いつも外を動き回っている人は、中身がこぼれない蓋付きか、シリコーンの折りたたみ式カップを探すとよいでしょう。

- ゆったり座って、普通の（つまり何度でも使える）カップでコーヒーを楽しみましょう。

- 堆肥化可能な使い捨てカップでコーヒーを飲んだら、空のカップを家またはオフィスに持ち帰り、堆肥化材料のコンテナに入れましょう。普通のごみ箱に捨てたら、何のための堆肥化可能カップかわかりません。リサイクル資源に入れるのは駄目です（リサイクルはできません）。

- 一般的な使い捨てコーヒーカップの場合、プラスチックの蓋だけは洗ってリサイクルしましょう。

おまけの豆知識

- 仮にオーストラリアのすべての人が使い捨てカップから繰り返し使えるカップに変えたとすると、それによって減るCO_2排出量は、ボーイング747を10万時間飛ばした時と同じです。

今日では、世界の総人口75億のうち40億人（53%）がインターネットを使っています。2017年にパソコンを持っていた人は13億人と推定されています。

コンピューター

コンピューターやインターネットへのアクセスは、人が他の人とつながり、ビジネスを立ち上げ、学び、学位を得るために研究し、自らの権利を守るための情報に接し、情報を考慮したうえで決定を下すことを可能にします。

経済協力開発機構（OECD）によれば、2017年にはイギリスの家庭の91.7%に、機能しているコンピューターがありました。同時期の他の国々でも類似の結果が出ています。アイルランドで83.8%、オーストラリアが82.4%、ニュージーランドは78%です。けれども2015年にアメリカのシンクタンクのピュー研究所が行った調査では、先進国と途上国でコンピューター所有率に大きな格差があることが判明しています。その当時アメリカ人の80%がパソコンを持っていたのに対し、インドネシアでは13%、ウガンダはわずか3%でした。

1940年代の電子計算機開発の進展から1970〜80年代のデスクトップコンピューターの登場を経て、パソコンの普及は人間の生活を大きく変化させました。IT技術の進歩は驚異的なスピードで、それに伴って最新モデルを買ってベストなテクノロジーを手にすべしという圧力がかかってきます。結果として、（近年タブレットやスマートフォンに押されてコンピューターの販売台数がわずかに下降しているとはいえ）コンピューターの売り上げはビッグビジネスです。2019年の第1四半期だけで、デスクトップとノートパソコン合わせて5800万台が生産されました。パソコンの平均使用年数は3〜5年であることを考えると、とても多数のコンピューターが作られているのがわかります。

環境への負荷

コンピューターに関連した環境負荷の大部分は製造時に発生します。コンピューターの小型化は進んでいるものの、いまだに1台の生産過

程で本体重量の10倍の材料と化学物質が必要です。コンピューターの部品には銅、鉛、金といった金属が使われています。鉛ははんだや放射線防護、金はCPUのピンのめっき、銅は導体、他にもハードディスクには一般にアルミニウム、マグネシウム、ケイ素、亜鉛、コバルト、ニッケル、鉄が使われています。

　回路基板やスイッチには水銀などの重金属が、バッテリーやチップにはカドミウムが使われていることがあります。コンピューターの部品作りには、希少な金属も必要です。たとえば、地球に存在する量が金や白金より少ないルテニウムは高性能ハードディスクに使われ、ハフニウムはプロセッサに使われています。

　また、コルタンという鉱石から得られるタンタルの粉は、耐熱性が高く蓄電量も多いためコンデンサに使われます。ノートパソコンから携帯電話までの幅広い電子機器にタンタルコンデンサが入っています。世界のコルタンの80％はコンゴ民主共和国で産出していますが、成人男性や少年が危険な労働環境の中で低賃金で採掘に従事しています。多くの鉱山は武装勢力が支配し、コルタンは地域の人々に利益をもたらすかわりに武装勢力の資金源になっています。

　コンピューターの生産にも、購入者が電源を入れて使用する時にも、電力が使われます。私〔著者〕が使っているノートパソコンの「ゆりかごから墓場まで」のカーボンフットプリントは286±50 kg CO_2eで、乗用車を1128 km走らせた時の排出量と同じです。そのうち76.2％は製造段階、20％は使用、3.6％は輸送、0.2％が使用終了後の回収（リサイクル）です。

　コンピューターの製造には大量のエネルギーが使われているのですから、メーカーがエネルギー使用量削減に取り組んでカーボンフットプリントを減らすことには大きな意味があります。

　さて、購入者の家に置かれたコンピューター

は、平均して年に746キロワット（kW）の電力を使います。冷蔵庫（500 kW／年）より多いのです。使っていない時もパソコンの電源を入れたままだったり、スタンバイ（スリープ）モードにしていると、カーボンフットプリントと電気代が増えます（89ページも参照）。一般に消費電力はデスクトップ型よりノートパソコンの方が少なく、タブレットはさらにそれより少なくなります。

　コンピューターのモデルは数年で時代遅れになり、ユーザーは頻繁に買い替えを迫られることから、電子機器廃棄物（e-waste）の問題がどんどん大きくなっています。電子機器廃棄物は慎重に扱って、コンピューターに使われている有害な材料の環境への放出を最小限に抑え、価値のある部品や素材を再利用しなければいけません。

　国連の調べによれば、2016年に世界で出た電子機器廃棄物は4470万トンで、そのうち適切にリサイクルされたのはわずか20％でした。2016年の世界の人口で割ると、1人あたり6.1kgが廃棄されたことになります。ヨーロッパは1人あたりの電子機器廃棄物の量が平均16.6kgで、世界第2位です。とはいえ、ヨーロッパは電子機器廃棄物規制と回収の奨励によって、回収率は35％と第1位です。

　南北アメリカ大陸は1人あたりの廃棄量が11.6kgですが、安全に廃棄・リサイクルされているのは17％だけです。適切な処理施設や安全な廃棄とリサイクルに関する規制が存在しない発展途上国に向けて電子機器廃棄物を輸出することの是非については今も論争が続いています。

　コンピューターのリサイクルは、環境汚染防止と資源の有効利用の両面で望ましいことです。米国環境保護庁によれば、100万台のノートパソコンをリサイクルすると、アメリカの3657世帯の1年分の使用量に相当する電気を節約できるそうです。2014年のメキシコの研

究では、リサイクル素材は新たに作られる素材に比べて排出量削減で10倍、人間の有害物質への曝露防止では3倍のメリットがあることが判明しています。

　使用済みのコンピューターが適切に処分されず、重金属が環境中に漏れ出すと、人間の健康被害のリスクがあります。また、コンピューターの素材にプラスチックが占める割合はどんどん増えており、プラスチックによる環境負荷が最も大きいのはコンピューターが廃棄される時です。

あなたにできること

- コンピューターの電源設定を、15分操作しなければスリープモードになるようにしましょう。あなたがパソコンをつけたまま席を離れても自動的に節電してくれます。
- 使っていない時はコンピューター、モニター、プリンターの電源をOFFにしましょう。
- パソコンのディスプレイはかなり電力を使います。画面の明るさを下げ、ちょっと休憩する時にもディスプレイを切りましょう。
- 故障したらまず修理を検討しましょう。修理可能かどうかを調べずに新品に買い替えるのは考えものです。
- 電子機器のリサイクル。ごみとして捨ててはいけません。古いコンピューターはリサイクルセンターの電子機器コーナーや、引き取り・リサイクルをしている販売店に持っていきましょう。回収時の送料無料サービスを行っ

ているメーカーもあります。〔日本では各メーカーやパソコン3R推進協会、買取回収業者が回収を行っています〕。
- 再利用してもらう方法もあります。地域に中古コンピューターを求めている団体がないか調べましょう。
- 自分のノートパソコンがどこでリサイクルされるかを調べましょう。国連大学が主導する「StEPイニシアティブ」（電子機器廃棄物問題を解決するイニシアティブ）のオンラインサイトでチェックできます。古いパソコンを売ったりリサイクルに出したりする前には、ハードディスク内のデータを消去する必要があります。やり方をネットで調べたり、コンピューターショップやIT専門業者に相談しましょう。
- 新しいパソコンを買う前に、まずは調査です。各ブランドを批判的に比較しましょう（251ページも参照）。コンピューター製造過程の透明性、CO_2削減目標、再生可能エネルギーの使用状況、古いパソコンの回収への取り組み、有害廃棄物の管理、リサイクルとリユースへの姿勢などを調べましょう。また、モデルごとの省エネ性能とカーボンフットプリントも要チェックです。
- 電力会社を再生可能エネルギー供給業者に切り替えて、パソコン使用に伴うカーボンフットプリントを減らしましょう。

おまけの豆知識
- 米国環境保護庁によれば、古いブラウン管式モニターには人体に有害な鉛が最大で3.6kg含まれています。
- ノートパソコンはデスクトップより有害物質の含有量も消費電力も少ないので、比較すればいくらか地球にやさしいと言えるでしょう。
- 2015/2016年にナイジェリアがリサイクル用として輸入した中古電子機器の約77%がEU加盟国から送られていました。

リペアカフェ

　世界的に、メーカーは「計画的旧式化」—— 一定期間が過ぎると故障したり時代遅れになって使えなくなるように製品を設計し、買い替えさせる手法——を用いてきました。たとえば新品の洗濯機の製品寿命は11年ですが、8年使った時点で故障すると、買い替えを勧められます。

　2009年にオランダのマーティネ・ポストマが始めたリペアカフェは、家電製品や機械などを持ち主が自分で修理する集まりで、無料で参加でき、専門的な技術を持ったボランティアが手伝ってくれます。カフェには修理に必要な道具や材料が用意され、いろいろな分野のボランティア専門家がいて、服や家具、電気製品から、自転車、おもちゃ、陶器の食器まで直すことができます。

　オランダの10のリペアカフェで715件の修理を対象にどんな品物が多いかを調べた研究では、特に目立ったのは自転車、掃除機、電気ケトルで、修理の成功率は平均70%でした。

　「古くなったら捨てて新品を買う」という考え方に疑問を持ち、増えつづける電子機器廃棄物の問題に対処しようとするリペアカフェ活動は、イギリス、アイルランド、ニュージーランド、オーストラリア、アメリカをはじめ、世界中に広がりつつあります。

　リペアカフェは家庭用品の寿命を延ばすだけでなく、人々がものの修理のしかたについての知識を教え合って伝えていくのを助け、さらに、ごみを減らして炭素排出をカットし、新品を作る原料やエネルギーも節約できます。また、地域の人々が出会ってサステイナブルな社会を作るための核を生み出す、大きな意味を持つ場所でもあります。

　アイルランドのダブリンのとあるリペアカフェでは、持ち込まれる修理品の半分以上が携帯電話、タブレット、パソコンです。

米国環境保護庁の推定では、アメリカで1年間に捨てられるペンの数は16億本です。残念なことに、海岸清掃では古いペンやキャップがよく見つかります。それらは波と太陽の作用で小さく砕けてマイクロプラスチックになり、食物連鎖に入り込む可能性があります。

ペン

　この70年間でペンは使い捨て品になり、また、今のペンほとんどがプラスチック製です。あなたの家の引き出しには何本のペンが眠っていますか？

　1950年代にはじめて登場した使い捨てボールペン。使い捨てペンはプラスチック製の軸と口金、インクの入ったプラスチックの芯、炭化タングステンのボール、真鍮製のボールホルダーでできています。複数の素材を組み合わせて作られているためリサイクルが困難です。

環境への負荷

　最大の問題は、ペンが安い使い捨て品になったために出回りすぎて、しばしばごみとして捨てられることです。ビック社は2005年に、発売開始から1000億本目の使い捨てボールペンを送り出しました。それほどの数のペンに、いかに大量のプラスチックが使われたことか。

　使い捨てペンは石油から作られ、フタル酸エステル類などの添加物（26ページ参照）が加えられています。インクに含まれる溶剤には健康に良くないものもあり、日光に当たると大気

汚染の一因になる場合があります。

あなたにできること

- 品質の良い、インク交換ができるペンを使いましょう。近年は、ボールペン、水性ペン、顔料ペン、ホワイトボードペン、蛍光マーカーにも芯を交換できる製品があります。ペンと一緒に替え芯も買いましょう。

- 鉛筆を使いましょう。新聞紙や古紙、さらにはジーンズをリサイクルして作られた鉛筆もあります。木の鉛筆は、FSC認証が付いている商品を選びましょう。

- 先端に特殊な金属を使い、インク補充が不要でいつまでも書ける「インクレスペン」はどうでしょう？　鉛筆に似たグレーの線が書け、消しゴムで消えず、手や袖口が汚れることもありません。

- 無料で配られるペンは断りましょう。

余剰品や不要な品を
クリエイティブな活動に生かす

　多くのビジネスが、余った包装材、廃番品、端材や余剰在庫を抱えています。そして、必要ないとか保管スペースがないという理由でそれらは捨てられます。

　ごみとして捨てられると、それらは埋め立て処分場に埋もれるか、焼却されるかです。別の場所で生かされる可能性がいくらでもあるというのに――たとえば舞台のセット、彫刻の素材、母の日のプレゼントの工作の材料として。アイルランドのNPO「リクリエイト（ReCreate）」は、そこに目を付けました。

　リクリエイトは、企業や事業所から不用品――販促用のペンや鉛筆、カラフルなプラスチック部品、コーヒーのパッケージ用アルミ箔の端の切り落としなど――を引き取り、学校や家庭や地域のグループの創作活動用に提供します。

　ダブリンにあるリクリエイトの倉庫は、ありとあらゆる種類の創作用の原石で一杯です。植木鉢からボタンまで、ボトルからロールに巻かれた素材まで、さらにペン、塗料、接着剤、紐、などなど。このプロジェクトは、リユースを通じて創造力の後押しをしているのです。

　誰でも会員になって素材を手にしたり、ワークショップに参加したり、アドバイスをもらったりできます。リクリエイトは障害者のグループや支援学校向けのワークショップも企画して、美術用の素材を無料で提供しています。

　リクリエイトの目標は、不要品が埋め立てや焼却に送られるのを防ぎながら、好奇心や創造力を刺激し、環境に配慮する意識も広めることです。

世界では推定で毎日100万個のインクカートリッジが捨てられています。

イギリスでは1年に5500万個のトナーカートリッジとインクカートリッジが廃棄されています。

プリンターとインク

　自宅やオフィスのコンピューターから直接印刷できるようになって、作業や手続きの方法は大きく変わりました。今では搭乗券や映画チケットから写真や銀行の取引明細まで自分でプリントアウトできます。

　コンピューターに接続して使うプリンターが初めて作られたのは1938年で、1971年に乾式印刷のプリンターが登場し、その後のレーザープリントへの道筋をつけました。けれども、プリンターが家庭で使えるくらい小型で安価な商品になったのは、それから20年ほど経ってからです。

　2018年にイギリスで行われたインターネット利用に関する調査で、成人の約40％がデスクトップコンピューターを所有しているという結果が出ました。コンピューター保有者全員がプリンターを持っているわけではありませんが、仮に半数とすると、イギリスだけで2900万台という膨大な数のプリンターが存在し、それぞれが電力とインクを使っていることになります。

　家庭やオフィスのプリンターはインクジェット式とレーザー式の2種類に大別されます。インクジェット式はカートリッジに入ったインクを微小な液滴にして吐出させ、インクの点々で紙の上に文字や画像を印刷します。レーザー式はコンピューターやタブレットから送られたデータを電子回路で処理し、レーザー光線で感光ドラムを走査して静電気のパターンを描き、パターンの部分にトナーを乗せて、紙に転写します。トナーはカートリッジに入っています。

環境への負荷
　プリンターの環境負荷は、プリンター本体とインク（またはトナー）カートリッジの製造、輸送、使用、廃棄によって発生します。2012年に発表されたインクジェットプリンターのラ

イフサイクルアセスメント結果では、最も環境への影響が大きいのは紙を使って印刷する段階で、次が製造と消費電力でした。インクカートリッジについては、使用終了後、つまり回収、リサイクル、廃棄の際の環境への負荷が大きいことが示されました。

インクジェットプリンターは染料（あるいは顔料）を含む液体インクを詰めたカートリッジを使い、レーザープリンターは微細な紛末のトナー（成分の大半はポリエステル）が入ったカートリッジを使います。ほとんどのインクは無害で主成分は水、エチレングリコール、アルコールです。ただ、カラーの顔料、樹脂、黒色炭素、ごく微量の重金属（鉛、カドミウム、水銀、六価クロムなど）は皮膚や目に付くと炎症の原因になります。カートリッジから漏れ出すこともあるため、適切に廃棄しないと環境汚染を引き起こします。

レーザープリンター用の新品トナーカートリッジ1個を作るために要するエネルギーはCO_2を4.8kg（平均的な乗用車で約160時間走行した場合に相当）発生させ、リサイクルカートリッジの場合は2.4kgだとされます。全体として考えると、リサイクルカートリッジ（容器を再利用して中身を詰め替えたもの）が一番エコで、エネルギーと資源が節約されて消費者の支出も少なくて済みます。世界で販売されているカートリッジのうち、およそ20％がリサイクル品です。

プリンターを使用すると電力を消費します。その電気が化石燃料を燃やして作られていた場合（今はまだそれが主力です）、地球温暖化を進める温室効果ガスも発生しています。レーザープリンターでの印刷時には、少量のオゾン、印刷物の乾燥を早めるための揮発性有機化合物（VOC）、トナーの微粒子も放出されます。狭く換気の悪い部屋でプリンターを使って粒子状物質の濃度が高くなったら、健康に影響が出るかもしれません。現時点では、米国環境保護局はプリンターの微粒子を有害物ではなく迷惑物質に分類しています。

毎日100万個ものインクカートリッジやトナーカートリッジが捨てられ、その多くは埋め立て処分場に行きます。そこでの分解には何百年もかかり、複数の化学物質を環境中に放出します。世界のトナーカートリッジのうちリサイクルされているのは約30％にすぎないとみられます。恐るべき無駄です。インク／トナーカートリッジの材料の97％はリサイクルが可能で、リサイクルすれば新たに作るための原料やエネルギーの節約になるのですから。

つい最近まで、古いプリンターはリサイクルのために途上国に送られることがよくありましたが、規制も法的拘束力もない国で野積みされたり焼却されたりもしていました。EUやオーストラリア、ニュージーランドなど規制の厳しい国々では、現在はプリンターを含む電気電子機器廃棄物専門のリサイクルサービスが提供され、多くのメーカーも使用済みカートリッジの回収サービスを行っています。

あなたにできること

- 自宅でもオフィスでも、必要な時だけプリントしましょう。エネルギー、紙、インク、出費、CO_2排出量を減らせます。
- 印刷設定の見直し。プリンターの設定を両面刷りや1枚に2ページ割り付け印刷にし、グレースケール（モノクロ）やドラフトに設定してインクの使用量を減らし、印刷ミスを避けるために「印刷プレビューを表示」にチェックを入れましょう。

- インクカートリッジのインク詰め替えも可能です。メーカーは推奨していませんが、ごみを減らし、インク代の節約になります。〔トラブルが生じることもあるので事前に良く調べましょう。〕
- 空になったトナーとインクのカートリッジは必ずリサイクルしましょう。一部のメーカー、販売店、NPOなどが使用済みカートリッジの回収を行っています。メーカーのウェブサイトをチェックするか販売店で尋ねましょう。〔日本では、一部の郵便局や自治体施設などにも回収ボックスがあります。〕
- プリンターを使っていない時は電源を切りましょう。スタンバイは待機電力を使い、電気代とカーボンフットプリントが上がります（60、89ページも参照）。
- EUの省エネ認証がA+以上のインクジェットプリンターは、レーザープリンターよりもエネルギー効率とコスト効率ともに上です。購入前に情報を調べ、使用済みカートリッジやプリンターの回収を行い、再生素材でプリンターやカートリッジを作り、有害物質を含まないインクを生産しているメーカーの、エネルギー効率が良い製品を選びましょう。
- 詰め替え可能なインクタンク式プリンターもあります（「エコタンク」と呼ばれることも）。カートリッジを使わず、タンクにインクを補充するだけです。タンク内のインク残量がわかりやすいため、「大事な書類を印刷しようとしたらインク切れだった」という事態になりにくいという利点もあります。メーカーは、タンク式はカートリッジ式と比べてインク代を80%減らせると言っています。
- 職場では、印刷管理サービスも検討しましょう。オフィスの印刷作業を中央管理にして簡素化し、エネルギー効率の高いプリンターで刷りつつ、両面印刷やモノクロ印刷を基本

再生プラスチック使用への動き

　ヒューレット・パッカードは先頃、インクカートリッジの80%以上とLaserJetプリンター用トナーカートリッジの100%を再生素材で作っていると発表しました。同社は既に、22万7000kg以上のオーシャンバウンド・プラスチック*を使ってHP純正インクカートリッジを作っています。

　デルはコンピューターの梱包に海洋プラごみを再生したプラスチックを使っています。ノートパソコンの梱包材の成型トレーは、海洋プラスチック25%とリサイクルプラスチック75%で作られ、バージンプラスチックは含まれていません。また、トレーはリサイクル可能です。

ルールにするというやり方です。
- 古いプリンターは販売店に下取りしてもらうか、WEEE〔電気電子機器廃棄物〕回収拠点に持って行ってリサイクル・ルートに乗せましょう。メーカーが引き取りサービスをしている場合もあるので、ウェブサイトで調べましょう。

＊オーシャンバウンド・プラスチック＝海岸から50km以内の地域で、放っておくと海に流入する可能性が高いプラごみを回収したもの。

アメリカの平均的なオフィスワーカー1人が1年間に消費するコピー用紙は最大で1万枚とされます。A4用紙1枚の生産には最大13リットルの水が使われます。

印刷用紙

「印刷する前に考えよう」「刷る前に環境のことを考えて下さいね」。Eメールの署名の後ろに置かれたこういうメッセージを時々目にしますが、実際に気に留めていますか？ 気にしないことが多いのではないでしょうか。ずいぶん前から、ペーパーレス・オフィスが数年で実現するかのように言われてきましたが、今も人々はEメールやウェブサイトの情報をプリントアウトし、紙の使用量は減るどころか増えています。

職場での紙の使用状況は、病院から大学まで、事業内容によってそれぞれに異なります。たとえば法律事務所はしばしば文書のプリントアウトを作るよう求められます。一方、ソフトウェア企業はペーパーレスに近いようです。

いずれにしても、人々はずいぶん昔から紙を使ってきました。紀元前3000年頃は、メソポタミアで粘土板、古代エジプトではパピルスが記録に使われました。紀元前1500年頃の中国では竹簡に文書を記していました。中国の歴史書では、後漢の宦官だった蔡倫が105年に紙を発明したとされています。現在では世界の紙の半分が中国とアメリカと日本で生産され、北米が他のどの地域よりも多くの紙を使用しています。

環境への負荷

紙は木という再生可能資源から作られていますが、それでもかなり大きな環境フットプリントを持っています。世界自然保護基金（WWF）の試算では、製紙産業は国際的に取引される木材の40％を使用しています。木材は森から伐り出されますが、その森林は地球の陸地の31％を覆って空気と水を浄化し、炭素を蓄え、16億人に生計手段を提供しています。

毎年、森林はおよそ26億トンの二酸化炭素を吸収します。エネルギーを得るために人間が化石燃料を燃やして放出しているCO_2の約3分の1です。ですから森林は、人間の活動による汚染の最悪の結果から私たちを守っている、本当に重要な場所です。

ところが私たちは、その貴重な森林を1分間にサッカーのピッチ27面ぶんの割合で伐採しています。伐られた木が蓄えていた炭素が失われるためCO_2を排出しているのと同じで、気候変動の一因になります。地球の温室効果ガス排出量のうち25%は、木材用に木を伐ったり、農地の開墾や都市の拡張・開発のために森林を皆伐して更地にすることに関係しています。その排出量の半分ほどは、森林破壊や森の健全度の低下が原因です。

製紙はまた、最終製品1トン当たりの水使用量が最も大きい業界でもあります。1トンの紙を作るために、30万〜260万リットルの水が使われます（製紙の方法によって使用量が異なります）。大量の水だけでなく化学薬品もつきもので、原料の木が生える森に散布される殺菌剤から、パルプ化工程で木の繊維を抽出する際に混ぜられる200種類ほどもある薬品まで、多様です。これらを合わせると、製紙業界は地球の表層水の水質汚染原因として第4位にランク

紙はどうやって作られる？

紙を作るには、まずパルプ化工程があります。原料（通常は木のチップ）に大量の水（1本の木に対して約189リットル）とパルプ化を助ける薬品を加えて混ぜて溶かし、残ったどろどろの繊維液を脱水して板状のパルプにします。漂白紙の場合はパルプにする前の段階で漂白します。次にパルプを薄く延ばし、プレスし、乾燥させて紙を作ります。近年のコピー用紙はバージンパルプ紙、再生紙混合品、FSC認証付き木材使用紙、再生紙、漂白紙、無漂白紙など選択肢が豊富で、どれもプリンター（インクジェット、レーザー）で使えます。

されます。さらに、紙の漂白に使われる塩素がもしも川に流出したら、水生の生物や植物に被害が及ぶ可能性があります。

製紙にはたくさんのエネルギーも必要で、そのぶん温室効果ガスが排出されます。イギリスのパルプと紙の生産は、主に機械を動かすための燃料と電気によって、国内産業全体の温室効果ガス排出の6%を出しています。逆に言えば、製紙工程の効率化と再生可能エネルギーへの切り替えによって排出量を減らせる大きな可能性があります。EUは、ヨーロッパの製紙業は効率化とクリーンエネルギーの利用で2050年までに排出量を63%削減可能だとみています。

古紙リサイクルにはいくつものメリットがあります。まず、古紙1トンあたり17〜24本の木を伐らずに済み、古紙を捨てずに新しい紙に生まれ変わらせることで埋め立て・焼却ごみを減らせます。また、バージンパルプから紙を作るのに比べてエネルギー使用量を27〜70%（作る紙の種類によって変わります）節約できます。使う水の量も30〜40%少なくて済みます。その結果大気汚染を73%、水質汚染を35%減らすことができますし、古紙回収・分別・再生に携わる人々の雇用が生まれます。

ところが、世界ではリサイクルされている紙は37%にすぎません。森林保護とごみ削減というメリットを考えると、貴重なチャンスが無駄になっていることになります。紙は、品質が劣化するまでに5回から8回は再生可能です。

あなたにできること

- 紙を節約し、必要な時だけ印刷しましょう（190-191ページも参照）。
- 「消費者使用後の古紙（post-consumer waste）の配合率100%」と書かれた無漂白の再生紙を買いましょう。この表示は、端材や製造時廃棄物ではなく、消費者から回収された古紙

を原料にしているという意味です。この種の紙は漂白紙ほど白くはありませんが、使用上問題ない白さです。漂白する代わりにインク除去処理がされています。

- 裏が白い紙は、メモや子供の工作などに利用しましょう。
- 紙のリサイクル。封筒は窓部分の透明フィルムを剥がすことを忘れずに（右のコラムを参照）。再生紙もリサイクルできます。オフィスには古紙専用のボックスを置き、他のごみと混ざらないようにしましょう。
- シュレッダーにかけた紙もリサイクルできます〔日本ではまだ普及していません〕。シュレッディングサービス会社を利用している場合は、出した紙がリサイクルされることを確認しましょう。
- FSC認証付きで塩素漂白をしていない紙を探しましょう。無塩素漂白パルプにはECFとTCFという2種類があります。ECFは、漂白に分子状塩素を使わないかわりに二酸化塩素は使用し、微量の塩素化合物が紙に残ります。TCFは塩素をまったく使わずに酸素やオゾンや過酸化水素で漂白します。

いろいろな封筒

多くの封筒は紙だけでできていて、リサイクルできます。クッション封筒でプラスチックの緩衝材が入っている場合はリサイクルできません。プラスチック素材の封筒は、多くの場合リサイクル不能です。

最も扱いがわかりにくく、それでいて公的な郵便物で最もよく使われるのが、透明セロハン窓付きの紙封筒です。セロハンはリサイクルできませんから、そこだけ取り除いてごみ箱に入れ、紙の部分を古紙回収に出します。半透明のグラシン紙の窓が付いている封筒は、そのまま全部リサイクルできます。

宛名を直接封筒に印刷する方が、ラベルシールに印刷して貼るよりもごみは少なくなりますが、使用済みのクッション封筒にラベルを貼って再利用するといった手もあります。

再生紙製で透明窓のない封筒を選びましょう。紙製の緩衝材を入れたクッション封筒もあり、これなら全体がリサイクル可能です。剥離紙をはがすだけで封ができるテープ付き封筒もありますが、剥離紙はリサイクルできず、ごみになります。口糊付き封筒の方がごみが出ません。

おまけの豆知識

- パルプ、製紙、印刷業界は世界の産業によるエネルギー使用量のうち5.6％を占めています（2014年のデータ）。
- 世界の20億ヘクタール近い荒廃林地を回復させて森を再生させれば、炭素を吸収して気候変動対策の一助にすることができます。

2019年にスコットランドのある学校が、イギリスで初めてラメを禁止しました。イギリスの幼稚園・保育園の4分の1は、環境保護の観点からラメ禁止に賛成だと言っています。

ラメ、接着剤、シール、クレヨン

　私が子供だった頃、お絵かきや工作で使ったのは糊やボンド、クレヨン、絵の具、それから家にあるいろいろなもの（空き箱やトイレットペーパーの芯など）でした。今は、ラメ、シール、プラスチックのドールアイ（ぬいぐるみや人形用の目玉）、カラフルな型抜きスポンジシートなど、さまざまなクラフト用品を買って作るのが流行です。

　紀元前10万〜4万年頃の人間は、雲母の小片を使って洞窟壁画にキラキラ光る効果を出していました。ラメの祖先といえるでしょう。

　プラスチックのラメは1934年にアメリカのヘンリー・ラッシュマンによって発明されました。以来、グリーティングカードや包装紙からアイシャドウやマニキュアまでさまざまなものに使われ、ラメ入りのペンやクレヨンや接着剤さえあります。

環境への負荷

　大部分のラメはプラスチックとカラーと反射素材（アルミニウム、二酸化チタン、酸化鉄など）のシートを重ねて作られています。製品自体がマイクロプラスチックで、工作が終わった

ら下水に流され、微小なため下水処理施設をすり抜けて環境に入り、野生生物にとっての脅威になります。

　ラメはとても軽いので、風に乗って飛びます。リサイクル施設で機械に詰まってトラブルを起こすことがありますし、古紙再生の際に除去するのも困難です。

　手作りのカードや絵にラメを付けるには、接着剤が必要です。接着剤には大気汚染の原因物質になる溶剤が含まれているため、溶剤含有率が低いもの、または溶剤不使用のものの方が健康にも環境にも安全性が高くなります。

　シールにも接着剤や粘着剤が使われています。ラメ入りやプラスチックコーティングされたシールもよく見かけます。シールはリサイク

ルできず、シールの台紙やシールブックも同様です。

　子供がいる家には、クレヨンがいっぱい入った引き出しか箱がよくあります。クレヨンは幼い子供が絵の描き方を知るにはすばらしい道具ですが、残念ながら地球にとってはすばらしくありません。クレヨンはパラフィン（石油精製の副産物）と染料その他の添加物（ラメもそのひとつ）を混ぜて作られています。パラフィンは生分解されず、添加された化学物質には汚染源になるものもあります。家や学校や保育施設にあるクレヨンと、子供向けの景品や福袋に入っているクレヨンをすべて足したら、膨大な量になることは想像がつくでしょう。

　今ではプラスチックの軸に入った繰り出し式のクレヨンまであります。使い勝手は良いのですが、新たなプラごみになる部品がクレヨンに加わったことになります。硬質プラスチックの軸は内側にクレヨンが付着している

ためリサイクル不可ですし、繰り出し機構に使われている金属製のバネもリサイクルできません。

あなたにできること

- ラメを使うのをやめましょう。カードや工作には食塩や米粒やレンズ豆などを代用しましょう。

- プラスチック不使用で生分解性のラメもあります。ただ、生分解性のないプラスチックをいくらか含んでいる商品もあるので、注意してチェックし、独立した機関で認証を受けた生分解性ラメを選びましょう（商品ラベルかメーカーのホームページに表示しなければならない決まりです）。雲母はラメの代わりになる天然の鉱物ですが、人権への配慮なしに採掘されていることがあるため、エシカルな企業は雲母を使っていません。

- 溶剤不使用の接着剤を探しましょう。空の木工用ボンドやスティック糊の容器は、通常はリサイクルできませんが、リサイクル企業テラサイクルがこれらの容器の専門的リサイクルを行っています。近所に回収拠点がないか調べてみましょう。

- 植物性油脂やミツロウを原料にした、パラフィン不使用のクレヨンを探しましょう。

- プラスチックの軸に入ったクレヨンは避けましょう。プラごみが増えてしまいます。

- 使わないクレヨンを寄贈できるリサイクルプログラムを探しましょう。

- シールやプラスチックのドールアイやスポンジシートやビーズはできるだけ避けましょう。

使いかけのクレヨンに新しい命を

　アメリカのNPO「クレヨン・イニシアティブ」は学校や家庭やその他の施設から使わないクレヨンを集め、融かして新しいクレヨンを作っています。クレヨンがごみとして捨てられずに済み、再生されたクレヨンは小児病院のアートプロジェクトに寄贈されます。

おまけの豆知識

- アメリカだけで1日に1200万本のクレヨンが作られ、1年間に折れたクレヨン2万〜3万4000kgが埋め立て処分場に捨てられています。
- 2018年に、イギリス全国の61の音楽フェスティバルでラメが禁止されました。

2017年に最も多く検索された「○○のやり方」は、「スライムの作り方」で、Googleは2017年を「スライムの年」と名付けました。

スライム

　どんな年齢の子供も、スライム作りが大好きです。ネット上には何千もの「スライムの作り方」動画があり、再生数が数十万回を超える動画も少なくありません。

　あるスライム専門ユーチューバーには65万7000人以上のチャンネル登録者がいます。2018年にYouTubeでスライムを検索したところ、2900万件ありました。2018年のアルゴス〔英国のカタログ通販〕の美術工芸ジャンルの商品のうち、4分の1がスライムでした。

　スライムは、PVA（ポリビニルアルコール）というポリマーを成分とする糊と、ホウ砂（多くの洗濯洗剤の成分）やコンタクトレンズ保存液などの「架橋剤」が反応して、伸縮自在の物質になったものです。それ以外の成分も加えると、性質が変化します。たとえばシェービングクリームを足すとふわふわした感じ、ボディーローションなら滑らかでソフトになるといった具合です。手ざわりの次は色や飾り。ラメやプラスチックの小さい玉やビーズ、絵の具、粒状スポンジ、アイシャドウ、マニキュア……いく

らでも遊べます。

環境への負荷

　多くの人にとって、スライムで面白いのは「作る作業」――狙い通りのかたさと手ざわりを出せるかどうかや、混ぜている時の音――です。それはつまり、できたスライムはせいぜい1日遊んだら捨てられるということです。

　スライムの問題は、基本的に生分解性を持たない合成樹脂（プラスチック）で、リサイクルもできない点です。古くなったスライムを下水に流すと、どんどん小さなかけらに分かれて、マイクロプラスチックやナノプラスチックになります。

　PVAは柔軟性がある水溶性の物質で、食べたりしなければ無害です。ホウ砂の最大の用途は洗浄剤で、皮膚を刺激することがあります。幼い子はなんでも口に入れてしまいがちですか

ら、使う時には充分注意が必要です。ホウ砂を
ひんぱんにさわったり吸い込んだりすることは
健康に良くありません。子供たちがどんなにス
ライムを好きでも、日常的にスライム作りをさ
せるのは賢明ではありません。

　スライムに混ぜるラメやプラスチックの玉や
ビーズは、スライムだけを捨てる時よりプラご
みが多くなるので（196-197ページも参照）、
問題を一層悪くします。こうした混ぜ物はそれ
ぞれ単独でも野生生物へのリスクを持ってお
り、スライムと組み合わさると生物の命を脅か
すこともありえます。

あなたにできること

- プラスチックをベースとしたスライムに
「ノー」を言い、子供たちにはそれがどう環
境に悪いのかを説明しましょう。
- トウモロコシ粉と食用色素と水で、PVAも
ホウ砂も含まないスライムを作りましょう
（下の作り方参照）。また、シャンプーか食器
洗い洗剤とトウモロコシ粉を混ぜてみましょ
う。弾力や伸縮の感触を楽しめます。
- 食べられるスライム（下の作り方参照）を作って
みましょう。子供に喜ばれます。ただ、砂糖を
たくさん使っているので、食べる量はほどほどに。

地球にやさしいスライムの作り方

　学校や遊戯療法のセラピストは、スライムを作るためにかき混ぜたりこねたりすることにセラピー
効果があると言っています。プラスチックフリーや食べられるスライムを作ってみましょう。

プラスチックフリーのスライム

用意するもの：
トウモロコシ粉
水
食用色素（なくてもよい）
大きめのボウルとスプーン

作り方
　トウモロコシ粉をボウルに入れます。粉と水
の割合がだいたい２：１になるくらいの水を入
れ、よく混ぜます。食用色素を使う場合は、粉
に加える水にあらかじめ少量を溶いておきます
（入れすぎないように）。望みどおりの触り心地
のスライムを作る分量比を会得するにはいくら
か経験が要ります。混ぜているうちに生地がま
とまりますから、好みの感触になるように水か
粉を足して調節します。引っ張ったりつぶした
りして遊びましょう。
　密閉容器に入れて冷蔵庫で保存すれば数日間
もちます。少し水を足して復活させましょう。

食べられるスライム

用意するもの：
ゼリーかマシュマロ
食用色素（なくてもよい）
粉糖
トッピングシュガー

作り方
　マシュマロまたはゼリーを電子レンジに30
秒かけるか、湯せんにして融かします。食用色
素を入れたい場合はここで1滴か2滴たらしま
す。粉糖を一度にスプーン1杯ずつ加えながら、
好みのかたさになるまで混ぜつづけます。手で
さわるのは、冷めてから！
　触感と見た目の楽しさのためには、トッピン
グシュガーその他のケーキデコレーション用品
を混ぜるとよいでしょう。

**注意：材料が何であっても、スライムが家具に
付かないよう注意しましょう！**

余暇時間

LEISURE TIME

一般的なヨガマット1枚を作るのに、石油化学製品と鉱物合わせて23kgと、水925リットルが使われています。

ヨガマット

　社会で成功して忙しく過ごしている人々に、どうやって多忙な中で心身を管理しているのか尋ねた時に、しばしば中心的戦略として挙げられるのがヨガです。ヨガをすることでリラックスでき、余裕ができ、自然と同調した状態になります。私たちの活動や健康にも、地球のためにも、良いアプローチです。

　現代の人気アクティビティであるヨガは、インドに起源を持ち、何千年も前から行われてきました。ヨガのポーズをとる人物像を彫った紀元前3000年頃の石がインダス川流域で見つかっています。ヨガは身体のエクササイズと精神修養・瞑想が組み合わさっていて、多くの流派や解釈があります。昔のヨガは座位か立位のポーズが多かったのに対し、現代のヨガは以前よりも複雑で多様なポーズが取り入れられており、ヨガマットの重要性が増しています。

環境への負荷

　自然と深く結びつき、精神修養の側面も持つヨガに環境への負荷があると指摘するのは矛盾しているように思えますが、今はほとんどの人がポリ塩化ビニル（PVC）製のマットの上でヨガを行っています。

　PVCのマットは安くて丈夫なうえ、ポーズをとった時に滑りません。クッション性も備えていて、保護力と快適さを感じられます。簡単に巻いて収納でき、拭いてきれいにすることもできます。PVCマットは一般に20ポンド（2900円）前後ですが、他の素材（コルクやラテックスゴムなど）のマットは100ポンド（14500円）以上することもあります。

　PVCのヨガマットには多くの利点がありますが、PVCは合成樹脂、つまり基本的にプラスチックです。PVCは、フタル酸エステル類（26ページも参照）などの添加剤を使用することで、パイプに使用されているような硬くて丈夫な状態

アップサイクルされたヨガマット

　アメリカのスガ（Suga）社はサーフショップから古いウェットスーツを回収し、ヨガマットに作り変えて、新たな命を与えています。製品のひとつに一生使えるヨガマットがあり、もしマットが傷んで交換が必要になった場合には同社が無料で取り換えて古いマットは引き取ってくれます。アイルランドのアップサイクル・ムーブメント社は、回収したウェットスーツからヨガマットの収納・持ち運び用ストラップを作っています。

から、ソフトで柔軟性のある素材へと変化します。PVCは光や熱にさらされると不安定になりがちなので、それを防ぐために鉛、バリウム、カルシウム、カドミウムといった金属を含む安定剤が添加されます。それはまた環境汚染を起こしうる物質を加えていることでもあります。

　PVCに安定剤と柔軟化剤が含まれているため、ヨガマットのリサイクルは容易ではありません。そのため、一般的なヨガマットは、何らかの形で再利用されない限り、最終的には埋め立てや焼却になる運命にあります。ヨガマットは生分解されず、燃やすと大気中にダイオキシンを放出し、埋め立て処分場では厳重な管理が必要な有毒浸出水を発生させます。

あなたにできること

- ヨガマットをよく手入れして、できるだけ長く使いましょう。PVCマットは耐久性が高いので、大事に使えば何十年ももちます。
- 新しいマットを買うなら、PVC以外の品物を探しましょう。ラテックス（天然ゴム）製のマットはグリップ力があります（ただ、ゴムアレルギーの人は使えません）。また、ゴムが持続可能な形で管理された森林で採れたかどうかも確認しましょう。木綿、コルク、ジュートのマットもあります。実際、今は多様な製品がありますから、持続可能性や快適さ、耐久性や滑りにくさなどを考慮して、地球への影響の面で満足のいくものを選ぶとよいでしょう。
- 古いヨガマットは誰かに譲りましょう。マットが再利用され、埋め立てや焼却処分に行くのが遅くなればなるほど望ましいです。
- 廃棄物（たとえばサーフショップで回収された古いウェットスーツ）から作られたヨガマットを探してみましょう。古いウェットスーツで作られたヨガマット用キャリーストラップもあります。

おまけの豆知識

- 世界のヨガ人口は約20億人で、そのうち半数がヨガマットを使っているとすると、10億枚のマットがあることになります。
- ランカスター大学の2017年の調査では、イギリスで最も人気のある言葉ベスト15にFacebookやtwitterと並んでyogaが入っていました。ヨガの人気の高さがわかります。
- 古いヨガマットは、キャンプ用のマットや飲み物の保冷、野外コンサートやフェスティバルの際のシートとして、新しい命を吹き込むことができます。

2017年には男性の63%、女性の58%が何らかのスポーツをしており、ランニングは15%の人に選ばれていました。

世界では年間250億足のランニングシューズが販売されています。1日あたり3400万足です。ランニングギアの資源消費と環境負荷を考える時、最も大きな負荷を与えているのはシューズです。

ランニングギア

　ランニングには「ギア」（用具）が必要です。専用のシューズ、ソックス、ショーツ、透湿性のトップス、暗い場所で役立つ反射素材、タイムを計る時計、音楽を聴いたりランニングデータを記録したりするスマートフォン。そのすべてに環境負荷があります。

　ほとんどのランナーは、見栄や物欲で最新のギアを買っているわけではありません。適切な足運びをしてケガを防ぐためには足と身体への負担が小さいランニングシューズが必要だから、また、伸縮性があってこすれても痛くならないウェアが望ましいからです。幸いなことに、持続可能な形で生産された製品が増えています。

　今のスポーツウェアの生地は合成繊維で、透湿性と防臭性を備え、肌あたりが滑らかで、抜群の柔軟性で身体にフィットするように作られています。天然繊維は濡れると重くなり、肌にこすれて腫れやかぶれを起こすこともあるため、総じて人気が落ちています。けれども、スポーツウェアの素材として天然繊維に見切りをつけたのは早すぎたかもしれません。最近の新技術で、天然繊維も過酷な環境下で高い性能を

発揮できるようになっています。

環境への負荷

　2008年、『ランナーズ・ワールド』誌は、エリート選手やプロではない一般的な競技ランナーの年間カーボンフットプリントを算出しました。靴下、ショーツ、Tシャツのカーボンフットプリントから、ギアの洗濯と乾燥に必要なエネルギー、レースやワークアウトの場所への移動に要するエネルギーまですべてを計算して得られた結果は、ランナー1人あたり2472 kg CO_2eでした。平均的な車での6044マイル（9727km）走行に相当します。

　さまざまな要素の中で最も負荷が大きかったのは、レースイベントへの移動、ランニングシューズ、ギアの洗濯・乾燥でした。2012年

には『ワシントン・ポスト』紙がさらに一歩進んで、マラソンを走るランナーが食べた食物と呼気中の二酸化炭素に着目してCO_2排出量を計算したところ、速く走るよりもゆっくり走る方がCO_2排出量が少ないことが判明しました！

一般的なランニングシューズを1足作ると、平均的な車で34マイル（55km）走った場合に相当する14kgのCO_2eが排出されます。ランニングシューズやトレーニングシューズは多様な素材で作られており、リサイクルができません。ほとんどのトレーニングシューズの材料は合成素材とプラスチックですから、石油を消費していますし、生分解されません。熱心なランナーは1年に3足以上のランニングシューズを履きつぶすこともありますが、長持ちする靴を買えば環境への負荷をかなり減らせます。

合成繊維のウェアを洗濯するとマイクロ繊維が下水に流れ、やがて川や海に入ります。防臭を謳うウェアには、殺菌・防臭効果のある銀のナノ粒子がしばしば使われています。いくつかの研究では、洗濯で銀のナノ粒子が繊維から漏れ出すことがあると報告されています。この銀粒子は環境中に蓄積され、食物連鎖に入り込み、健康へのリスクをもたらす可能性があると考えられています。現在のレベルの量で銀のナノ粒子が慢性的な害を及ぼす可能性は低いとみられ

プロギング

プロギングはごみ拾いとジョギングを合体させたスウェーデン発のスポーツで、ランナーに環境美化活動への参加を奨励しています。自主的にプロギングをしてもいいですし、検索で近くのプロギングクラブやイベントを見つけることもできます。プロギング愛好者は世界各地で増加中で、インスタグラムだけでも8万3000件以上の投稿があります。

ているものの、ウェアは最後は捨てられる運命にあるので、科学者たちは長期的な悪影響を防ぐためにモニタリングを続けています。

ほとんどのギアはリサイクル不能です。ごみとして捨てる前に、最大限使いましょう。

あなたにできること

- 使わなくなったり合わなくなったりしたギアは人に譲りましょう。
- 環境に配慮したランニングギアを選びましょう。持続可能な解決策を模索している人たちがいます。サステイナブルな生地（竹繊維とオーガニックコットンの混紡など）や再生原料製の生地を使用した長持ちする製品や、古いギアの引き取りをしているブランドを探しましょう。サンドライド（Sundried）というブランドは、コーヒーかすと再生プラスチックを使って高品質で速乾性のランニングギアを作っています。
- サステイナブルなソックスを買いましょう。イタリアのテコ（Teko）というブランドは、メリノウールや再生ポリエステル（ペットボトルリサイクル）や漁網をリサイクルした合成繊維を使い、毒性のない染料で染めて、ランニング、ハイキング、サイクリング、スキー用のソックスを作っています。パッケージもミニマルです。
- 海洋プラスチックや再生プラスチック製のランニングシューズを探しましょう。今ではいろいろな製品が出ています。
- 洗濯のしすぎに注意。洗濯と乾燥は、ウェアのカーボンフットプリントを増やします。洗濯の回数や乾燥機の使用を減らしましょう。洗濯の際は合成繊維のウェアから出るマイクロ繊維が排水に混じって流出するのを防ぐため、グッピーフレンドの洗濯バッグ（109ページ参照）を使いましょう。

地球人口の半数以上が自転車に乗れるとされ、2050年頃には世界の自転車の数が50億台になると推定されています。

自転車

　自転車は、環境負荷という意味では最も地球にやさしい移動手段のひとつです（それに勝るのは徒歩だけです）。健康のための運動にもなって、いいことずくめです！

　自転車競技の人気が高まり、また、都市の発展とともに多くの人に自動車（および公共交通機関）から自転車への転向が奨励されて、レジャーや移動手段としてのサイクリングが盛んになりつつあります。自転車の需要は年間100％以上のペースで増加しています。

　幸いなことに、現代の自転車は、19世紀前半のなんとも扱いにくい木製の乗り物や、最初のまともな自転車（巨大な前輪と小さな後輪を持つペニー・ファージング）と比べると格段に進化しています。今の自転車は、1885年にイギリスのジョン・ケンプ・スターレーが発明した「安全型自転車」がもとになっています。安全型自転車は、大きさが同じ2つの車輪と駆動用のチェーンを備えていました。

　近頃は、サイクリングクラブのグループがポリウレタン製のウェアに身を包んで田園地帯を走ったり、都会人が自転車で通勤・通学する姿をよく見かけます。自然のあらゆる状況を——地形も天候も——受け入れるのがサイクリストですから、彼らは持続可能性を牽引する存在になりえます。

環境への負荷

　サイクリストは、地球にも自分の健康にも良いことをしています。2マイル（3.2km）のサイクリングで排出されるCO_2は0.017kg、同じ距離を車で行けば0.88kgで、自転車の方がはるかに少量です。とはいえ、サイクリングで使う道具には環境負荷があります。

　自転車は、多様な素材を組み合わせて作られています。主な材料はアルミニウム、スチール、カーボンファイバー、天然ゴム、合成ゴムですが、ケイ素、銅、マンガン、マグネシウム、ク

ロム、亜鉛、チタン、ナイロンなども使われています。アルミニウムもスチールも、地中から採掘された鉱石（ボーキサイト、鉄鉱石）を大量のエネルギーで精錬し、それをまた加工して、ようやく自転車になります。

2019年にバングラデシュ製各種自転車のライフサイクルアセスメントを行った結果、アルミフレームの自転車が最も環境フットプリントが大きく、次がスチールで、最後がカーボンだと判明しました。ただし、さらにエコな自転車として、ガーナのある企業が軽量で持続可能な竹製自転車を作っています。

自転車のカーボンフットプリントの大部分は材料の採掘・製造と加工（67％）が占めていて、組み立てはわずか5％、使用とメンテナンス（タイヤ交換や修理を含む）が15％です。

合成ゴムは石油と化学物質から作られ、天然ゴムは木から採れます。どちらも環境への負荷があります（負荷の与え方は異なります）。自転車のタイヤは通常は合成ゴムとスチールでできていて、専門のタイヤリサイクル業者に送ればリサイクル可能です。リサイクルゴムをタイヤ製造に使用すると、石油の使用量を減らし、タイヤのカーボンフットプリントを下げることができます。インナーチューブも合成ゴム製です。ただ、チューブはパンクしたら修理できます。

ほとんどの自転車用ヘルメットは、ポリ塩化ビニル（PVC）やポリカーボネートといったプラスチック製のシェルと、内側の衝撃吸収用発泡素材（これが重要です）の層から成っています。発泡素材は普通は発泡ポリスチレンで、生分解性がなく、専門施設でしかリサイクルできません。

自転車で事故に遭って頭を打った場合にはヘルメットの中のポリスチレンが衝撃を吸収しますが、元には戻らないため、新しいヘルメットが必要になります。古いヘルメットはリサイク

サステイナブルな自転車用ヘルメット

エコヘルメット（EcoHelmet）は、安全性や使いやすさと持続可能性を兼ね備えた製品で、ヘルメットをあまりかぶらない利用者向けに設計されています。防水性を持たせた再生紙を使い、ハニカム構造のヘルメットにしてあります。

まだ試作段階ですが、国際的な賞を受賞したこの設計はポリスチレンと同じくらい効果的に衝撃を吸収する上、使わない時はたたんで平らにでき、100％リサイクル可能です。

ル不能で、ごみにするほかありません。でも、安全は何より大事です！

あなたにできること

- 自転車を大切に使いましょう。メンテナンスと修理を怠らず、パンクは直しましょう。
- 不要な自転車は譲りましょう。アイルランドの「リディスカヴァー・サイクリング」のような、中古自転車を回収・修理して新しい持ち主に渡している団体を探しましょう。
- 古いタイヤは、自動車のタイヤと同様にリサイクルに持っていきましょう。
- 天然ゴムや再生合成ゴムで作られたタイヤを探しましょう。
- 自転車やヘルメットを買う前に調べましょう。素材は何か、梱包が最小限でリサイクル可能かを尋ねましょう。メーカーのサステイナビリティへの取り組み姿勢はそういうところに現れます。
- 再生プラスチックや海洋プラスチックでサイクリングギアを作っているブランドを探しましょう（204-205ページ、210ページも参照）。

リサイクルナイロンは、1万トンあたり7万バレルの原油を節約し、5万7000トンのCO_2排出（6826世帯が1年間に必要とするエネルギーに相当）を削減できます。また、ナイロンをリサイクルすることで、原油から作る場合に比べて地球温暖化に及ぼす影響を最大80%減らせます。

水着

　オリンピックの水泳選手が着ている、流体力学を応用した最先端の水着。あの水着が何から作られているのか、考えたことがありますか？　ひとつ確かなのは、泳ぐことよりも慎み深さを重視していた昔の水着と比べて、今の水着ははるかに泳ぎやすいということです。

　最初の水着は19世紀後半にデザインされ、主な目的は（特に女性の）身体を隠すことでした。一般的な水着はブルマーの上に着るドレスタイプの服で、水の中で裾が浮き上がらないようデザインされ（裾に重りを入れたものさえありました）、濡れても透けない生地が使われていました。ですから、重くて扱いにくかったのです。1900年代初めになると男女どちらの水着も膝や腕を出して比較的運動に適したデザインになり、スポーツとしての水泳が発展していきました。

　近年の水着は、ナイロン、ポリエステル、ポリブチレンテレフタレート（PBT）、ポリウレタンなどの合成繊維（つまりプラスチック）で作られています。ポリエステルはナイロンよりも塩素や直射日光に強く、ポリウレタンはフィット感は良いものの塩素を含むプールに入ると劣化します。PBTは高機能のポリエステルで、海やプールの水で生地が傷みにくく、伸縮性があり、フィット感も良好です。毎年、こうしたプラスチック素材の水着が推定6500万トン製造されています。

　水泳をする人は、おそらくゴーグルとスイミングキャップも持っていることでしょう。ゴーグルは、ゴムとシリコーンとレンズ部分のポリカーボネート（硬質プラスチック）でできています。キャップは、シリコーンや合成繊維製です。

環境への負荷
　日光浴用ではなく水泳用にデザインされた水

着は、どれも合成繊維で作られています。つまり再生不可能な資源である石油を原料として使っていて、水泳用キャップやゴーグルのプラスチックと同様に、生分解されません。

そのうえさらに問題なのは、水着を洗濯すると洗濯機の中でマイクロ繊維が抜け落ち、排水と一緒に自然の水系に流れ込んで、海洋プラスチック汚染の原因になりうることです。

漁網やペットボトルをリサイクルしたナイロンで作られた水着（210ページも参照）は、プラ製品を捨てずに再利用するという意味では良いのですが、合成繊維が水中でマイクロ繊維を放出する問題は解決できません。これを解決するには、天然繊維に戻るほかありません。

サーファーのケリー・スレーターが仲間と共同で創業したアウターノウン（Outerknown）社は、海洋汚染の原因とならない天然素材をベースにした新世代の水着の製造法開発に取り組み、世界初の100％メリノウールの水泳トランクスを作りました。このトランクスは天然素材で生分解性があり、プラスチックのマイクロ繊維とは無縁です。

「ウーラルー（Woolaroo）」と名付けられたこのトランクスはボードショーツスタイルで、通気性と速乾性があり、臭いがしみ付きません。伝統的な天然素材であるメリノウールを新技術で伸ばし紡いで作られた糸には耐水性があり、化学的な添加剤を使うことなく洗濯機で洗えます。

現時点ではまだ、水着も水泳用キャップもゴーグルも通常はリサイクルできません。多くのスイマーは海で水しぶきを上げるのが大好きですが、悲しいかな、彼らが身につけているものが海洋汚染の原因のひとつになっている可能性があります。

あなたにできること
- ゴースト漁網（紛失や投棄によって海中を漂う漁網）を原料にした再生ナイロンや再生プラスチックで作られた水着を選びましょう（210ページ参照）。
- 通っているスイミングクラブやプールに、テラサイクル社の「眼鏡類ゼロウェイスト」回収箱を置いてもらいましょう。古いゴーグルを（保護ゴーグルやスキー用ゴーグルも含めて）回収して専門的なリサイクルを行うためのボックスです。
- 水着はグッピーフレンドの洗濯バッグ（109ページ参照）に入れて洗いましょう。洗濯排水中にマイクロ繊維が混じって水系を汚染するリスクを減らせます。
- 水着、ゴーグル、キャップは、使い終わったらすぐ真水ですすぐと長持ちします。
- 古い水着の回収システムが作られるまでの間は、着なくなった水着を友人に譲るかチャリティーショップに寄贈しましょう。
- アップサイクル。古い水着をクッションの詰め物やヘッドバンドやストレスボールにリメイクすることもできます。
- プラスチックを使わないスイミングキャップが欲しい人には昔ながらの天然ゴム（ラテックスゴム）のキャップもあります。メーカーは、厚めのゴムキャップは頭を温かく保ち、特に海で泳ぐ時に適していると言っています。

海から来た水着

オーシャンポジティヴ（OceanPositive）やバトコ（Batoko）をはじめとして、リサイクルナイロン（エコニル）を使って水着を作る企業が増えています。

⊕

エコニルは、回収されたゴースト漁網（紛失・投棄された漁網で、海中を漂流したり海底に沈んだりして、海生生物をからめとって殺傷する）やペットボトル、さらにはカーペットなどから作られたナイロンです。ゴースト漁網は、ダイバーや、ゴーストフィッシング・プロジェクトやゴーストネッツ・オーストラリアといったNGOが集めています。

⊕

2018年には、10万トン以上の漁網——紛失・投棄された漁網のおよそ10%——が海から回収されて再生ナイロンに生まれ変わりました。エコニル自体も完全にリサイクル可能で、エコニルを使用する企業は、古い水着を回収して再び新たな製品にする活動を行っています。

⊕

オーシャンポジティヴやジュリアン（Julienne）といったサステイナブルな水着を作っているブランドは、包装にも気を配っています。こうした会社の水着をオンライン注文すると、キャッサバでんぷんなどの再生可能資源で作られた袋で届けられます。袋は堆肥化可能で、万一環境中にまぎれこんで動物が食べてしまっても安全です。

⊕

水着メーカーは、関連業界にもメッセージを広めています。たとえば、オーシャンポジティヴはダイビング業界の諸組織と協力して「ミッション2020」というイニシアティブを立ち上げ、海を守るためにビジネスのやり方を変えようとしています。彼らの最初の活動は、2020年までに会員企業の事業で使い捨てプラスチックの使用をなくすという誓約でした。

⊕

GAPグループに属するアスレタ（Athleta）社は、水着の85%を再生素材で作っています。同社では、再生ナイロンの使用により7万2264kg（ザトウクジラ2.4頭ぶんに相当）のごみを埋め立て処分から救ったと推定しています。

イギリスには7000以上のジムがあり、7人に1人がジムの会員になっています。どのジムにもトレッドミル、フィットネスバイク、階段マシン、クロストレーナー、ローイングマシンなどの電動トレーニングマシンがあります。ジムのテレビ、照明、エアコンも電気を使います。

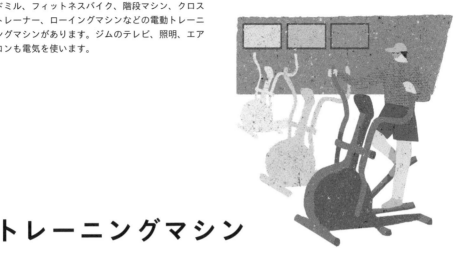

トレーニングマシン

週に数回ジムに通う人も、自宅にトレッドミルやフィットネスバイクがある人もいます。トレーニングマシンが日常生活に占める割合はどんどん増えています。

ジム、フィットネス、ボディイメージといった概念の起源は、古代ギリシャまでさかのぼります。アテナイのアカデメイアやリュケイオンといったギュムナシオン（体育場）は、男性が社交、トレーニング、社会的地位を求めて集う場所でした。

最初の商業ジムは、1840年代にイポリト・トリアというフランス人によってパリとブリュッセルに開設されました。イギリスで最も早い時期のジムのひとつは、ドイツ出身で怪力男として知られたショーマンのユージン・サンドウが1897年にロンドンに開いた「体育研究所」です。このジムの発展とともに、人体やフィットネスや強靭な肉体に魅力を見出すサンドウの考え方も世に広がっていきました。

座っている時間が長い現代生活の中で、先進国の保健医療専門家の間では肉体的健康のためのアクティビティの重要性が認識され、推進されるようになってきました。ですから、20世紀に誰でもジムに行けるようになったのは良いことです。

環境への負荷

一般的なジムには電動のマシンがずらっと並んでいます。トレッドミル、ローイングマシン、フィットネスバイク、エリプティカルトレーナー、階段マシン、クロストレーナーなどなど。それ以外にテレビ、天井ファン、エアコン、音響システム、照明などもありますから、ジムの電力消費が大きいことは誰の目にも明らかです。

トレッドミルは、1時間あたり300〜1100ワットの電力を使用します（モーターのサイズ、ランナーの体重、設定速度により数値が変わります）。電気代は電力会社によって異なります

が、2018年のイギリスの平均的な数値で計算すると1時間あたり18ペンス（約27円）です。つまり、あなたが週に3時間エクササイズをすると、1週間で54ペンス、年間では28ポンド（約4200円）かかる計算です。典型的なジムのマシンの数、営業時間（24時間営業のジムもあります）、全国のジムの数を掛け合わせれば、どれほどの消費電力になることか！

イギリスのジムやスポーツ施設は光熱費として年間7億ポンド（約1000億円）を支払い、1000万トンのCO_2を排出していると推定されています。これは石炭火力発電所2.6基の1年間の排出量に相当します。

現代の多くの電気機器と同様に、ジムのマシンも待機電力を使いますし（89ページも参照）、冷暖房やトレーニング後のシャワー用の給湯設備が使うエネルギーも、全部がワークアウトのカーボンフットプリントに算入されます。

2014年にポルトガルの複数のジムの空気を調査した研究で、揮発性有機化合物（VOC、168-169ページも参照）と呼ばれる大気汚染物質が高レベルで発見されました。ジムのVOCは一般に、建材、床の敷物、ジムの器具、清掃用品、手指消毒剤などに由来しますが、これら

ジムの使用電力をグリーンに

エコに配慮したジム用機器（利用者の運動のエネルギーを電気に変えてマシンを動かしたりジムの照明やテレビに給電する）の開発も進んでいます。多くの「グリーンな」ジム（公園の青空ジム）がそうした技術を利用しています（右ページ参照）。

平均的な人は1回のワークアウトで最大300ワットほどのエネルギーを産生しますから、そのエネルギーでマシンを動かせば、コストも炭素排出も削減できます。

は世界中どこのジムにもあるものです。換気が悪いと、特に混んでいる時間帯には人が歩くたびにほこりが舞い上がり、それを利用者が吸い込むため、問題はさらに深刻です。研究者は、空気中のほこりや化学物質の濃度と、ぜんそくや呼吸器疾患を抱える人々へのリスクの関係について、懸念を表明しています。

あなたにできること

- 可能なら屋外で運動し、ワークアウトのカーボンフットプリントをゼロに近づけましょう。1日20分でも外で過ごせば、気分が上向きます。

- ジムではエネルギー効率のいいマシンや、電気を使わない装置（筋トレ系に多い）を探しましょう。電気を使わない新型のトレッドミルやローイングマシンもあります。

- 入会前に地元のジムを調べて、省電力、水環境の保全、マイボトルへの給水設備、ごみの分別とリサイクルなどの点で、サステイナビリティを考えた取り組みをしているジムを探しましょう。

- 自宅にトレッドミルやフィットネスバイクを置いている人は、運動中にほこりやその他の大気汚染物質を吸い込むリスクを最小限に抑えるために、窓の近くや換気の良い部屋に設置しましょう。

- 使わなくなった装置は誰かに譲るか寄贈しましょう。壊れたり古くなったりした機器は、他の電気電子機器と同様にリサイクルに出しましょう（97ページも参照）。

- 自宅か職場から近く、徒歩か自転車で行けるジムを選べば、行き帰りも運動になってさらに効果的です。ワークアウトのカーボンフットプリントのうち車でジムに通う際の排出量が一番大きいという場合がけっこう多いものです。

誰でも使える公園のジム

公園の"屋外ジム"を見たことはありませんか？ イギリスには1800ヵ所以上の青空ジムがあります。

ここ数年で多くの自治体が、高い会費を払ってジムに通わなくてもできる運動を地域住民に奨励するようになりました。その成果のひとつが青空ジムで、通年で屋外設置が可能な設計のトレーニング用装置が幅広く備えられています。無料で誰でも利用でき、使い方も簡単です。

身体にあまり無理をさせずに下半身、上半身、体幹を鍛える装置や、有酸素運動やレジスタンス運動（筋肉に負荷をかける運動）のマシンがいろいろ用意されています。ウォーカー（歩行運動用）、平行棒、クロストレーナー、ハードル、階段マシン、懸垂用の鉄棒なども見られます。

屋外ジムというアイディアは、2008年の北京オリンピックの前に中国で展開された国家運動キャンペーンで生まれました。成人のための体育施設や運動場が地域の公園に作られ、費用をかけずに身体を動かすことが奨励されました。青空ジムはナッジ理論（罰則ではなく良い行動へのきっかけを与えて人々を動かす）に基づいて、エクササイズを誰でも手の届くものにして広めようとする試みです。そのため、青空ジムは人々が普段よく訪れる場所、たとえば子供の遊び場の隣などに作られました。

屋外ジムの設置を手掛けるイギリスのグレート・アウトドア・ジム・カンパニーという会社のトレーニング機器には「カーディオチャージ（有酸素運動での充電）技術」が使われていて、自分の運動によってモバイル機器を充電できます。心拍数を上げる運動をやる気にさせるすばらしい仕組みです！ また、クロストレーナーやフィットネスバイクなどの「エナジージム」と呼ばれる装置もあり、使用するたびに屋外ジムや近隣の建物の照明用の電力が生み出されます。

エナジージムは、1ヵ所のジムで1日あたり1キロワット時（45ワットの照明を22時間使える量）の電気を産生できます。米国テキサス州サンアントニオなどいくつかの都市では、健康データと所得データを利用して、人々が最も必要としている場所に屋外ジムを設置しています。

屋外でフィットネスをしている人たちのグループに参加すれば、定期的に自然の空気に触れることで心の健康への効果も得られます。

おまけの豆知識

- ジムの自動販売機は、家庭用冷蔵庫の約10倍の電力を使います。
- 2019年の時点で、イギリス各地の公園に1800ヵ所の屋外ジムがありました。ゼロ・カーボンのワークアウトをするには絶好の場所です。
- アメリカのウェイクフォレスト大学のジムで行われた調査で、設置されているトレッドミルと階段マシン（いずれも複数台）だけで週に808キロワット時のエネルギー（平均的な車の2248km走行に相当）を使っていることがわかりました。

ヨーロッパには7000以上のゴルフコースがあり、登録しているゴルファーは400万人以上です。うち66%が男性、25%が女性、9%がジュニアです。

それらのゴルフコースの28%がイングランド、9%がスコットランドにあり、プレーヤーの16%はイングランド、10%はスコットランドに住んでいます。

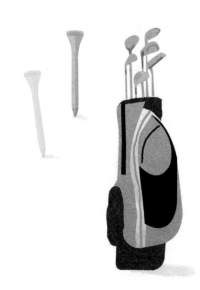

ゴルフクラブ

　ゴルフは今では、多くの人に愛されプレーされるスポーツです。かつてのようなエリートスポーツから誰でもできるスポーツに近づくにつれ、人気が高まっています。

　ゴルフの起源については、オランダとスコットランドがゴルフ発祥の地の称号を争っていて結論が出ていません。けれども18ホールのゴルフコースを最初に作ったのはスコットランド人で、現在世界中のゴルフ場で一般的なティー、フェアウェイ、ラフ、グリーンから成るコースを、1764年にセントアンドリュースに建設しました。

環境への負荷
　ゴルフは海や湖の近くや森の中といった自然豊かな場所でプレーするスポーツですが、環境への負荷に関しては評判がよくありません。
　まず、ゴルフ場の造成の際に自然の生息環境が破壊されます。次に、芝生の維持に必要な大量の水や、芝を美しい状態に保つための農薬や除草剤の使用があります。典型的なゴルフコースで芝を緑色の良好なコンテションで維持する

には、夏場は週に378〜3785リットルの水が必要だとされています（気候、土壌、植生の種類によって変動します）。しかし、ゴルフコースでの水の使用量を減らすための対策もあります。その土地に自生する植物を植える、散水を減らし、雨水を溜めて使い、自然本来の特徴を維持するなどです。
　ゴルフで使う道具──クラブやボールからティーやカートに至るまで──も環境への負荷があります。ゴルフクラブは、ステンレス、アルミニウム、チタン、カーボン繊維、セラミック、木、合成発泡素材などから作られています。パーシモン（柿）やカエデなどの木材は、オイルやポリウレタンコーティングで保護されています。原料の採取や精錬自体と、ドライバーやパターを製造するために使われるエネルギーのすべてが、ゴルフクラブのカーボンフットプリ

ントになります。

クラブは多様な素材を組み合わせて作られているため簡単にはリサイクルできませんが、主に金属でできている古クラブには、金属スクラップ業者が関心を示すはずです。

ゴルフボールとティーは、しばしば紛失によってごみになります。毎年3億個のゴルフボールが紛失または廃棄されているとみられています。ゴルフボールは全体が硬いプラスチックのカバーで覆われ、一般にコア（中心部）はゴム製で、重さを出すためにタングステン、コバルト、鉛などの重金属が使われているものもあります。

生分解性ボールはまだ発明されていませんし、昔の木製ボールの時代に戻りたいと思うゴルファーなどひとりもいないでしょう。ただ、化学処理されていない竹や木綿で作られ、ボールを既定の重さにするために重金属でなく別のものを使った、環境に優しいボールも今では存在します。

プラスチック製のティーが土の中に残っていると、芝刈り機にダメージを与えるほか、ゆっくり分解されてマイクロプラスチックになり、土壌や地下水に混ざってしまいます。安いプラスチック製のティーは簡単に壊れ、普通は4〜5ラウンドしかもちません。代替品としては木や竹のティー、再生プラスチックのティーがあります。再生プラスチック製ティーのメーカーは、非常に耐久性が高いので少ない数のティーで済み、環境フットプリントを減らせると主張しています。とはいえ、木材と竹のティーは生分解されるメリットがあります。

ゴルフカートもゴルフに欠かせない道具です。ほとんどは電動でガソリンもディーゼルも使いません。ゴルフコースが自前で発電しているか、再生可能エネルギーの供給業者と契約していれば、一層エコです。カートの屋根に取付ける太陽光発電パネルもありますし、太陽光発電によるカート充電ステーションが設置されている場合もあります。

あなたにできること

- あなたが会員になっているクラブに働きかけ、節水策を導入したり、その地に自生する花や植物を植えて生物多様性を保てる生息環境を整えたり、殺虫剤や除草剤を使わなかったり、再生可能エネルギーを産生あるいは購入したり、廃棄物を削減したりして、より環境に優しいゴルフクラブになるように奨励しましょう。
- クラブの手入れを怠らず、修理方法をプレーヤー仲間やプロやオンライン動画から学びましょう。
- ゴルフ用品を買う際は、できるだけサステイナブルなものを選びましょう。
- クラブを買い替えた時は、古くなって使わないクラブを、友人や、ゴルフをやってみたがっている近所の子供や、地元のミニゴルフ施設や、慈善団体に譲りましょう。

不要なクラブを新しい持ち主に

スコットランドのガレージ2グリーン（Garage2green）という団体は、環境保護組織「ゼロ・ウェイスト・スコットランド」の支援を受けて、物置やガレージに死蔵されているゴルフクラブを回収して修理し、使いたい人の手に渡す活動を通じて、廃棄物を減らすとともに新しい人がゴルフを始めやすくすることを目指しています。また、古いクラブを新しい製品にリメイクすることも検討しています。

2018年のロンドンマラソンのレース後、ウェストミンスター区は路上から5200 kgのごみと約4万7000本のペットボトルを回収し、ペットボトルはリサイクルしました。2019年の大会では、環境への配慮と清掃に大きな力が注がれたことで、35万本以上のペットボトルが集められリサイクルされました。

スポーツドリンク、スポーツフード

マラソン、トライアスロン、アイアンマンレース、長距離自転車レースなどの人気の高まりで、専用スポーツドリンクやスポーツフードの業界が成長しています。スポーツ用品店の棚には、スポーツ用ゼリー飲料、アイソトニック飲料、ハイパートニック飲料、ハイポトニック飲料、プロテインパウダーなどが並んでいます。

専門家は、1時間以上の激しい運動をするアスリートには、発汗によって失われる水分や電解質を補い、炭水化物を補給してエネルギーレベルを維持するために、スポーツ用ゼリー飲料やアイソトニックドリンク、プロテインシェイクなどの摂取を推奨しています。けれども、1時間未満のランニングや45分のフィットネスレッスン、水泳で普段通りにプールを25往復する程度であれば、ただの水で十分です。

環境への負荷

スポーツドリンクやゼリーの成分は、水分、電解質、炭水化物（糖質を含む）です。一部のスポーツドリンクはパフォーマンスを向上させると主張していますが、オックスフォード大学の研究では、根拠とするデータが不適切だとして疑問視されています。『ブリティッシュ・メディカル・ジャーナル』誌は、糖質を多く含むスポーツドリンクの摂取と子供の肥満や虫歯のリスクの関連を強調し、そうしたドリンクはアスリートだけが使用するよう勧めています。

スポーツドリンクは普通はペットボトル入りで、ゼリー飲料はプラスチック製のパウチに入っています。ペットボトルはリサイクルできますが、パウチは今のところリサイクルできません。ゼリー飲料やスポーツドリンクは、レースやトレーニング中に走りながら摂取されるため、空き容器が投げ捨てられてごみになることがかなりあります。

一般に、レースでは主催者が選手に水分補給

用の水やスポーツドリンクのボトルを提供しています。給水所で選手が取ったボトルは中身がいくらか残ったまま投げ捨てられる場合も多く、後でボランティアが拾います。

ゼリー飲料のパウチは、中身を絞り出す前にタブを引いて開ける必要があります。残念なことに、アスリートは空のパウチをごみ箱に入れようと努力しても、タブの方は非常に小さいので途中で失くしてしまいがちです。そうしたタブは溝や小川から最後は海に流れ込む可能性があります。開封後もパウチについたままになるタブが開発されれば、環境に優しい商品になることでしょう！

あなたにできること

- ウルトラマラソンのランナーのように、繰り返し使える給水ボトルやハイドレーションブラダーを使用しましょう。トレーニングやレースの途中に水飲み場で水を補充できます。
- 使い捨てではない飲料容器の使用を広めましょう。プラボトルの代わりにリサイクルや堆肥化が可能な飲料カップを使用したり、手に持ったりベルトやバッグに引っ掛けたりできるデザインのパウチを採用しているマラソン大会もあります。
- 自分でスポーツゼリーやドリンクを作り、繰り返し使える容器で持ち運びましょう。炭水化物と電解質のどちらも粉末やタブレットタイプの製品があり、まとめ買いすれば出費もごみも減らせます。
- ごみは持ち帰りましょう。大会やトレーニングでゼリー飲料を摂取した時は、空容器をショーツや水着の中に入れるなどして、ごみ

エコフレンドリーなスポーツドリンクとフードの容器

海草などの植物から作られた可食カプセルに入ったスポーツ用ゼリーやドリンクや水も登場しています。「オーホ（Ooho）」はロンドンの会社が開発した食べられるカプセルで、イベントの会場で中に液体を詰めて作ることができ、輸送に伴う二酸化炭素排出量を削減できます。丸ごと口に放り込むだけですから、ごみは一切出ません。

「ゴーン（Gone）」は植物由来原料で作られた100％生分解性の袋で、スポーツドリンクやゼリーを入れられます。競技会での使用を目的として開発され、使用後は数日で分解されます。

箱の場所まで持ち運びましょう。
- 繰り返し使える品質のよいボトルを入手して、水道の蛇口や水飲み場で水を補充しましょう。たいていの人は運動の際に水だけ飲めば大丈夫です。

おまけの豆知識

- クロイド・オーシャン社とプラスチックフリー・ノースデヴォンという団体は、ピックウェル基金と協力して、持続可能なスポーツ大会を開催するためのプラスチックフリーのスポーツイベントツールキットを開発しました。

毎年、壊れた傘が15万トン以上も金属ごみになっています（エッフェル塔を25基建てられる量です）。

中国の浙江省紹興市の崧廈鎮地区（すうかちん）は、年間5億本近い傘を生産し、4万人を雇用しています。5億本という数字は莫大に感じますが、中国の傘市場の30%にすぎません。

傘

雨傘は人によって好き嫌いが分かれます。出かける時に必ず携行する人もいれば、風で傘が裏返ったり、先端が目に当たりそうになったりするのが大嫌いという人もいます。傘の品質もさまざまで、ほとんど使い捨てのような製品もあります。安物の傘の多くはすぐに壊れ、雨の日にはおしゃかになった傘がごみ箱に何本も押し込まれています。

傘のデザインはどれもだいたい同じで、3000年前からほとんど変わっていません。最初の傘は、エジプトや中国で強い日差しを防ぐために使われました。下僕が捧げ持つことが多かった傘には、主人の地位や裕福さを周囲に見せつける効果もありました。

雨傘がヨーロッパで人気を博したのは16世紀後半になってからで、聖職者が社会的地位のしるしとして使ったのがきっかけでした。18～19世紀には日傘が女性のファッションアイテムになります。

イギリス人のジョナス・ハンウェイが1700年代半ばに最初の雨傘を作り、シェフィールドのサミュエル・フォックスがそのデザインを改良して1852年に軽量なスチールフレームを開発しました（それ以前は木製でした）。1960年代以降は傘の生地にナイロンとポリエステルが好んで使われるようになり、やがてゴルフ用の傘から折り畳み傘まで、ありとあらゆる色やサイズの傘が現れました。

環境への負荷

現代の傘は、スチールのシャフトや骨、ナイロンかポリエステルの布、プラスチックや木製のハンドルで構成されています。スチールを作るには、鉄鉱石を採掘し、エネルギーを使って精錬する必要があります。ナイロンも他の合成繊維と同様に石油化学製品が原料で、生産過程でCO_2と亜酸化窒素（非常に強力な温室効果ガス）が排出されます。傘を製造し、

それを最大産地である中国から世界中の小売店に運ぶために必要なエネルギーも加わって、傘のカーボンフットプリントはさらに跳ね上がります。

最後に、傘が寿命を迎える段階、つまり壊れてごみになり、埋め立てあるいは焼却される段階があります。安い折りたたみ傘の最悪のシナリオは、1日で壊れるか失くすかする場合でしょう。ほんの短い時間だけ濡れずに歩くために、エネルギーと資源が大量に消費され、ごみが生み出されたのですから。

それだけにとどまらず、傘は通常、カバンの中で乾いてきちんとした状態を保てるよう、小さなナイロンの袋に入っています。かなりの人が、傘を最初に使うときにこれを失くしてしまいます。ポケットから落ちたり、置き忘れたり、使った後の傘を袋に戻すのが面倒なのでそのまま捨ててしまったり。一方で、店内の床が濡れるのを防ぐために使い捨て傘袋を提供している店やホテルもあります。使い捨て傘袋はリサイクルできません。

修理できない設計の傘も多く、良質の傘を入手して大切に手入れをするか、安くて基本的に使い捨ての傘で済ませるかは、個人の選択次第です。また、傘は多様な素材で構成されているため、リサイクルはできません。新しい設計思想の傘が求められています。

現在、傘の設計者たちは、使用する素材や部品を減らし、耐久性や修理のしやすさを向上させ、リサイクルを可能にするための取り組みを行っています。また、傘地にペットボトルを再生した生地、ハンドルには竹やFSC認証木材、シャフトや骨には再生アルミニウムや竹を使用するなどして環境負荷の小さい傘を作る企業も出てきています。

あなたにできること

- フード付きのコートを着て、傘を使うのをやめましょう。〔これは西洋人の感覚で、日本人にはなじまないでしょう〕
- できるだけ品質の高い傘を買い、手入れして大事に使いましょう。袋がなく、リサイクル素材やサステイナブルな素材で作られていれば理想的です。
- 店やホテルの傘袋は断りましょう。
- 販促に配られる安い傘は断りましょう。

修理とリサイクルが可能な傘

イギリスのデザイナー、アイカ・ダンダーは、ロンドンの路上に打ち捨てられている壊れた傘の多さに愕然として、6つのパーツだけで構成された「ドロップ」という傘を作りました。この傘は修理が可能で、強風にも対応します。

また、イタリアの「ギンコ」という傘は同一素材の20個の部品だけでできていて、完全にリサイクルが可能です。

おまけの豆知識

- オーストラリアのヴィクトリア州で2012年に行われた調査で、38ヵ所の救急外来や外傷センターが1年間に診察する「傘による負傷」は、1ヵ所平均20件だと判明しました。

イギリスでの調査で、51%の消費者はファストファッションのサングラスを眼鏡店ではなくオンラインや街のファッション雑貨店で買っていることがわかりました。

サングラス

　サングラスの主な機能は、目の保護と、スタイリッシュに見せることです。世間では目の保護よりもファッション面が重視されているため、サングラスをいくつも所有する人が増え、使い捨てに近い安いサングラスの需要が伸びています。

　日光から目を守ることは、肌を守るのと同じくらい重要です。目に紫外線（UVA、UVB）が入ると、白内障や黄斑変性症などのリスクが高まるからです。世界保健機関（WHO）は、白内障のうち最大20%は紫外線の浴びすぎが原因だと推定しています。逆に言えば、ある程度予防が可能だということです。

環境への負荷

　サングラスはプラスチックや金属やガラスを組み合わせて作られており、リサイクルが困難です。サングラス製造には、天然資源の採掘、化学薬品の使用、エネルギーの消費が伴います。その結果、サングラス1本のカーボンフットプリントは約4.8 kg CO_2eになり、スマートフォンの充電607回分に相当します。何本もサング

ラスを所有している人もいることを考えると、その負荷は相当なものです。おまけに、壊れて捨てられたサングラスは普通は埋め立てか焼却処分になり、さらに環境負荷が増します。

　長持ちするように作られ、修理が可能なサングラスであれば、10年以上使えます。レトロなビンテージ・サングラスの人気を考えてみて下さい。もしあなたが1980年代のサングラスをまだ持っていたら、今すぐにかけて出歩けるのに！

　一番問題なのは、安いファッショングラスです。目の保護に役立たないうえ、すぐに壊れたり傷ついたりしてしまい、おおむね使い捨てなのですから。

　軽量レンズの素材はCR39（プラスチック樹脂）かポリカーボネートです。どちらも合成樹脂ですから生分解されません。環境に配慮する

ブランドは、サングラスの素材として竹、木、あるいは植物を原料にしたアセテート、そして再生プラスチックを使いはじめています。

サステイナブルなサングラスを作っているディック・モビー社は、自社の再生アセテート製眼鏡は新品のアセテートから作った場合と比べて2.56リットルの水を節約し、リサイクルされたステンレススチール製フレームのCO_2eはわずか0.05kg（新しいステンレスを使ったフレームは0.12kg）である、と試算しています。

あなたにできること

- 今持っているサングラスを大事に使い、傷や破損を防ぐためケースに入れて保管しましょう。
- 修理を試みましょう。レンズは傷ついていてもフレームには問題がない場合は、眼鏡店でレンズの修復か交換ができるかもしれません。オーストラリアに本拠を置き世界各地に事業展開するサングラス・フィックス社は、交換用レンズを販売しています。

- すでにサングラスがあるのに新しいものが欲しくなったら、まず考えましょう。本当に必要なサングラスは何本ですか？　それでも買うなら、ゴースト漁網から作られたサングラスを探しましょう（イギリスのウォーターホール社の製品は永久保証付きで、修理やリサイクルのために引き取りを行っています）。「ひとつ買えばもうひとつプレゼント」は、本当にサングラスが2本必要な場合以外は断りましょう。
- 品質は良いけれど流行遅れになったり、スタイルに合わなくなったサングラスも取っておきましょう。いつかそれが再び流行のデザインになって、使いたくなる可能性がかなり高いからです。取っておけない場合は友人に譲るか、売るかしましょう。
- フレームに再生素材や持続可能な素材を使っているブランドや、修理用の交換部品やサポートを提供しているブランドを探し、古いメガネのリサイクル回収サービスを提供しているかどうか尋ねましょう。

コンタクトレンズ

イギリスのコンタクトレンズ装用者の20%がトイレや洗面所にレンズを流しています。使い捨てコンタクトは絶対にトイレに流してはいけません。レンズはプラスチック製で、水系に入ると野生生物への脅威になります。

使い捨てコンタクトが入っているブリスターパックは、一般にリサイクルできません。ただし、ボシュロム社はリサイクル企業のテラサイクルと共同でブリスターパックのリサイクルプログラムを立ち上げました。空のブリスターパックをテラサイクルに郵送するか、取り組みに参加している検眼所に持っていきましょう。

2019年1月に、イギリス初のプラスチック製コンタクトレンズの全国無料リサイクルスキームが始まりました。どのブランドのソフトレンズの利用者も、レンズとパッケージを回収してもらうか、一部の眼鏡店に置かれたリサイクル回収箱に投入できます。リサイクルされたコンタクトレンズ、ブリスター、ホイル包装は、アウトドア家具などに生まれ変わります。

2013年には、イギリスの成人の40％が紙の新聞を読んでいました。それが2016年には29％まで減りました。これは、主にインターネット・ニュースの発達が理由です。

新聞

　あなたはどこでニュースを知りますか？　ツイッター？　新聞？　オンラインニュース？　タブロイド紙？　現代の私たちにはかつてないほど幅広い選択肢があり、そのことで伝統的な紙の新聞は苦戦を強いられています。

　最初の新聞が発行されたのは17世紀初頭でした。それまでは、折に触れて特定の出来事についての発表が発行されたり、町の「触れ役」によって肉声で伝えられたりしていました。

　日本には17世紀初め頃から新聞〔瓦版〕の伝統があります。発行部数世界1位と2位の新聞は、日本の読売新聞と朝日新聞です。アメリカで最初の新聞は『*Publick Occurrurrences Both Forreign and Domestick*（国外と国内両方の公的な出来事）』という仰々しい名前で、1690年9月に一度だけ発行され、すぐに植民地政府によって発行が禁止されました。イギリスで長い歴史を持つ新聞としては、1785年創刊の『タイムズ』、1791年創刊の『オブザーバー』などがあります。

　紙に印刷した新聞は今も発行されています

が、次第にオンラインニュースやソーシャルメディアのフィードに領域を侵食されています。『ニューヨーク・タイムズ』の編集長ディーン・バケットは、地方紙は2024年までに消滅するだろうと予想しています。イギリスでは2005年から2018年までの間に245紙の地方新聞が廃刊になり、何百もの職場が失われました。

環境への負荷

　紙の新聞は、環境にさまざまな負荷をかけています。紙を作る際の環境負荷は193-195ページに書いたとおりで、そこに紙面印刷と輸送で二酸化炭素排出量が上乗せされます。『ニューヨーク・タイムズ』の日曜版には、7万5000本の木が使われていると推定されています。

　マイク・バーナーズ＝リーは著書『*How*

Bad are Bananas?（バナナはどれくらい悪い？）』で新聞のカーボンフットプリントを計算しています。それによれば、『ガーディアン』1部がリサイクルされた場合の排出量は0.8kg CO_2eで、週末発行の週刊紙（付録も含めて）はリサイクルされれば1.8kg CO_2e、ごみとして捨てられれば4.1kg CO_2eです。古新聞をリサイクルせずに捨てると、カーボンフットプリントが2倍以上になることがわかります。

では、ニュースを紙で読むのと、ノートパソコンやタブレットで読むのとでは、どちらが良いのでしょうか？ 2013年に発表された研究は、紙の新聞を読む場合と、パソコンや電子書籍リーダーで読む場合の環境負荷を比較しています。それによれば、ヨーロッパ（電力の一部を再生可能エネルギーでまかなっている）に住んでいる人が1日に数分ニュースを読む場合は、オンラインや電子書籍リーダーで読んだ方が炭素排出量が少なく、一方で30分以上読む場合は、紙の新聞の方がカーボンフットプリントが少ない（紙の新聞は1人あたり年間28kg CO_2e、オンラインは35kg CO_2e）ことがわかりました。紙の新聞は製紙と印刷がカーボンフッ

トプリントの主要因ですが、オンラインニュースで最も大きいのはデバイスを動かす電力です。再生可能エネルギーを使う発電への切り替えが進むにつれ、オンラインで読む場合のカーボンフットプリントは減少していくでしょう。

あなたにできること

- 自分に合った方法でニュースを入手しましょう。紙面を何日もかけてゆっくり読み、その後は猫砂代わりに利用したり、焚き付けにしたり、リサイクルしたりするなら、それでOKです。ニュースはほとんどスマートフォンで読んだり、どんなニュースも数分しか読まないのであれば、オンラインニュースを利用すれば良いでしょう。オンラインニュースを選ぶ場合は、読むための電子機器をなるべく長期間使い、電子機器廃棄物を減らしましょう。パソコンやリーダーの動作が遅くなってきたら、修理や調整をしてもらいましょう。フットプリントを減らすための鍵は、極力ごみにしないことです。

- オンラインで読む時のカーボンフットプリントを削減するため、再生可能電力の供給業者に切り替えましょう。

- リサイクルできないビニール袋に入った付録がたくさん付いている新聞は避けましょう。もしも買った場合は、読み終わった付録を誰かに譲りましょう。地元の診療所や歯科医院の待合室などに置いてもらうと良いかもしれません。

- 地元の地方紙を応援しましょう。サステイナブルな社会には、地元での雇用や地域社会の繁栄が欠かせません。

堆肥化可能なプラスチックの付録袋

『ガーディアン』の平日および日曜版は、2019年に、付録を入れる袋をビニールから堆肥化可能なラップ（原料はジャガイモでんぷん）に変更しました。

このタイプの袋は、生ごみや庭園ごみと一緒に堆肥材料にしましょう。

おまけの豆知識

- ニューヨークでは、日刊紙の朝刊と夕刊が販売されていた1950年代に1525店あったニューススタンドが、今や300店に減ってしまいました。

世界の1年間の出版点数は約220万。出版社の数では中国とアメリカがトップ2ですが、1人あたりの出版点数がどの国よりも多いのはイギリスです。

本

　ページをめくり、書物の世界に耽溺することを愛する多くの人は、休暇に向けて荷造りする時も、バッグの中に本や電子書籍リーダーを入れているはずです。

　人が本に魅了される歴史はいつ始まったかといえば、それは中国で印刷が発明された時でしょう。現存する中国最古の印刷物は868年の経典です。ヨーロッパでは15世紀末までに合計2000万冊以上の本が印刷されており、その後も私たちは本を作り続けています。

　1935年、誰でも読めるように価格を抑えたペンギンブックスのペーパーバックの刊行が始まりました。次の大きな転換点は、2000年代初めの電子書籍の登場と、2007年の電子書籍リーダー（アマゾン・キンドル）——1台に何百冊もの本を格納できる端末——の発売です。

　オーディオブックも、書物（フィクション、ノンフィクション）へのアクセス方法として人気が高まっています。オーディオブックのおかげで視覚障害者が本を気軽に読めるようになったほか、通勤中に本を聞くという使い方もされています。

環境への負荷

　印刷書籍の製造には紙が使われているため、製紙による環境負荷がすべて本にも当てはまります（193-195ページ参照）。

　出版社が再生紙、FSC認証紙、無塩素紙への印刷、植物性インクの使用、書籍の軽量化に力を入れるに従って、環境フットプリントは小さくなります。本書は表紙から裏表紙までFSC認証紙を使い、植物性の大豆インクで印刷されており、カバーにはプラスチックのラミネート加工を施していません。

　電子書籍の人気は高まっていますが、電子書籍リーダーにも環境への負荷があります。デバイスを作るのに必要な原料やエネルギー、使用時の電力、電子機器廃棄物になった時のフット

プリントなどです。では、紙の本と電子書籍、どちらが良いのでしょうか？

たぶん、単純な答えはありません。ある試算では、電子書籍リーダーを作るのに必要なエネルギー、水、原料は紙の本40〜50冊分で、電子書籍リーダーの使用による炭素排出量は紙の本およそ100冊分に相当するとされています。

電子書籍リーダーの炭素排出量は、主としてユーザーがどれくらい電子書籍を読むかに関係しています。なぜなら、電源を入れている時の消費電力がカーボンフットプリントの大きな部分を占めているからです。また、電子書籍リーダーを買い替えるたびに、カーボンフットプリントが増加します。紙の本の場合、一度作った本を世界中の人に郵送しない限り、カーボンフットプリントは変わりません。

オーディオブックは、環境負荷の点では電子書籍と似たり寄ったりで、オーディオブックを聴くために使用するデバイスの消費電力が主要因です。ただ、携帯電話で聴けるのは利点で、専用のデバイスを買う必要はありません。

つまり、同じ電子書籍リーダーで100冊以上読むと、100冊以上の紙の本を買うよりも環境に優しい可能性が高いということです。逆に言えば、電子書籍リーダーを買い替えるまでの間に読む本が100冊未満であれば、紙の本を買った方が良いことになります。

しかし、実際は両方を併用している人が多く、片方しか使わないと仮定しての比較にはあまり意味がありません。また、人によって読み方の好みは違いますし、本と電子書籍リーダーのどちらを使うかが読んだ情報の理解や記憶に影響する可能性があるとも言われるため、どちらを選ぶかは非常に個人的な判断になります。読まれない本を印刷しても無駄になるだけですが、読まれて共有され、人々の生活に影響を与えて良い方へ導くような本が印刷されれば、その本は大切な財産になります。

あなたにできること

- 紙の本は、読み終えたら誰かに渡してシェアする──それが一番環境に優しい方法です。本を買っても読まないことを自覚したら、買う冊数を減らしてはどうでしょう。
- 図書館で本を借りる方法も、とてもサステイナブルです。
- 新刊書を書店で買うかわりに地元の古書店で古本を買うと、新刊書を全国に配送する際のカーボンフットプリントを減らせます。
- 破損した本はリサイクルすれば再生紙になり、埋め立てや焼却に伴う温室効果ガス排出を防ぐことができます。
- 同じ電子書籍リーダーをできるだけ長く使い、1台で多くの本を読むことで、初期投資とそれに伴う排出量を価値あるものにしましょう。
- 電子書籍リーダーやオーディオブック用デバイスの充電には再生可能エネルギーによる電力を使って、カーボンフットプリントを削減しましょう。また、デバイスの寿命が尽きたら、電子機器廃棄物として確実にリサイクルしましょう（97ページも参照）。

おまけの豆知識

2014年にイギリスで行われたある調査の結果：

- 人口の56%は紙の本を読んでいる。
- 読書人口のうち23%は、電子書籍と紙の本の両方を読む。
- 読書人口のうち、主に電子書籍だけを読む人は11%。

パーティーとお祝い

PARTIES AND CELEBRATIONS

アメリカでは毎日5億本のストローが使われています。全部つなげると地球を4周します。

イングランドで1年間に使われるプラスチック製ストローはおよそ47億本です。

オーストラリアでは1日に1000万本のストローが使われます。つないだ長さはケアンズからメルボルンまでの距離と同じです。

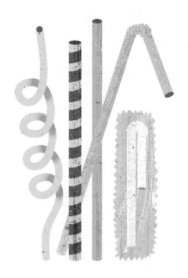

ストロー

　プラスチックのストローは、ここ数年すっかり悪者です。海洋生物学者がウミガメの鼻の穴からストローを取り出している2015年の動画を見た多くの人々は、海洋生物に苦痛や災難を与える可能性があるストローは本当に必要なのかと考えはじめました。

　人類は何千年も前からストローを使ってきました。メソポタミアの醸造職人たちが発酵壺に金属製のストローを差し込み、上に浮いている雑物を避けてビールを味見していた証拠が残っています。

　かつてストローは麦の茎でしたが、アメリカの発明家マーヴィン・ストーンが麦に代わる耐久性のあるストローを探して紙のストローを試作し、1888年に初の飲料用ストローの特許を申請して、1890年に売り出しました。

　ジョゼフ・フリードマンの発明した曲がるストローが登場したのは1930年代です。1960年代には材質が紙からプラスチックに変わり、どんどん普及していきました。プラスチックのストローは紙製より安く、長持ちし、サイズや形や色をさまざまに変えられました。

　病気や障害によってコップから飲めない人にとって、ストローは生活の中でとても重要な役割を果たしています。けれども使い捨てという点が問題視されて、EUでは2021年以降ストローを含む使い捨てプラ製品を禁止する法案が採択されました。

環境への負荷
　プラスチックのストローは、ポリプロピレンに着色料や可塑剤や酸化防止剤（プラスチックと酸素との相互作用を防いで長持ちさせる）などの添加物を加えて作られています。ポリプロピレンは石油から作られ、ストローに加工する際にはエネルギーが使われて、どちらもストローのカーボンフットプリントを増やします。そこに包装や輸送による環境負荷も加わります。

プラスチックのストローはリサイクルできません。技術的にはリサイクル可能ですが、現在のところストローをリサイクルする施設はありません。ストローがバラバラに砕けるまでには200年以上かかり、その後もマイクロプラスチックとして残り、環境中にまぎれ込めば野生生物が食べてしまう可能性があります。

ストローは、米国の環境保護団体オーシャン・コンサーバンシーが行っている海岸清掃で最も頻繁に見つかるごみトップ10のひとつであり、EU圏内の海岸で発見される使い捨てプラスチック製品の上位13品目に含まれています。2017年のある調査では、世界中で83億本ものプラスチックストローが海岸を汚染していると推定されています。

あなたにできること

- プラスチックストローを避けましょう。店で提供されたら断りましょう。たいていの人はストローなしでも飲み物を楽しめます。
- 地元の飲食店にプラスチックストローの使用をやめるよう働きかけてみましょう。本書に書かれた事実を挙げて、理解を得ましょう。プラスチックストローの使用をやめた企業を応援しましょう。
- 学校でのストローの使用をなくそうと訴えている世界各地のキャンペーンに参加しましょう。アイルランドやイギリスでは、今も学校用の牛乳はプラスチックフィルムに包まれたストロー付きの紙パックで提供されています。ストローもフィルムもリサイクルできず、ごみになります。プラスチックのス

トローは2021年までにEU全域で禁止され、英国でも禁止される可能性が高いのですが、キャンペーンの推進で変革を早めることができます。オーストラリアでは、「ストロー・ノーモア」キャンペーンが地方自治体と協力して学校でのストロー使用の廃止に向けて活動しています。

- 代替品を探しましょう。代替の使い捨て品として紙のストローがありますが、基本的に使い捨て製品は資源の無駄です。ステンレス、竹、ガラスなどで作られた繰り返し使えるストローが売られています。マイストローを持ち歩くのもよいでしょう。

マドラーも問題は同じ

自分へのご褒美としてジントニックやカクテルを注文しても、プラスチックのストローに加えてマドラーも付いてくると、とても残念な気分になります。

プラスチックのマドラーは、使い捨てにするには立派すぎます。高品質のプラスチックで作られていて、使うのは2分程度なのに、数百年も長持ちします。

マドラーは必要でしょうか？ ほとんどの人は一度かき混ぜたらマドラーは取り出します。混ぜる必要がある飲み物には、金属製で何度でも使えるマドラーや、同じく金属製でストローとマドラーが合体したものを探しましょう。最近では堆肥化可能な木や竹のマドラーもあります。

おまけの豆知識

- 海には、環流と呼ばれる海流の循環によってプラスチックなどの海洋ごみが集まる場所があります。大きな環流が5つあり、最大の環流が作る「太平洋ごみベルト」（134ページも参照）はテキサス州の2倍の面積があります。

食べられるストロー

　持続可能性の核心をなすのは、技術革新を起こし、地球への負荷が少ない新しいやり方を見つけることです。その好例がロリウェア（Loliware）社です。

　チェルシー・ブリガンティとリー・アン・タッカーはアメリカの工業デザイナーです。プラスチックのカップやストローが環境と野生生物に及ぼす害を知ったふたりは、これまでとは違うやり方を生み出す必要を感じました。彼女たちは、デザインの小手先の変更ではなく抜本的な変化を通じて実現できるものを求め、使ったら跡形もなく消える使い捨て製品を作りたいと考えました。

　そこで彼女たちは、堆肥化可能のさらに上を行く可食ストロー「ロリストロー」を発明しました。楽しみながら製品設計や問題解決を行う手法（彼女たちいわく「ジョイフル・イノベーション」）を用い、ストローの作り方を根本的に変えて、人にも地球にもやさしい製品を作ったのです。

　ストローの原料は海草で、見た目も機能もプラスチックと変わりませんが、食品グレードの材料で作られています。ですから、使い終わったストローを食べられます！このストローは最長18時間まで液体の中で使用できる点で、紙のストローよりも優れた性能を持ち、（本来的には環境中にまぎれこませないことが目的で、食べるか堆肥材料にすべきですが）海や自然環境の中では生分解されます。色は果物・野菜由来の染料を使用しているので、食べてもまったく問題ありません。

　チェルシーとリー・アンは、この発明を商品化するためにクラウドファンディングを利用しました。ふたりは2019年末までには発売したいと考えています。

平均的な子供1人が持っているおもちゃは238個ですが、子供はたいていお気に入りの12個で遊び、95%のおもちゃはほとんど使われません。

おもちゃ

子供のいる人にとって、おもちゃは日常生活の一部です。おもちゃにつまづいたり、片付けたり、お気に入りが行方不明にならないように気を配ったり。

最も古い時代のおもちゃは動物のような形をしていました。その後に、ボールや凧やヨーヨーが続きます。昔のおもちゃの材料は紙や木や粘土や紐などでしたが、現代では金属やプラスチックが主流です。近頃は、市場に出回っているおもちゃのなんと90%がプラスチック製です。

おもちゃの過剰購入は、次々に商品を買ってその多くをクレジットで決済するという世界的な消費傾向と結びついています。たとえば、アメリカの平均的な家庭には1万5000ドル（約160万円）以上のクレジット残債があり、一方で年間230トンのごみが発生しています。イギリスも五十歩百歩で、1世帯の平均的な消費者負債は6454ポンド（約95万円）、発生するごみの量は91トンです。

おもちゃは子どもの発達と教育に重要な役割を果たすものですが、多くのおもちゃは学習にはあまり役立たず、それでいて大量のごみになります。ですから、論理的に言って子供の発達段階ごとに何百ものおもちゃを与えても意味がありません。

世界のおもちゃ消費支出

イギリスのおもちゃ支出は年に30億ポンド以上で、2017年には子供1人あたり平均339ポンドでした。

平均的なアイルランド家庭の2015年のクリスマスプレゼント代は子供1人あたり254ユーロで、16%の親は600ユーロ近くプレゼントしていました。

最も気前がいいのはオーストラリアの親で、2013年におもちゃやゲームに子供1人当たり555ポンド相当を支出しました。

環境への負荷

おもちゃの生産には天然資源とエネルギーが使われ、廃棄物も出ます。輸送や廃棄も温室効果ガス排出源です。地球上のおもちゃの数が多ければ多いほど、環境負荷は大きくなります。

おもちゃは複数の素材を組み合わせて作られており、しばしば電池が入っているうえ、電池を簡単に取り出せないものもあるため、リサイクルは困難です。そのため、壊れたおもちゃはたいてい埋め立てや焼却処分になります。また、置き去りにされたおもちゃが環境内に残ることもあります（海岸清掃で見つかるごみにはおもちゃもよく混じっています）。

幼い子はおもちゃを口に入れて味や感触や形を確かめようとすることがあるので、おもちゃに含まれる有毒物質や化学物質も心配です。プラスチックに柔軟性を与えるために添加されるフタル酸エステル類（26ページも参照）は、健康への影響が懸念されています。2009年2月、米国では3種類のフタル酸エステル類を0.1％を超える濃度で玩具に使用することが恒久的に禁止されました。EUでも類似の禁止措置が取られています。

あなたにできること

- おもちゃの購入を減らしましょう。アメリカの幼児発達研究者たちが行ったある研究で、おもちゃをたくさん持ちすぎている5歳未満の子供は、どれかひとつに集中してそこから学ぶことができないという結果が出ています。

そうした子供は全部のおもちゃをひっかき回し、どれにも没頭しないといいます。

- おもちゃを大切にし、壊れたら可能な限り修理して、長く使いましょう。
- サステイナブルなおもちゃ——再生素材製や、木やウールのような天然素材製、長持ちして他人に譲れるもの、リサイクルやリユースが可能なもの——を探しましょう。
- 親戚や友人とおもちゃを交換あるいは共有したり、おもちゃ図書館（右ページ参照）から借りたりしましょう。所有しなくてもいろいろなおもちゃで遊べて、子供たちは種類の多さを楽しみます。近くにおもちゃ図書館がない場合は、自分で設置することを考えるか、地域の図書館に提案しましょう。
- 子供が成長して使わなくなったおもちゃは、誰かに譲りましょう。ほとんどのおもちゃは数ヵ月から数年しか使わないので、譲ることで多くの子に喜びを与えられます。質の良いおもちゃはリサイクルショップ、慈善団体、保育所、プレイグループ、学校などが引き取って、新たな活躍の場を与えてくれます。
- キッズコミックの付録やファストフード店のお子様セットに付いてくる無料のおもちゃは避けましょう。
- おもちゃではなく実体験——お出かけやショーの観覧や博物館の見学——を与えて、大切な思い出を作りましょう。

おまけの豆知識

- レゴ社は、2030年までに現在の素材に代わる環境にやさしい素材を特定し使用するために、10億デンマーククローネ（約170億円）を投資しています。
- ハズブロ社はリサイクル企業のテラサイクルと協力して、不要になった自社製おもちゃやゲームを新たな材料や製品——子供の遊び場、植木鉢、公園のベンチなど——にするリサイクルを試験的に実施しています。

おもちゃ図書館は楽しい

　おもちゃ図書館は、普通の図書館が本を貸し出すのと同じようにしておもちゃを貸してくれます。会員登録し、会員カードでおもちゃを1〜2週間借りて、返却します。返却と同時に別のおもちゃを借りることもできます。

　ニュージーランドのおもちゃ図書館のある利用者は、2週間に1度クリスマスが来て、しかもプラスチックおもちゃがたまっていくことがない、と言っています。

　子供にとってみれば、1週間か2週間に1回おもちゃ屋さんに行って、好きなおもちゃを何でも持って帰れるのと同じようなものです。大人にとっては、借りて返すだけなので、たくさんのおもちゃを買うお金やおもちゃをしまっておくスペースが必要なくなります。

　子供と大人の両方にとってウィン＝ウィンです。そのうえ、おもちゃの共有によって、消費したりため込んだりするモノの量が減り、環境負荷を小さくできます。

　おもちゃ図書館には少額の年会費または週単位の利用料で入会できます。全年齢層をカバーするおもちゃが用意されているので、子供の年齢に合ったおもちゃが必ずありますし、これまで知らなかった人と出会い、新しい友達を作ることもできます。

オハイオ州クリーブランドは、1986年にバルーンフェストの一環として150万個近いヘリウム風船を飛ばし、風船飛ばしの世界記録を樹立しました。大規模な宣伝として計画されたイベントでしたが、風船が環境に与える影響を劇的な形で可視化することになりました。街のいたるところを風船が漂い、交通事故を引き起こしたり、近くの湖に深刻なごみ問題をもたらしたりしたのです。

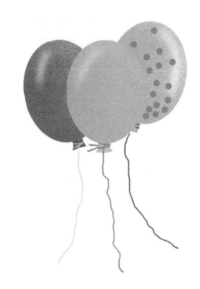

風船

　最初期の風船は、動物の膀胱に空気を詰めたものでした。ガリレオは空気の重さを計るために豚の膀胱を膨らませて実験したと言われています。風船は今でも大人気で、新製品発表イベント、広告、お祭り、誕生パーティーなどさまざまな催事で使われています。

　今のような風船の歴史は、イギリスの科学者マイケル・ファラデーが1824年に最初のゴム風船を作った時に始まったとされます。ファラデーは、天然ゴムのシート2枚の端をプレスして密封し、内側に小麦粉をまぶして2枚がくっつかないようにしました。そして、中に水素などの気体を入れて、気象学や物理学の実験を行いました。その後まもなく、イギリスのゴム産業の創始者であるトマス・ハンコックがゴム液と空気入れをセットにしたキットを作り、人々が自分で風船を作れるようにしました。

　1900年代初頭からおもちゃの風船が人気を博し、1912年にはひねって動物などの形を作るバルーンアート用の細長い風船が作られます。ヘリウムを充塡してお祝いのメッセージで飾れるフォイルタイプの風船は1970年代に登場しました。

環境への負荷

　風船は、ゴムの木（*Hevea brasiliensis*）の樹液であるラテックスゴム（天然ゴム）で作られています。天然ゴムは時間が経てば生分解されますが、色を付けたり伸びやすくしたりする目的で添加されたさまざまな化学物質は生分解性に影響し、また、風船が分解されるとそれらの化学物質が環境中に放出されます。

　ヘリウムを詰めたフォイル風船は、ナイロンに金属のコーティングを施して作られます。この風船は生分解されません。手を離して飛んで行ってしまうと木や電線にからまり、停電や火災の原因になることもあります。ヘリウムは天然ガスの副産物として得られる再生不可能な資

源で、時間とともに風船から漏れ出して失われます。科学者たちは、ヘリウムガスの使い過ぎを防ぐために高額で販売することを推奨しています。全体的に見て、ヘリウム風船はゴム風船よりも野生生物や人間や環境に及ぼす害が大きいと言えるでしょう。

飛んで行ってしまった風船には、紐が野生生物を傷つけるというリスクもあります。風船の紐は合成繊維製のことが多く、いつまでも残って動物の脚などにからまります。歳月を経て紐が千切れてバラバラになると、今度はマイクロプラスチックとして別の野生生物を脅かします。近年は紐ではなくプラスチックの細い棒（バルーンスティック）を付けた風船も増えていますが、生分解性がないことは同じで、ごみの量は増えます。

ゴム風船もフォイル風船も、環境にまぎれ込むと野生生物への脅威になります。水中を漂う風船はクラゲやイカによく似ているため、ウミガメなどが誤って食べてしまうことがあります。風船やポリ袋などのプラスチックが海洋生物の消化管にたまると、生物はエサを食べられなくなり、餓死してしまいます。

また、環境にまぎれ込んだフォイル風船は細かく砕けてマイクロプラスチックになり、動物プランクトンをはじめとする生きものに食べられ、食物連鎖を通じて魚や貝、そして人間の体にも入ってきます。

タイや中国の伝統的なペーパーランタン（提灯）やスカイランタン（天灯）は紙と紐と針金や竹でできていて、近年は西洋でも風船の代わりとして人気が高まっています。こうしたランタンはたしかに生分解性がありますが、使用後はごみになり、環境中では野生生物や家畜がランタンの紐にからまったり、食べてしまって針金で傷つく危険があります。また、スカイランタンはミニチュアの熱気球なので、住宅火災や山火事の原因になって、死者を出す可能性すらあります。

あなたにできること

- 風船に「ノー」を言いましょう。誰だってパーティーは盛り上げたいでしょうが、風船を買わないことには意味があります。風船は使い捨てでリサイクルが出来ず、ごみになるだけです。
- ゴム風船は生分解性とはいっても分解には何年もかかり、野生生物に害をなすリスクがあるので、避けましょう。
- 風船以外の飾りを使いましょう。シャボン玉、布製のフラッグガーランド、薄紙で作った花、毛糸のボンボン、旗、花、手作りのバナーなどは風船と同じくらい華やかです。作った飾りをしまっておけば別のパーティーの時にも使えます

おまけの豆知識

- EUは、プラスチック製のバルーンスティックを2021年から禁止する法案を可決しました。
- 2018年6月4日にタイ東部の浜辺に打ち上げられたウミガメの腸にはプラスチックの破片や輪ゴム、風船の断片、その他いろいろなごみが詰まっていました。ウミガメは2日後に死にました。

子供の誕生パーティーで4番目にお金がかかるのは、来てくれた子にお土産として渡すパーティーバッグ（お菓子やおもちゃなどの小物を詰めた袋）です。ちなみに一番はエンターテインメント（子供たちを楽しませる企画で、欧米では会場を借りたりプロに頼んだりしてかなり本格的に行うことも多い）で、ケータリングと飾り付けがそれに続きます。

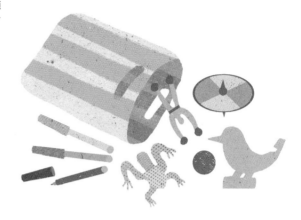

パーティー
バッグ

あなたはパーティーを企画し、ケーキと食べ物を準備し、エンターテインメントあるいはパーティー会場の予約を済ませました。残るは、参加する子供たち全員に渡すパーティーバッグの用意です。——どうしてこんな風習が当たり前になったのでしょう？

環境への負荷

パーティーバッグと、その大人版である結婚式のお土産の最大の環境負荷は、廃棄物です。子供用のパーティーバッグはたいていリサイクル不能で生分解もされないプラスチックの袋に入っています。中身は、お菓子のほかに、おもちゃ（231-233ページ）、シール（196-197ページ）、風船（234-235ページ）などのプラスチック製品です。パーティーバッグの大部分はごみ箱行きで、リサイクルできるものはほとんどありません。

同様に、結婚式のお土産も多くはそのまま残って廃棄され、お金も無駄になります。「独身さよならパーティー」やベビーシャワー〔出産前の母親のためのパーティー〕でも、サッシュ〔たすき〕や帽子、ウィッグやティアラなどはほとんどがプラスチック製で、1回使っただけで捨てられてしまいます。

あなたにできること

• やめ時を見極めましょう。招待客のために十分な努力をしていれば、パーティーバッグや結婚式のお土産は必要ないかもしれません。

• ごみが出ない方法に変えてみましょう。結婚式なら手作りのお菓子やケーキ、花の種や刺繍入りのハンカチなど、ネット上には無数のアイデアがあります。

• それでも誕生会に来てくれた子供たちに何かを渡したい場合は、パーティーバッグの代わりに手作りのパンやお菓子はどうでしょう？

2011年の時点でも、イギリスではクリスマスの時期にプレゼントを包むために22万6800マイル（36万5000km）ものクリスマス用包装紙が使われていました。地球を9周する長さです。

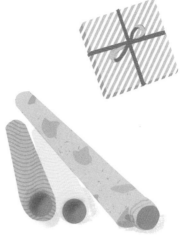

ラッピング

　考えてみると、おかしな話です。誰かにプレゼントを買い、紙で包んで中身を隠します。その紙は渡した数分後には剥がされて捨てられます。文字通り、お金と資源をごみ箱に捨てているようなものです。

環境への負荷

　包装紙には、製紙に伴う環境負荷がすべてあります（193-195ページ、222-223ページ参照）。紙ではなくプラスチックやフォイル素材の包装紙もあります。紙以外の素材のものや、紙にラメや金属の箔押しで飾りをつけたものは、リサイクルできません。ラメや箔押しのないシンプルな紙の包装紙だけがリサイクル可能で、それ以外はごみ箱に入れなければなりません。

　売られている包装紙を包む透明なシュリンク包装もリサイクルできず、生分解性もないため、やはりごみ箱行きです。

あなたにできること

- 包装紙を使わずに、プレゼントをそのまま渡しましょう。
- 日本の風呂敷のような、再利用できるラッピングを選びましょう。かわいいティータオルは、包装紙代わりと同時に実用的なギフトにもなります。
- カラフルな古紙や新聞紙、箱、袋をラッピングに再利用しましょう。
- リサイクルできない粘着テープや合成繊維のリボンとリボンフラワーの代わりに、天然繊維の紐を使い、野生の果実や花や葉で飾りましょう。
- ワインボトル用のバッグは使わずに、ボトルの首にハーブやシナモンを紐で結び付けて贈りましょう。
- 包装紙を使う時は箔押しやラメ装飾のない紙製のものを選び、贈る相手には、丁寧に包装を解いて紙を再利用やリサイクルするよう頼みましょう。
- 合成繊維のリボンをリサイクルの回収に出してはいけません。

イギリスでは毎年、使い捨てバーベキュー（BBQ）グリルが100万個前後売れています。グリルは注意深く扱わないと山火事を引き起こすことがありますし、使用後にごみとしてビーチやピクニックスポットに散乱しているのもよく見かけます。

使い捨て
BBQグリル

人類は200万年くらい前に初めて火を手にして以来、薪や炭を使う料理に魅了されてきました。友人たちと談笑しながらおいしい料理を食べるバーベキューは、夏の風物詩です。そして私たちは、あまりにもBBQを愛するあまり、持ち運べて、使ったら捨てて帰れる、便利このうえないグリルを望むようになりました。

1968年にカール・カラペティアンが使い捨てBBQグリルの特許を申請しましたが、広く利用されはじめたのは1990年代です。以来、使い捨てグリルは進化を続け、軽量のアルミ製トレイに木炭と液体着火剤を入れ、アルミ製の網を乗せるものになりました。

環境への負荷

使い捨てBBQグリルの環境負荷を示す第一の手がかりは、「使い捨て」という名前です。安いものはわずか2ポンド（約300円）ですが、これには環境負荷のコストはまったく反映されていません。グリルは1回しか使われず、グリルの製造に使われた原料やエネルギーはほとんど無駄になります。使用後は汚れてしまうため

リサイクルもできず、いずれにしても消費者は捨てる前提で購入しています。使い捨てBBQグリルは、景勝地や生物多様性の豊かな場所にポイ捨てされていることも多く、イギリスでは禁止を求める声が上がっています。

木炭は、木を酸素の少ない環境で不完全燃焼させて水分や揮発性成分を飛ばし、木よりも高い温度で燃えるようにした燃料です。

BBQの木炭はさまざまな形で気候変動の一因になっています。2009年に熱帯の生態系の地域で行われた木炭生産だけで、気候変動の原因となる7120万トンのCO_2と130万トンのメタンが排出されたと推定されます。これは石炭火力発電所19基の1年間の排出量に相当します。

木炭を燃やすと、ブラックカーボン（黒色炭素、82-83ページも参照）などの大気汚染物質が放出されて地球温暖化を加速させ、健康にも悪影響を及ぼします。液体着火剤は揮発した気体を吸い込むと有害で、料理の味にも影響します。持続可能な形で管理されていない木を使った炭は、森林破壊や野生生物の生息地喪失にもつながっています。

使い捨てグリルは、注意して扱わないと景観を損ねたり、野生生物に危害を及ぼしたり、野火の原因になったりします。2019年4月の暑い日に英国ヨークシャーのマーズデン・ムーアで発生して2万5000平方メートル以上の湿原を焼いた火災は、使い捨てグリルが原因だと考えられています。この火災では、ナショナル・トラストが20万ポンド（約3000万円）をかけて回復させた動植物の生息地も焼失しました。こうした火災は野生生物を殺し、大気汚染を引き起こし、気候変動の原因となります。

地球環境への影響に加えて、使い捨てグリルは私たちの健康にもよくありません。テントの中などの閉鎖空間で使用すると、燃焼時に有毒な一酸化炭素が発生します。実際、2011年に英国コーンウォール州で、テント内で暖房代わりに使い捨てグリルを使った2家族が一酸化炭素中毒で入院する事故がありました。事故調査の過程で、トレイに手でさわれるくらいの温度の使い捨てグリルからも、危険なレベルの一酸化炭素が発生することが判明しました。また、

グリルには火傷がつきものです。調理中に直接触れたり、ビーチで使用した際にグリルの周囲の熱い砂に手や膝をついたりして火傷をすることがよくあります。使い捨てグリルは最高で600℃の高温になり、下の砂は300℃に達して、長ければ5分程度は熱いままだからです。

あなたにできること

- 使い捨てBBQグリルは買わないことです。メリットより害の方が大きいです。
- 公園やキャンプ場に常設されたBBQスペースを利用しましょう。
- 持続可能な供給源から得られた木を使って地元で作られた木炭を買いましょう。輸送による炭素排出を減らし、木炭作りで森林破壊を起こさないために。
- 最初から着火剤をしみ込ませてある炭は避けましょう（通常はパッケージに表示があります）。
- 持ち運び可能なグリルが欲しければ、使い捨てではない小型のグリルを買いましょう。
- 化学合成の着火剤ではなく、古新聞や使用済みの耐油紙（28-29ページ参照）を焚き付けに使いましょう。
- 使い捨てグリルの廃棄は慎重に。うっかり炭を落としたり、置き去りにしたりしないよう注意しましょう。火災防止のため、ごみ箱に入れる前に水で完全に消火します。国立公園内や暑い時期には、BBQ禁止や火気厳禁などの警告に従って下さい。

おまけの豆知識

- 2019年に、イタリアのコモで使い捨てBBQグリルが原因の大規模森林火災を起こした2人の学生が、それぞれ1350万ユーロ（約16億4000万円）の罰金刑を宣告されました。
- アイルランドでは2012年に約7万5000個の使い捨てBBQグリルが使用され、捨てられました。2トンのアルミニウムが埋め立て処分場に送られたことになります。

イギリスでは毎年約8000万個のイースターエッグチョコが販売されます。イギリスのイースターエッグ市場は2億2000万ポンド規模と言われています。

イースターエッグ
チョコ

　バレンタインデーが終わるやいなやイースター商戦が始まり、スーパーの棚にはチョコレートのイースターエッグが何層にも積み重ねられます。イギリス人が1年間に払うチョコレート代のうち10%がこのイースター期間に使われます。

　イースターエッグの起源については諸説あります。異教の女神エオストレに由来し、豊穣と再生の象徴であるとする説や、キリスト教で四旬節の間は肉や乳製品とともに卵も食べず、復活祭（イースター）に解禁して食べるのが起源とする説もあります。

　卵に絵を描くのは比較的新しい風習で、今も東欧の多くの地域で行われています。伝統的には植物性や鉱物性の染料が使われていましたが、時代とともに、時間をかけずに鮮やかな色が出せる合成染料の人気が高まりました。

　英国王エドワード1世は1290年に450個の卵を購入し、彩色や金箔で飾って王族や友人に配りました。アメリカでは、1878年にホワイトハウスでお祝いのゲームとして始まったイースターエッグロール（卵ころがし）が、現在も

イースターマンデー〔復活祭翌日の月曜〕に行われています。

環境への負荷

　最近のイースターエッグはチョコレート製が主流ですが、残念ながら、チョコレートには環境負荷があります。イギリスのチョコレート業界は年間210万トンの温室効果ガスを排出しており、これは北アイルランドのベルファストの年間排出量とほぼ同じです。排出源としては、牛乳や粉乳の生産、カカオや砂糖やパーム油の原料作物の栽培に伴う農地開発、原材料やチョコレートの輸送などが挙げ

られます。

　水資源の使用量もかなりのものです。原料を生産してチョコレートを製造する際に使われる水は、板チョコ1枚（または大きなイースターエッグ1個）あたり1000リットルにもなります。ただ、より持続可能な土地利用や、製造方法の効率化によって、チョコレートの環境フットプリントを減らすことは可能です。

　イースターエッグチョコの環境負荷の最大の問題点は、過剰な包装です。イギリスで販売されているイースターエッグチョコの総重量の4分の1はパッケージの重さで、毎年3000トンものイースターエッグ包装材が捨てられています。

　少なくとも、エッグチョコが入っている厚紙の箱はリサイクルできますし、卵を包んでいるアルミホイルは、きれいならばアルミ缶と一緒にリサイクルに出せます〔日本ではアルミホイルはほとんどリサイクル用として受け付けていません〕。商品によってはエッグチョコが硬質プラスチックのケースに入っています。このケースはリサイクル可能ですが、軟質プラスチックのフィルムや包装材はリサイクルができません。結局のところ、パッケージが大げさなほど資源やエネルギーがたくさん使われ、カーボンフットプリントが増え、ごみが多く出ます。

　イースターエッグチョコのメーカーの多くは、年々包装の量を減らしていますが、まだ道半ばです。「同じお金を払うなら、チョコレートが多くて包材ごみが少ない商品が欲しい」と消費者が考えるようになるのが理想です。

あなたにできること

- 地元で作られ、包装が最小限のエッグチョコを探しましょう。スーパーのエッグチョコより値段は高いかもしれませんが、まったく違う購買体験ができますし、地元のショコラティエはあなたの姿勢を称賛してくれるこ

とでしょう。

- 慎重に選び、包装が最小限でプラスチックが使われていない商品を買いましょう。「2個買えば1個おまけ」といった販売手法に惑わされないように。

- 持続可能性に配慮し責任ある資源管理がなされた産地の原料を使っているチョコレートを探しましょう。フェアトレードやレインフォレスト・アライアンスの認証があれば、そのチョコのカカオは地域住民と話し合いながら環境保護を考えて栽培され、公正な価格で生産者から買い取られていることがわかります。

- チョコの代わりに、思い出に残る体験をしましょう。固ゆで卵に絵を描いたり、イースターエッグハント（卵探し）をして、卵をうまく集めた子には賞品のお菓子をあげるなど、知恵を使いましょう。見つけた卵を入れるバスケットを買い揃えたくなる誘惑に打ち勝ち、家にあるもので工夫しましょう。イースターエッグチョコの包装材はできるだけリサイクルし、友人や家族にも同じようにすることを勧めましょう。

イギリスでは2016年にハロウィーンの仮装用衣装700万着が捨てられました。

ほとんどのハロウィーン衣装はせいぜい2回しか着用されません。コスチュームの4割は、1回着ただけで捨てられています。

ハロウィーンの
仮装用衣装

　ハロウィーンは子供たちにとって最高に楽しいお祭りのひとつでしょう。仮装して、友達と一緒に夜道を走り回り、よその家のドアをノックしては「トリック・オア・トリート」と言えばお菓子を一握りもらえるのですから。

　現在の形のハロウィーンは、ケルトの伝統とキリスト教の影響にアメリカの商業主義が合わさってできたものです。ハロウィーンの起源は、夏の終わりと冬の始まりを告げるケルト人の祭り「サウィン」にあります。伝説によると、この日は生者の世界と精霊の世界の境界が最も越えやすくなる時で、悪霊を追い払う必要がありました。ハロウィーンの仮装のもとになった変装は、悪霊を遠ざけ、悪霊から身を隠すために行われました。その後、カトリック教会が万聖節と万霊節の祭礼をこの異教の儀礼と並行して行うようになったと考えられています。

　やがてアイルランド人をはじめとするケルト人がハロウィーンをアメリカに持ち込むと、カボチャのランタンや「トリック・オア・トリート」が加わり、仮装してドアをノックし、食べ物をもらう習慣が定着しました。

　私が子供の頃のハロウィーン衣装はすべて手作りで、みんなお化けや魔女や骸骨になったものです。最近では多くの人が衣装を買っています。生活の忙しさと消費社会の広がりのゆえかもしれません。イギリスでは2016年のハロウィーン衣装のうち手作りはわずか14％で、残りは買ったものでした。衣装を含むハロウィーン商品へのイギリス人の支出は、2013年から2018年までの間に倍増しています。

環境への負荷

　1回か2回しか着ない前提でデザインされているハロウィーンの衣装は、年に1万2500トンのごみとなり、埋め立てや焼却されています。たいていのスーパーやおもちゃ屋やパーティー

グッズ専門店のハロウィーン衣装や小物は、合成繊維やプラスチック製です。ポリエステルのマント、合成ゴムやプラスチックのマスク、合成樹脂のクモの巣、プラスチックの斧、光る杖……挙げだしたらきりがありません。どれも石油が原料で、製品製造にはエネルギーが必要です。

生地やプラスチックに着色する染料、プラスチックを軟らかくする可塑剤、偽の血糊をよりリアルにする薬品などの化学物質・有害物質も添加されます。つまり、製造過程で環境汚染が生じ、洗濯の際にマイクロ繊維が放出され（136ページ参照）、最後に埋め立て処分場や焼却施設でも汚染が起こるということです。

フェイスペイントも要注意です。2009年に「安全な化粧品のためのキャンペーン（Campaign for Safe Cosmetics）」という組織がアメリカで販売されているフェイスペイント10種類をテストしたところ、すべてに鉛が含まれ、6種類にはニッケル、コバルト、クロムが含まれていました。いずれもアレルギーを起こす恐れのある金属です。鉛含有化粧品はEUとカナダでは禁止されていますが、アメリカでは禁止されていません。自分や子供の顔に塗る前に必ず成分をチェックすることをお勧めします。

あなたにできること

- ハロウィーンの衣装（世界図書デー、クリスマス、イースターの衣装も）を買うのをやめましょう。

- ハロウィーン衣装を友人同士で交換しましょう。また、子供の仮装衣装は、親戚や近所の人やチャリティショップに譲ったり、保育園や学校の「変身遊びコーナー」用に寄贈したりしましょう。

- ハロウィーン衣装をつくろって、長く使いましょう。安い生地で作られているのでどうしても破れてしまいますが、ほとんどは針と糸で直せます。

- 衣装を手作りしましょう。たしかに、準備が必要で、最後まで仕立て上げなければなりません。それでも、作る楽しさがありますし、必ずしも面倒ではありません。ネット上にたくさんアイデアが紹介されています。

- フェイスペイントを買う前には成分を調べ、無害でアレルゲンがなく、安心して使えるものを選びましょう。

おまけの豆知識

- イギリスの人々は、2016年にハロウィーン衣装に5億1000万ポンドを費やしましたが、ほとんどの衣装は一度着ただけで捨てられました。

- 2018年、アメリカの家計のハロウィーン関連支出は総計90億ドルでした。衣装に32億ドル、飾りつけに27億ドル、お菓子に26億ドル、グリーティングカードに4億ドルです。

イギリスでは毎年、600〜800万本の本物の（モミの木の）クリスマスツリーが売れます。

模造ツリーは本物のツリーよりカーボンフットプリントが大きく、本物が1年に3.1kgのCO_2を排出するのに対し、模造ツリーの排出量は製品寿命（6年）全体で48.3kgです。他の要因も加えて計算すると、同じ模造ツリーを20年間使い続けないと本物と釣り合わないとされています。

クリスマスツリー

　12月に地元の苗木農家からモミの木を買う人もいれば、模造ツリーを箱から出す人もいますが、どちらの場合もツリーの飾りつけはクリスマスシーズンの楽しみのひとつです。

　古代エジプト、中国、ヘブライ、スカンジナビアなど多くの文明で、永遠の命の象徴や魔除けのお守りとして常緑樹やその枝葉をつないだガーランドが家の中に飾られていました。しかし今のようなクリスマスツリーは、16世紀のドイツで、アダムとイブを題材にした季節劇にリンゴで飾ったモミの木が登場したのが始まりとされています。

　1840年代のイギリスでは、ヴィクトリア女王の夫アルバート公が故郷のドイツから持ち込んだクリスマスツリー——プレゼントや焼き菓子、キャンドル、お菓子などで飾られたツリー——が人気を博しました。一方、アメリカにはドイツからの移民によってクリスマスツリーが伝わり、19世紀後半には広く普及していました。

　1950年代から1960年代に登場したプラスチックの模造ツリーは、本物のモミの木から針葉が落ちるのを嫌う人たちに歓迎されました。

　模造ツリーか本物の木かの選択には、木の香りがどれくらい好きか、どこの土地のどういう家に住んでいるか、予算はどれくらいかなどが関係します。ですから、選択は人それぞれです。

環境への負荷

　イギリスとアイルランドで売られているツリー用モミの木の平均樹齢は8〜10年で、水やりなどの世話をすれば普通は6週間程度持ちます。イギリスで販売されるツリーの大部分は国内産で、その多くはスコットランドのクリスマスツリー農園で育てられています。言うまでもなく、地元で育てられたツリーを買えば、遠くから運んでくる必要がないぶんカーボンフット

プリントは小さくなります。

　モミの木は地中に根を張って成長している間は光合成を行い、1年で1トン以上のCO_2を吸収して、私たちに必要不可欠な酸素を作っています。けれども、伐採された瞬間に環境へのプラス効果はなくなります。ただし、伐採した数だけ新しい苗を植えている持続可能な生産地のツリーであれば、その限りではありません。

　モミの木の農園では一般に、病気や害虫対策として除草剤や殺虫剤が使われますが、そうした農薬は益虫や鳥やその他の野生生物にも害を与えます。近年は生物多様性の喪失を懸念して農薬の使用を減らそうと努力する農場が増えています。

　模造ツリーは主にプラスチックで作られているため、石油が主な原材料で、金属も一部に使われています。模造ツリーのカーボンフットプリントの85%は製造過程で排出され、残りのほとんどは輸送と廃棄のぶんです。

　ツリーが廃棄される場合、本物の木は細かいウッドチップにして堆肥化できるため、埋め立て処分場で徐々に分解されながらメタンガスを放出する運命は避けられます。モミの木の炭素排出量のうち最大19%が廃棄時に出ます。木を細かく切って庭のマルチ（植物の株元の覆い）に利用すれば、廃棄に伴う環境負荷を減らすと同時に土壌改良もできます。模造ツリーはリサイクルできないため、埋め立てや焼却に送るしかありません。

あなたにできること

- 鉢植えの生きたモミの木を選びましょう。毎年クリスマスシーズンに屋内に飾り、それ以外の時は庭に出しておきます。堆肥を与え、育ちすぎて屋内に入らなくならないよう、小さめの植木鉢で育てましょう。クリスマスの時期だけツリーを貸し出し、シーズンが終わったら引き取って次のクリスマスまで世話をしてくれる農園もあります。

- 本物のモミの木を買った時、そのままで持ち帰れるなら、運ぶ間ツリーの枝が広がらないように包むプラスチックネットは断りましょう。リサイクルできないからです。

- 農薬を使わない有機栽培の木を探しましょう。英国の慈善団体ソイル・アソシエーション（Soil Association）のウェブサイトには有機栽培生産者のリストがあります。

- クリスマス後にモミの木を埋め立て処分場送りにしないように。一部の自治体は1月にツリー回収サービスを行ったり、回収場所を設置したりしています。回収されたツリーはウッドチップになり、公園や庭園で使われます。

- 模造ツリーを買うなら、20年間使えるような品質の高いものを選び、クリスマスの後は丁寧にしまっておきましょう。

サステイナブルな飾り付け

1. 毎年「テーマ」を変えたり新しい飾り付けセットを買うのはやめましょう。
2. いわれ（それにまつわる物語）のある飾りを集め、世代を越えて受け継いでいきましょう。
3. プラスチックではなく布や毛糸、木や金属の飾りを選びましょう。地元の手作り品を買いましょう。クリスマス直前に処分価格で売られるプラスチック製の飾りの誘惑に負けないように。
4. ツリーの電飾は派手にしすぎず、電池式ではなくコンセントに差すタイプにしましょう。

エコロジー・ツールボックス
環境にやさしい生活のために活躍する10のアイテム

ここで紹介するのは、環境負荷を減らすために家に備えておく価値があると私が考える10のアイテムです。これらを使うだけでなく、普段の買い物の際に「これはどこから来たのか」「誰が作ったのか」「製造法はどうか」「なぜこんなに安いのか」「再利用やリサイクルは可能か」といった好奇心を持つと効果的です。探究心があれば、あれこれ買って家にモノがたまる前に立ち止まって考えられますし、自身の選択や、環境のためになる政策への支持を通じて、変化を後押しすることができます。

水筒とマイカップ：通勤や子供の送迎などで外出する時に、水筒（私はステンレス製のものが一番好きです）とカップを持っていれば、いつでも飲み物（水や熱いコーヒー）を飲めます。おまけに、1週間に出るゴミの量を劇的に減らせます。家族全員がこの姿勢で行動するように促しましょう。

針と糸：衣類の補修や、古着のリメイクができます（ネット上には、古いTシャツをトートバッグにするなどさまざまなリメイクが紹介されています）。ボタン付けや裾上げのやり方を知っていれば、人気者になって友達ができるでしょう。

植物：宇宙ステーションでの空気清浄法を研究しているNASAの勧めに従って、家やオフィスの空気を浄化するために植物を置きましょう。植物の世話は、つまるところ生き物の世話です。ハーブ、火傷の治療に使えるアロエベラ、サラダにして食べられる野菜、水やりが少なくて済むサボテンなど、自分に合ったものを選びましょう。

重曹とホワイトビネガー：掃除のヒーロー、重曹と酢〔日本ならクエン酸〕を試してみましょう。本書で紹介したように（68-69ページ、85ページ参照）、この2種類できれいにできないものはほとんどありません。

ハンドタオル／フェイスタオル：昔ながらの布を使いましょう。メイク落としシートや化粧用コットンが必要なくなります。専用商品を使わなくても肌の角質を落とすことができます。また、衣類の染み抜き、熱のある時に額を冷やす、汚れた顔を拭くといった場合にも使えます。使ったらきれいに洗って乾かし、古くなったらふきんや雑巾として最後まで使いましょう。

保存容器とランチボックス（弁当箱）： 残り物は繰り返し使える保存容器に入れれば、ラップやホイルの使用量を減らせます。ランチは弁当箱に入れ、食品量り売りコーナーや鮮魚店、パッケージフリー（無包装）ショップでの買い物には清潔な容器を持って行きましょう。プラスチック製、ガラス製、竹製、スチール製などさまざまな容器がありますが、長く使える質の良いものを選びましょう。

堆肥化材料用ボックス： 野菜くずなどの生ごみは産業堆肥化用のボックスに入れて回収に出すか、家庭用コンポスター（ミミズ利用やボカシ利用のものなど）で堆肥にしましょう。出るごみの量も、CO_2排出量も減らすことができます。また、生ごみが出る前の段階で、フードロスを減らすために無駄なものは買わず、残り物も賢く食べ切るようにしましょう（22-23ページも参照）。

買い物用マイバッグ： 何にでも自分のバッグを使いましょう。バラ売りの果物、野菜、パンを買う時も、ショッピングでも、子供とのお出かけでも。かばんの中にマイバッグを入れておくだけで、レジ袋や紙袋をもらわずに済みます。

ウォーキングシューズ： もっと歩きましょう。車やエレベーターに乗る代わりに歩けば、炭素排出量を減らせるだけでなく、健康にも有益です。一般的なエレベーターに4回乗ると、1日1人あたり0.3〜0.6kgのCO_2が排出されます。1日に20分でも外に出れば、気分が良くなり、幸福感が増します。ウォーキングは、いいことずくめです。

インターネット接続： 他の人たちとつながりましょう。ネット上には、カーシェアや電動ドリルのレンタル、修理や再利用の場や知恵など、あらゆるものを共有するための情報が豊富にあります。また、炭素排出量の算出やライフスタイルの計算ができるサイト、あなたと同じ問題の解決策を探している人や志を同じくする人たちとつながるためのプラットフォームもあります。

用語集

CO₂e： 二酸化炭素換算。carbon dioxide equivalentの略。すべての温室効果ガスの地球温暖化効果を合算して比較可能な尺度に変換するために用いられる。

EV： 電気自動車。electric vehicleの略

FSC： 森林管理協議会。責任ある森林管理の普及を目的とする国際NPO。FSC認証取得製品は、持続可能な形で管理され地域社会に利益をもたらす森林の木材を原料に使っている。

IPCC： 気候変動に関する政府間パネル（Intergovernmental Panel on Climate Change）の略。気候変動に関係するあらゆる科学を評価する国連機関。

LDPE（低密度ポリエチレン）： 柔軟性と耐久性を備えたプラスチックの一種で、ソースやハチミツの瓶、シャンプーやローションの容器、点眼薬容器、パンやニンジンやリンゴを入れる袋などに使われる。

LLDPE（直鎖状低密度ポリエチレン）： リニアポリエチレンとも呼ばれる。ポリエチレンの一種で、柔軟性と強度に優れ、フィルムに加工して使われることが多い。一例が、使い捨てコーヒーカップのコーティングフィルム。

OECD： 経済協力開発機構。国際経済について協議する目的で創設された国際機関。加盟国は37ヵ国で、本部はパリにある。

PERC： パークロロエチレンの略称。ドライクリーニングで使われる有機溶剤。

PET： ポリエチレンテレフタレートの略称。身近でよく目にするプラスチックで、飲料ボトルや衣料品のポリエステル繊維などの材料。再生PETはカーペットやフリースジャケット、布団の中綿などに使われている。

PVC： ポリ塩化ビニルの略称。広く使われている軽量プラスチックで、フタル酸エステル類などの可塑剤の添加量に応じて硬質にも軟質にもできる。硬質PVCはパイプや窓枠、ドア枠などに使われ、軟質PVCは合成皮革や空気で膨らませるおもちゃ、電気コードの被覆材などに使われる。

PVDC： ポリ塩化ビニリデンの略称。ラップフィルムの原料として使われるプラスチック。

SDGs： エスディージーズと読む。国連サミットで採択された「持続可能な開発目標」のこと。飢餓をゼロにすることから気候変動対策まで、すべての国が2030年までに達成すると約束した17の目標と、その実現のための169のターゲットで構成される。

WEEE指令： 電気電子機器廃棄物（WEEE）は近年急増している廃棄物で、EU指令によって規制されている。この指令により、電気製品・電子機器や電池は所定の回収拠点や家電販売店で無料で回収され、リサイクルされる。

埋め立て処分場：地面に穴を掘り、ごみを投棄する場所。現代の埋め立て処分場は、汚染を防ぐため慎重に立地が選ばれ、管理されている。

温室効果ガス：地球温暖化の原因となるガス。二酸化炭素、メタン、亜酸化窒素などがある。

温室効果ガス排出：気候変動の原因となる温室効果ガスが大気中に放出されること。

カーボンシンク（炭素吸収源）：二酸化炭素の排出量よりも吸収量の方が多いもの。たとえば森林や大洋。

カーボンフットプリント：何かを作ったり、何かをしたりすることで大気中に放出される二酸化炭素その他の温室効果ガスの量。つまり、ある品物や活動が気候変動に及ぼす影響の大きさを示す数字。

環境フットプリント：ある生活様式に関連するすべての環境負荷を把握するための目安で、二酸化炭素排出量から水の消費量、土地使用面積、発生する廃棄物の処理までを含む。

サステイナブル／持続可能：環境や人間への悪影響を最小限にとどめるような物や行動を指す言葉。負荷を最低限に抑えつつメリットを最大化するような意思決定を行うために、開発において経済、社会、環境の各側面のバランスを追求することが持続可能性（サステイナビリティ）である。

シェアリングエコノミー：個人がそれぞれにモノを所有するのではなく、オンラインのプラットフォームを介して人々がサービスを共有・提供しあう、互いに対等な立場での経済モデル。オンデマンドの医療アクセス、部屋の貸し借り、カーシェアなど幅広い領域にまたがる。十全に活用されていない資産（たとえば車や家、コンピュータの処理能力、衣類など）を最大限に利用することを目指している。

持続可能　→　サステイナブル

循環経済：天然資源の使用量を削減し、廃棄物を少なくするために、自然界に見られる循環を手本にした経済モデル。「作る、使う、捨てる」という直線的なモデルではなく、「作る、使う、戻す」という円環的モデル。

浸出水：埋め立て処分場で廃棄物に雨水が浸透した結果として流出する液体。

生分解性：物質が時間の経過とともに細菌その他の生物によって分解されうる性質。

生物圏：地殻から大気までに広がる、あらゆる生物とそれらの相互関係（生態系）をすべて合わせたもの。

ゼロ・ウェイスト（ごみゼロ）：製品や加工工程を設計・管理する際に廃棄物が発生しないように配慮し、資源を焼却や埋め立て処分に送らずに保全・回収すること。

堆肥化可能物：産業堆肥化施設で9〜12週間で分解される物質。野菜の皮などは家庭で堆肥にできるが、堆肥化可能なカップ、皿、容器は産業堆肥化施設で堆肥にする必要がある（48-49ページ、158-160ページ参照）。

廃棄物の流れ：家庭や事業所から出たごみが、リサイクルあるいは最終処分に至るまでの経路。

廃水：家庭（シャワー、洗濯機、水洗トイレ）や事業所や工場で使用され排出された水で、通常は環境に放出する前に処理が必要。

微生物叢：特定の環境（たとえばヒトの腸内など）に生息する微生物の集合。

富栄養化：水中に窒素やリンなどの栄養分が過剰に存在することが原因で、藻類などの植物が異常増殖すること。藻類が大量発生すると、他の生物が必要とする日光や水中酸素が減り、それらの生物の死滅につながりうる。

プラスチックフリー：製品にプラスチックが含まれていないこと、またはパッケージにプラスチックが使用されていないことを示す。使い捨てプラスチックの使用の削減あるいは廃止を目指すプラスチックフリーショップやプラスチックフリーコミュニティといった取り組みもある。

ブラックカーボン（黒色炭素）：化石燃料（石炭・軽油など）や植物（森林火災など）の燃焼に伴って生じる、スス状の黒い微粒子。大気汚染の原因となり、人の健康に悪影響を及ぼす。

ポリエチレン　→　LDPE、LLDPE

メタン：気候変動の原因となる強力な温室効果ガス。発生源には、天然ガスの採掘、牛や羊のゲップ、埋め立て処分場での有機廃棄物の分解、水田などがある。

ライフサイクルアセスメント：ある製品が環境に与える影響や負荷のプラス面とマイナス面を集計した評価。"ゆりかごから墓場までの環境影響評価"とも呼ばれる。

リサイクル可能（な資源、素材）：リサイクルできる素材や製品。ただし、必ずリサイクルされるわけではなく、回収してくれる業者がいなければリサイクルのルートに乗せられない。

リサイクル（再生）素材使用製品：古紙やアルミ缶などをリサイクルして得られた素材を使って作られた製品。

もっと知りたい人のための文献紹介

IPCC（気候変動に関する政府間パネル）の要約報告書を読みましょう。特に、2018年の「1.5℃特別報告書」、2019年の「気候変動と土地」「変化する気候下での海洋・雪氷圏」の2本の特別報告書は注目に値します。

気候正義（climate justice、気候の公平性とも訳される）については、Mary Robinson, *Climate Justice: Hope, Resilience and the Fight for a Sustainable Future* をお読み下さい。

何かのカーボンフットプリントを調べるには、カーボン計算ツールを使います。ネット上にはいろいろな計算ツールがありますが、それぞれ異なる基準や仮定に基づいているため、一貫性のある数値を得るのは容易ではありません。以下のサイトを見てみましょう。
・ www.carbonfootprint.com
・ footprint.wwf.org.uk
・ climatecare.org

カーボンフットプリントについてもっと知りたい方は、Mike Berners-Lee, *How bad are bananas?* をお読み下さい。

炭素排出量の数値を、車の走行距離やガソリン使用量といったわかりやすい例に変換するには、米国環境保護庁の温室効果ガス換算ツールが使えます。www.epa.gov/energy/greenhouse-gas-equivalenciescalculator

プロジェクト・ドローダウンが提案している「気候変動を逆転する100の解決法」については、www.projectdrawdown.orgをご覧下さい。

サステイナブル・フード・トラスト（Sustainable Food Trust）、スローフード運動（Slow Food Movement）、フードジャーナリストのジョアンナ・ブライスマン（@JoannaBlythman on twitter）をフォローしましょう。

持続可能なファッションについては、英国下院環境監査委員会が発表したファストファッションに関する報告書をご覧下さい。また、クリーン・クローズ・キャンペーン（Clean Clothes Campaign）やファッション・レボリューション（Fashion Revolution）をチェックして、最新情報を入手しましょう。

Lucy Siegle, *Turning the Tide on Plastic* はとても良い本です。環境活動家グレタ・トゥーンベリの *No One Is Too Small to Make a Difference*〔邦訳は『グレタ　たったひとりのストライキ』（海と月社）に収録〕や、市民運動組織「エクスティンクション・レベリオン」の *This Is Not A Drill: An Extinction Rebellion Handbook* も良いでしょう。

Naomi Klein, *This Changes Everything: Capitalism vs the Climate* は、地球温暖化を食いとめるために経済システムの見直しを提案しています。

何かを買いたい時に持続可能性に配慮しているブランドを見つけるには、Marieke Eyskoot, *This is a Good Guide - for a Sustainable Lifestyle* が参考になります。この本は、家庭用品から衣類まで、サステイナブルなブランドを紹介しています。また、オーストラリアの団体「1 Million Women」の創設者ナタリー・アイザックス（Natalie Isaacs） の *Every Woman's Guide to How to Save the Planet* もお勧めです。

オランダのNGO団体が運営するRank a Brand (rankabrand.org) はあらゆるジャンルのブランドを持続可能性の観点から比較するのに役立ちます。〔原書執筆後の2019年秋に、すぐ下に書かれている Good on You と合併し、Rank a Brand としての活動は終了しています。〕

Good on You (goodonyou.eco) は、エシカルな（高い倫理感を持つ）衣料品ブランドを見つけたり比較したりするのに役立ちます。人、地球、動物への影響を評価し、「避ける」から「素晴らしい」までのランク付けを行っています。

ガイドブック *The Good Shopping Guide* は、2002年以来ブランドを比較し、エシカルの度合いを点数評価しています。化粧品、食品、エネルギー、銀行、テクノロジー、家庭用品、衣料品が対象です。www.thegoodshoppingguide.com

著者は本書執筆にあたり、世界中の主な機関や組織が発表したあまたの記事、学術論文、報告書を調べました。紙幅の関係でここには載せられないため、オンラインで無料公開しています。www.simonandschuster.co.uk/howtosaveyourplanetnotes をご覧下さい。

索引

著者紹介

タラ・シャイン博士は環境科学者で、気候変動と持続可能な開発に関する国際レベルの活動に20年以上携わり、複数の国の政府、世界の指導者たち、企業や国際機関のアドバイザーを務めた経験を持っています。家庭や職場での持続可能な生活を目指して教育や推進活動を行う社会企業「チェンジ・バイ・ディグリーズ（Change by Degrees）」の代表です。また、使い捨てプラスチックを減らす地域社会活動「プラスチックフリー・キンセイル」の共同創設者でもあります。

BBCやRTE（アイルランド放送協会）では自然ドキュメンタリー番組のプレゼンターを務め、機会があれば海で泳いでいます。女性科学者のためのグローバルリーダーシッププログラム「ホームワード・バウンド（Homeward Bound）」のメンバーで、2019年1月には南極探検隊に参加しました。

アイルランドのキンセイルで夫と2人の子供とともに暮らしています。

著者からの謝辞

本書は、長年の構想の結実です。ですから最初に、本書の実現に協力してくれたソーホー・エージェンシーの代理人、ジョー・サースビーとジュリアン・アレクサンダーに感謝します。本書の最初のコンセプトに対するジュリアンの助言が運よくサイモン＆シュスター社のフリサ・サンダースの目に留まり、フリサは環境問題に対する自身の情熱を注ぎ込んで本書を形にしてくれました。

初めて本を書いた人は誰でも、出版のプロセスや、本作りを舞台裏で支える才能あふれる人々について目を開かれます。隅々まで洞察に満ちた編集をしてくれたニッキ・シムズ、文章を見事にレイアウトしてくれたレイチェル・クロス、美しいイラストを描いてくれたトンウェン・ジョーンズンとニコラス・スティーヴンソンに感謝しています。また、熱心に私を後押ししてくれたエネルギッシュでクリエイティブなサイモン＆シュスター社のチームにもお礼を申し上げます。

クリスティアナ・フィゲレスには、思慮にあふれる序文を寄せてくれたことと決してくじけない楽観主義に対して、心からの謝意を表します。

ジェフリー・ブラックは情報収集の一部を手伝ってくれましたし、ホームワード・バウンドの仲間たちは草稿やレイアウトに対して率直で有益な意見を述べてくれました。チェンジ・バイ・ディグリーズの共同創設者マドレン・マリーは、私が執筆に時間を割けるよう多くの作業を引き受けて、辛抱強く付き合ってくれました。友人や近所の人たちは、締め切りに追われる私に代わって快く子供たちの面倒を見てくれました。本当に感謝しています。

私の家族、シャイン家とゴールト家は、多忙な週末続きの私に我慢し、夕食を作り、私を気分転換させようと一緒に海で泳ぎ、子供たちを遊ばせて、私の罪悪感を軽くしてくれました。私の両親であるヴァイニーとマイケル・シャインは良き相談相手として歴史的文脈を教えてくれました。最大の謝意を贈りたいのは、夫のジェレミー・ゴールトと子供たち（ローレンとネイサン）です。本書のせいで私が一緒に過ごせなくても、彼らはずっと本書を楽しみにしていてくれました。彼らが完成した本書を誇りに思ってくれるよう願っています。

現在地球が直面している問題の解決を、子供や若者たちの時代まで先送りすることは絶対にできません。本書は、読者すべてが責任を持って、今すぐ変化を起こす助けになるはずです。

企業や組織も決定的に重要な役割を担っています。ですから、私の会社（チェンジ・バイ・ディグリーズ）はあらゆる種類と規模の企業や組織にサステイナビリティ・ソリューションを提供しています。仕事に変化を起こし、自分たちの影響力を高めたいとお考えの方は、どうぞwww.changebydegrees.comにご連絡下さい。